高等职业教育计算机类专业教材·云计算技术系列

公有云技术应用

刘洪海　刘晓玲　主　编

石宁飞　张可雪　徐胜南　副主编

電子工業出版社
Publishing House of Electronics Industry
北京·BEIJING

内 容 简 介

业务上云已经成为当下企业的主要解决方案。本书重在普及公有云主流技术的应用，结合开源的WordPress 博客应用系统，完整演示了业务系统上云、业务系统容器化部署、业务系统结合大数据服务的使用等。本书将帮助读者了解公有云基础知识及企业级公有云解决方案，让读者逐步走进高效、低成本的云上容器世界，快速迈向云原生。

本书可作为高职高专院校云计算技术应用专业和大数据技术专业的基础核心课程教材，也可作为云计算应用和大数据应用技术入门的培训教材，还可以作为云计算运维人员和计算机爱好者的自学用书。

图书在版编目（CIP）数据

公有云技术应用 / 刘洪海，刘晓玲主编. —北京：电子工业出版社，2022.10
ISBN 978-7-121-44233-9

Ⅰ. ①公… Ⅱ. ①刘… ②刘… Ⅲ. ①云计算 Ⅳ. ①TP393.027

中国版本图书馆 CIP 数据核字（2022）第 160537 号

责任编辑：王昭松
印　　刷：山东华立印务有限公司
装　　订：山东华立印务有限公司
出版发行：电子工业出版社
　　　　　北京市海淀区万寿路 173 信箱　邮编 100036
开　　本：787×1 092　1/16　印张：15　字数：384 千字
版　　次：2022 年 10 月第 1 版
印　　次：2024 年 2 月第 5 次印刷
定　　价：49.00 元

凡所购买电子工业出版社图书有缺损问题，请向购买书店调换。若书店售缺，请与本社发行部联系，联系及邮购电话：（010）88254888，88258888。

质量投诉请发邮件至 zlts@phei.com.cn，盗版侵权举报请发邮件至 dbqq@phei.com.cn。

本书咨询联系方式：（010）88254015，wangzs@phei.com.cn，QQ83169290。

前　言

一、编写背景

当前，我国云计算产业呈现爆发式增长，公有云市场规模占比已超过 60%，云计算应用从互联网行业逐渐向政务、金融、工业、医疗等传统行业加速渗透。随着数字经济上升为国家战略，云计算成为拉动经济增长的重要引擎和产业升级的重大突破口。行业迅速发展，对优质人才的需求急剧增加。为培养公有云行业应用型、复合型、创新型高素质工程技术人才，济南职业学院以立德树人为根本任务，以学生发展为中心，深化产教融合，面向云计算技术应用专业，联合国基北盛（南京）科技发展有限公司、华为济南创新中心、江苏鲲鹏昇腾生态创新中心、江苏一道云科技发展有限公司等企业的云计算专家与高级工程师，共同设计与编写了本书。本书对接公有云人才岗位需求、云计算技术应用专业教学标准与 1+X 云计算认证标准，力求促进公有云高技术技能人才的培养。

二、本书特点

本书体现产教融合、校企双元合作开发原则，为教师和学生提供一站式课程解决方案，易教易学。具体特点如下。

（1）本书配有教学项目讲解视频，以二维码形式插入正文，读者可随时随地扫码学习。

教学项目讲解视频可以有效帮助学生完成预习、复习、实训，还可以为教师备课、授课、进行实训指导等提供便利，节省教师的备课时间，降低教师的备课难度。除此之外，还配有 PPT 课件，读者可登录华信教育资源网（www.hxedu.com.cn）免费注册后下载。

（2）以“任务驱动”开展项目化教学。

结合主流公有云平台架构，使用开源的 WordPress 博客应用系统，演示了业务系统上云、业务系统容器化部署、业务系统结合大数据服务的使用等。

（3）校企合作、双元开发。

本书编写团队包括高职院校一线教师、企业一线工程师，内容编排做到理论知识够用即可，教学方法采用“教学做”一体化模式。

（4）对接 1+X 职业等级证书标准。

本书内容对接云计算领域 1+X 证书的认证标准，既适用于对学生岗位技能的培养，也适合于对在岗职工的技能培训。

三、教学参考学时

本书的参考学时为 64 学时，其中实践环节为 34 学时。各项目参考学时参见下面的学时分配表。

项　目	课程内容	学时分配	
		理　论	实　训
项目 1	走进公有云	2	4
项目 2	公有云架构	4	4
项目 3	企业上云	4	4

续表

项　目	课 程 内 容	学 时 分 配	
		理　论	实　训
项目 4	公有云容器化部署	6	6
项目 5	公有云大数据处理与分析	4	6
项目 6	管理与监控云服务	4	4
项目 7	公有云综合案例	6	6
学时总计		30	34

本书非常适合作为高等职业院校云计算、大数据相关专业的教材，也可作为广大云计算运维及开发技术人员学习公有云知识的参考书。

本书由刘洪海、刘晓玲主编，刘洪海编写项目 2、项目 7，刘晓玲编写项目 3，项目 5，石宁飞、张可雪、徐胜南编写项目 1、项目 4、项目 6，许珊珊、李超也参与了部分项目的编写。特别感谢国基北盛（南京）科技发展有限公司宋学永，以及华为济南创新中心、江苏鲲鹏昇腾生态创新中心、江苏一道云科技发展有限公司对教材编写提供的帮助和大力支持。

编　者

2022 年 5 月

目　　录

项目 1

走进公有云

知识目标

- 掌握云计算的概念、特点和服务形式。
- 认识公有云产品、解决方案、市场和运维要求。

技能目标

- 掌握公有云产品解决方案。
- 掌握华为云沙箱实验室的使用。

任务 1.1 云计算介绍

任务描述

1. 了解云计算的概念和价值
2. 掌握云计算的特点
3. 掌握云计算的服务模式
4. 掌握云计算的部署模式

知识学习

1. 云计算的由来

云计算（Cloud Computing）的出现并非偶然，早在 20 世纪 60 年代，麦卡锡就提出了将计算能力作为一种像水和电一样的公用事业提供给用户的理念，这成为云计算思想的起源。在 20 世纪 80 年代网格计算、90 年代公用计算、21 世纪初虚拟化技术、存储网络、SOA、SaaS 应用的支撑下，云计算作为一种新型的资源使用和应用交付模式逐渐为学术界和产业界所认知。

如图 1-1-1 所示，继个人计算机、互联网之后，云计算被看作第三次 IT 技术浪潮，它将带来生活、生产方式和商业模式的根本性变革，成为当前全球全社会关注的热点。

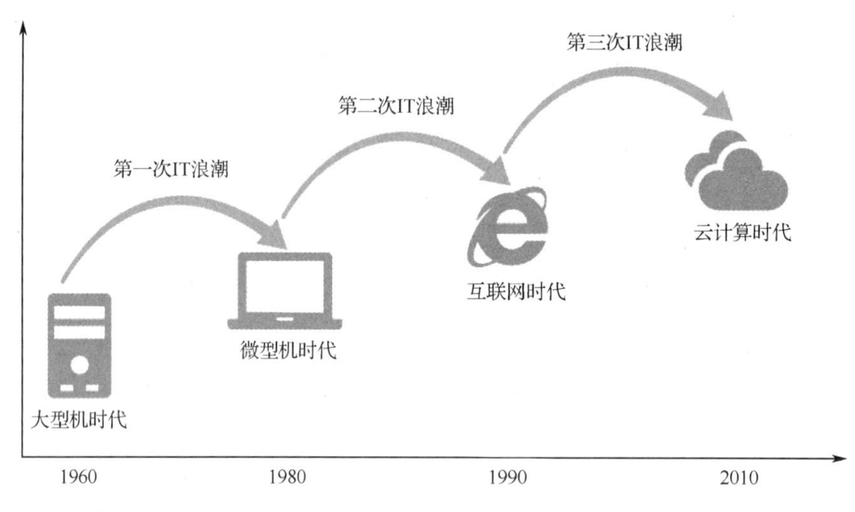

图 1-1-1　IT 发展的三次浪潮

云计算是继 1980 年代大型计算机到客户端/服务器（C/S）模式的大转变之后的又一次巨变。云计算是分布式计算（Distributed Computing）、并行计算（Parallel Computing）、效用计算（Utility Computing）、网络存储（Network Storage）、虚拟化（Virtualization）、负载均衡（Load Balance）等传统计算机和网络技术发展融合的产物。

通过使计算分布在大量的分布式计算机上，而非本地计算机或远程服务器上，企业数据中心的运行将与互联网更相似。这使得企业能够统一提供基础 IT 资源，快速地供给用户其所需要的应用，并且使应用可以按需访问计算、网络和存储资源。

2．云计算的概念

云计算是建立在计算、存储和网络虚拟化技术基础上的、通过 Internet 云服务平台向租户按需分配计算能力、数据库存储、应用程序和其他 IT 资源的一种计算模式，云计算继承了虚拟化带来的各种优点。

美国国家标准与技术研究院（National Institute of Standards and Technology，NIST）定义云计算是一种能够提供可用的、便捷的、按需访向可配置的共享计算资源池的模型。计算资源包括网络、服务器、存储、应用软件和服务等。仅需要投入很少的管理工作或与服务商的少量交互就可以快速完成云计算的调配及发布。如图 1-1-2 所示是云计算生态示意图。

从物理视角来看，云计算由一个或者多个数据中心内的服务器、存储及网络设备集群构成，而云计算的基础就是数据中心的虚拟化，即以云操作系统（Cloud OS）为引擎，先“多虚一”构筑统一计算、存储、网络的资源池，再“一虚多”将资源池按需指配给每个云租户及其业务应用，如图 1-1-3 所示。

3．云计算的价值和优势

（1）按需自助服务。

消费者可以单方面按需部署处理能力，如服务器和网络存储，而不需要与每个服务供应商进行人工交互。

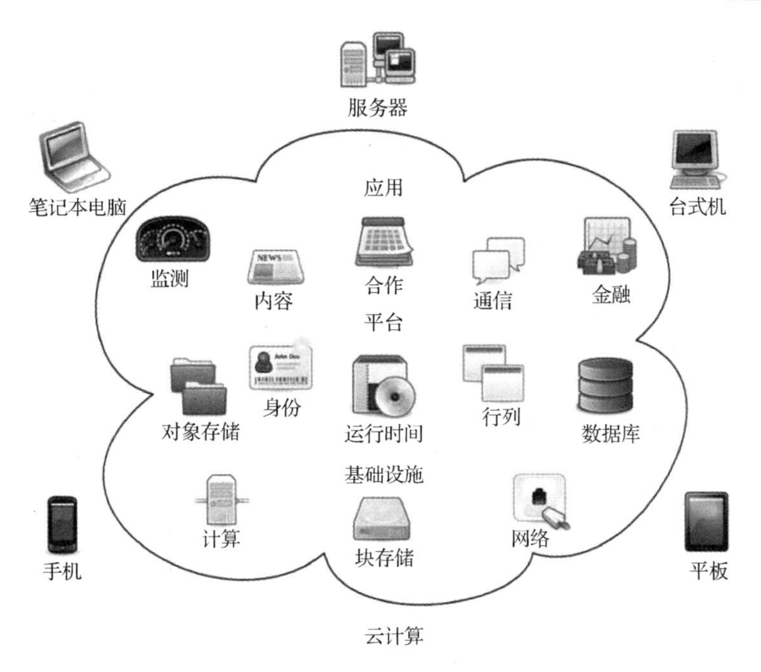

图 1-1-2 云计算生态示意图

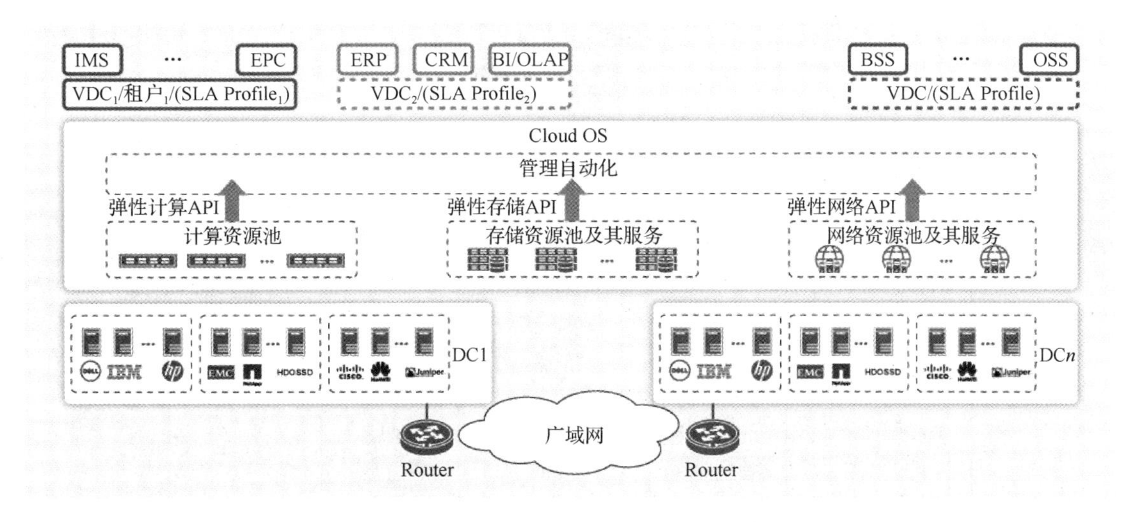

图 1-1-3 云计算的基础：数据中心虚拟化

（2）广泛的网络接入。

云计算支持用户在任意位置使用多种终端获取应用服务，所请求的资源来自“云”，而不是固定的有形的实体。应用在“云”中某处运行，但实际上用户无须了解，也不用关心应用运行的具体位置。用户只需要一台笔记本电脑或者一部手机，就可以通过网络接入获取应用服务，甚至包括超级计算这样的服务。

（3）资源池化。

计算资源（如存储、处理能力、内存、网络带宽、虚拟机、通用软件等）被整合为资源池，以多租户的模式服务于各种客户。在物理上，资源以分布式的共享方式存在，但最终在逻辑上以单一整体的形式呈现给用户。不同的物理和虚拟资源可根据客户的需求进行动态的分配。客户一般不能控制或者没有必要知道所使用的资源的确切地理位置，但在需要的时候客户可以根据业务的访问控制列表（ACL）指定资源位置（如哪个国家、哪个数据中心、哪些服务器和存储等）。

（4）快速弹性伸缩。

服务商能够快速供应弹性计算能力，可以根据访问用户的多少增减相应的IT资源（包括CPU、存储、带宽、软件应用等），使得IT资源的规模可以动态伸缩，满足应用和用户规模变化的需要。对客户来说，可在任何时间申请/购买足够数量的资源，IT资源的规模不受限制。

（5）可计量服务。

云系统以适用于不同服务类型的抽象层面的计量能力来收取/结算费用（通常按照使用量来计费，如按照存储、处理能力、带宽和活跃用户数量等），以自动实现对资源使用的控制和优化。系统资源的监控和报告对于服务商和消费者来说都是透明的。

4．云计算的服务类型

（1）服务模式。

从服务模式来看，云计算提供的服务一般分为基础设施即服务（IaaS）、平台即服务（PaaS）和软件即服务（SaaS）3类。IaaS是将基础设施中的计算、存储、网络资源作为一种服务交付给用户。PaaS是将软件研发的平台（环境）作为一种服务交付给用户。SaaS是将应用程序作为一种服务交付给用户。如图1-1-4所示为云计算的3种服务模式。

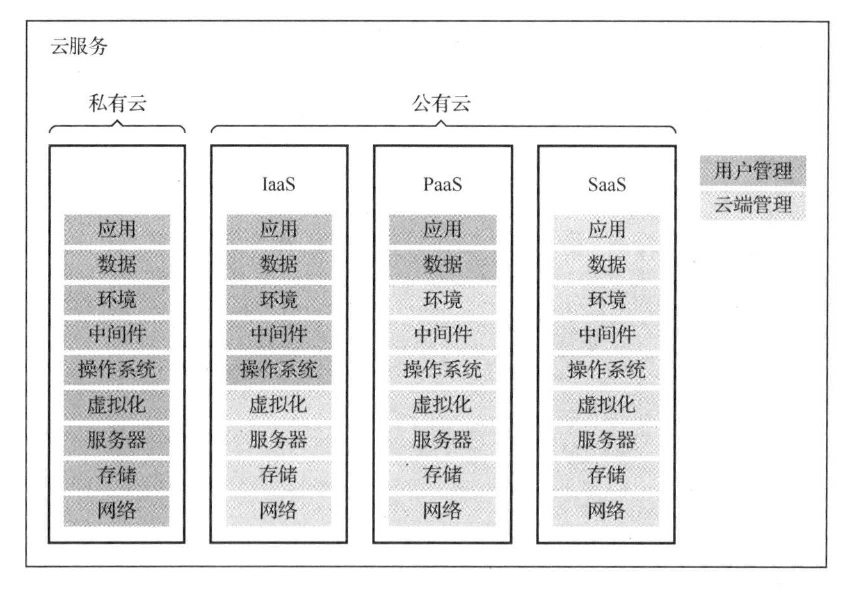

图1-1-4　云计算服务模式

- 基础设施即服务（Infrastructure as a Service，IaaS）。消费者通过云服务的计算机基础设施获得服务。它包括物理服务器、虚拟云服务器、存储、网络等。厂商有亚马逊、微软、谷歌、阿里、华为等。开源的平台有OpenStack，基于OpenStack提供的公有云服务有RackSpace、九州云等。

- 平台即服务（Platform as a Service，PaaS）。PaaS 实际上是指将软件研发的平台作为一种服务，如云数据库、Docker 容器、DevOps 持续集成环境等。厂商有亚马逊、微软、谷歌、脸书、阿里、华为等。目前 PaaS 平台以 Docker 容器技术为核心，构建 PaaS 服务。
- 软件即服务（Software as a Service，SaaS）。它是一种通过互联网提供软件的服务模式，用户无须购买软件，而是向供应商租用基于 Web 的软件来管理企业的经营活动，如邮箱、网站、社交等。

（2）部署方式。

从部署方式来看，云计算一般分为公有云、私有云和混合云 3 大类，如图 1-1-5 所示。

- 公有云（Public Cloud），是指运营者建设用以提供给外部非特定用户的公共云服务平台。
- 私有云（Private Cloud），是指仅为单一客户提供云服务的平台，其数据中心软硬件的所有权为客户所有，能够根据客户的特定需求在设备采购、数据中心构建方面做定制，并满足其在合规性方面的要求。
- 混合云（Hybrid Cloud），即公有云与私有云的结合，可公开的信息与应用运行于公有云上，而敏感的信息与应用运行于私有云上，根据需求调节资源的分配，从而最大化均衡效率与安全。

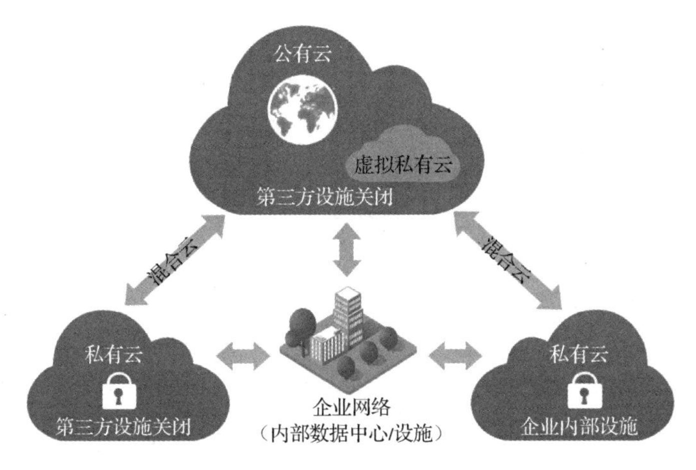

图 1-1-5　云计算部署方式

5. 公有云的相关技术

（1）虚拟化技术。

虚拟化的含义很广泛。将任何一种形式的资源抽象成另一种形式的技术都是虚拟化。在计算机方面，虚拟化一般指通过对计算机物理资源的抽象，提供一个或多个操作环境，实现资源的模拟、隔离或共享等。

虚拟化与云计算的关系如下。

- 虚拟化的重点是对资源的虚拟，如将一台大型的服务器虚拟成多台小的服务器。

- 云计算的重点是对资源池中的资源（可以是经过虚拟化后的）进行统一的管理和调度。

（2）分布式存储。

分布式存储用于将大量服务器整合为一台超级计算机，提供大量的数据存储和处理服务。分布式文件系统、分布式数据库允许访问共同存储资源，实现应用数据文件的 I/O 共享。

（3）资源调度。

虚拟机可以突破单个物理机的限制，动态地调整与分配资源，消除服务器及存储设备的单点故障，实现高可用性。当一个计算节点的主机需要维护时，可以将其上运行的虚拟机通过热迁移技术在不停机的情况下迁移至其他空闲节点，用户会毫无感觉。在计算节点物理损坏的情况，也可以在 3 分钟左右将其业务迁移至其他节点运行，具有十分高的可靠性。

6．典型公有云平台介绍

（1）亚马逊的弹性计算云。

亚马逊是互联网上最大的在线零售商，为了应付交易高峰，不得不购买大量的服务器。而在大多数情况下，大部分服务器闲置，造成了很大的浪费。为了合理利用空闲服务器，亚马逊建立了自己的云计算平台——弹性计算云 EC2（Elastic Compute Cloud），并且是第一家将基础设施作为服务出售的公司。

亚马逊将自己的弹性计算云建立在公司内部的大规模集群计算平台上，用户可以通过弹性计算云的网络界面去操作在云计算平台上运行的各个实例。用户使用实例的付费方式由用户的使用状况决定，即用户只需为自己所使用的计算平台实例付费，运行结束后计费随之结束。这里所说的实例是指由用户控制的完整的虚拟机运行实例。通过这种方式，用户不必自己去建立云计算平台，从而节省了设备购买与维护的费用。

（2）谷歌的云计算平台。

谷歌是全球最大的搜索引擎服务提供商，拥有巨量的客户群和成熟的技术研发力量。谷歌在云计算领域可谓百花齐放。谷歌 App Engine 是基于谷歌数据中心的开发、托管网络应用程序的平台，支持 Java 和 Python 语言。谷歌 Cloud Storage 是一个类似于亚马逊 S3 的企业级云服务平台。如今，谷歌更是推出了自己的云存储谷歌 Drive。

谷歌的硬件条件优势，大型的数据中心、搜索引擎的支柱应用，促进谷歌云计算迅速发展。谷歌的云计算主要由 MapReduce、谷歌文件系统（GFS）、BigTable 组成。它们是谷歌内部云计算基础平台的 3 个主要部分。谷歌还构建其他云计算组件，包括一种领域描述语言 Sawzall 以及分布式锁服务机制 Chubby 等。Sawzall 是一种建立在 MapReduce 基础上的领域语言，专门用于大规模的信息处理。Chubby 是一种高可用、分布式数据锁服务，当有机器失效时，Chubby 使用 Paxos 算法来保证备份数据的一致性。

（3）阿里云计算平台。

阿里云是全球领先的云计算及人工智能科技公司，致力于以在线公共服务的方式提供安全可靠的计算和数据处理能力，让计算和人工智能成为普惠科技。阿里云服务于制造、金融、政务、交通、医疗、电信、能源等众多领域的领军企业，在天猫双 11 全球狂欢节、12306 春运购票等极富挑战的应用场景中，阿里云保持着良好的运行纪录。

（4）腾讯云计算平台。

腾讯云是腾讯倾力打造的云计算品牌，以卓越科技能力助力各行各业数字化转型，为全球客户提供领先的云计算、大数据、人工智能服务，以及定制化行业解决方案。

腾讯云有着深厚的基础架构，并且有着多年对海量互联网用户服务的经验，不管是在社交、游戏还是其他领域，都有成熟的产品来提供服务。腾讯云在云端完成重要部署，为开发者及企业提供云服务、云数据、云运营等一站式服务方案。具体包括云服务器、云存储、云数据库和弹性 Web 引擎等基础云服务；腾讯云分析（MTA）、腾讯云推送（信鸽）等腾讯整体大数据能力；QQ 互联、QQ 空间、微云、微社区等云端链接社交体系。

（5）华为云计算平台。

华为云专注于云计算中公有云领域的技术研究与生态拓展，致力于为用户提供一站式云计算基础设施服务。

华为云立足于互联网领域，提供云主机、云托管、云存储等基础云服务，以及超算、内容分发与加速、视频托管与发布、企业 IT、云电脑、云会议、游戏托管、应用托管等服务和解决方案。

华为云通过基于浏览器的云管理平台，以互联网线上自助服务的方式，为用户提供云计算 IT 基础设施服务。云计算的最大优势在于 IT 基础设施资源能够随用户业务的实际变化而弹性伸缩，用户需要多少资源就用多少资源，通过这种弹性计算的能力和按需计费的方式有效帮助用户降低运维成本。华为云的优势主要体现在如下几个方面。

- 全栈技术优势与持续投入：华为对技术持续投入巨资，其软硬件技术在全球处于领先地位，包括网络、服务器、芯片、虚拟化、私有云/公有云/混合云、物联网、大数据、人工智能等各种平台、软件和解决方案。
- 能力开放：华为把自身积累 30 余年的技术能力全面开放出来，如软件开发云、大数据、物联网、人工智能等技术。
- 安全可靠：拥有软硬件一体化的安全体系（如硬件安全加固、芯片定制化安全保护、企业级的 WAF 防火墙与百万级的并发实时监测与防护）；安全合规（华为云服务及平台通过了 20 多项国内外权威机构的安全合规认证）；提供企业级安全服务（包括 120 款安全产品与服务，DDoS 高防能做到 1T+的防护能力，强大的云数据库防火墙）。
- 灵活的服务模式：提供公有云、私有云、混合云部署。
- 全球一张云网，就近服务：华为云服务通达全球，采用统一架构，拥有全球分布的节点与网络，为企业全球化提供服务及保障。
- 本地化服务：在全球上百个国家设有线下本地化服务团队，可以为用户提供从咨询、实施到运维运营等端到端的全流程本地化服务。
- 开放互通，不锁定客户：私有云、公有云提供统一的架构和 API，使用户拥有一致的体验。华为云是开放的云、中立的云，支持客户业务在云间迁移，不锁定客户，从底层、平台和工具三个层面全面开放能力，构建生态基础。
- 丰富生态、共享共赢：华为只提供“链接+平台”这些基础设施，由合作伙伴来提供应用和解决方案，华为只做合作伙伴和客户的黑土地，为合作伙伴和客户的商业运营助力。

目前，国内云计算市场进入发展的新周期，云厂商需要具备产品、客户、渠道、交付服务等层面的一体化综合能力。鉴于华为云计算的快速发展，结合当下新职教的教学要求，本书任务实施内容均基于华为云公有云进行相关介绍。

任务实施

1. 查看华为云产品

打开浏览器，输入网址 https://www.huaweicloud.com/，单击导航栏上的“产品”按钮，可以看到华为云产品类目。华为云提供的产品覆盖 IaaS、PaaS、SaaS、大数据、人工智能、安全、物联网等领域的多种服务，如图 1-1-6 所示。

图 1-1-6　华为云所有产品

华为云提供的分类产品（截至 2021 年 10 月）见表 1-1-1。

表 1-1-1　华为云提供的分类产品

分　类	子　类	服　务
基础产品	计算	弹性云服务器 ECS
		GPU 加速云服务器
		FPGA 加速云服务器
		裸金属服务器 BMS
		云手机 CPH
		专属主机 DeH
		镜像服务 IMS

续表

分　类	子　类	服　务
基础产品	计算	函数工作流 FunctionGraph
		弹性伸缩 AS
	存储	对象存储服务 OBS
		云硬盘 EVS
		云备份 CBR
		专属分布式存储服务 DSS
		云硬盘备份 VBS
		云服务器备份 CSBS
		存储容灾服务 SDRS
		弹性文件服务 SFS
		数据快递服务 DES
		专属企业存储服务 DESS
		云存储网关 CSG
	数据库	云数据库 MySQL
		云数据库 PostgreSQL
		云数据库 SQL Server
		云数据库 GaussDB
		文档数据库服务 DDS
		分布式数据库中间件 DDM
		数据复制服务 DRS
		数据管理服务 DAS
		数据库和应用迁移 UGO
	网络	虚拟私有云 VPC
		VPCS 终端节点 VPCEP
		弹性负载均衡 ELB
		弹性公网 IP EIP
		虚拟专用网络 VPN
		云专线 DC
		NAT 网关 NAT
		云连接 CC
	CDN 与智能边缘	内容分发网络 CDN
		全站加速 WSA
		智能边缘云 IEC
		智能边缘小站 IES
		智能边缘平台 IEF

续表

分　类	子　类	服　务
基础产品	容器服务	云容器引擎 CCE
		云容器实例 CCI
		容器镜像服务 SWR
		应用编排服务 AOS
	管理与监管	云监控服务 CES
		应用运维管理 AOM
		应用性能管理 APM
		统一身份认证服务 IAM
	应用中间件	API 网关 APIG
		应用身份管理服务 One Access
		消息通知服务 SMN
		云日志服务 LTS
		云审计服务 CTS
		微服务引擎 CSE
		分布式缓存服务 Redis 版
		分布式缓存服务 Memcached 版
		分布式消息服务 DMS
		分布式消息服务 Kafka 版
		分布式消息队列 RabbitMQ 版
		分布式消息服务 RocketMQ 版
	安全与合规	DDoS 高防 AAD
		Anti-DDoS 流量清洗
		企业主机安全 HSS
		容器安全服务 CGS
		Web 应用防火墙 WAF
		数据库安全服务 DBSS
		应用信任中心 ATC
		云防火墙 CFW
		云堡垒机 CBH
		数据加密服务 DEW
		云证书管理服务 CCM
		数据安全中心 DSC
		SSL 证书管理 SCM
		漏洞扫描服务 VSS
		态势感动 SA

续表

分　类	子　类	服　务
基础产品	安全与合规	威胁检测服务 MTD
		管理检测与响应 MDR
视频	视频服务	媒体处理 MPC
		视频点播 VOD
		视频直播 Live
		视频接入服务 VIS
		华为云实时音视频 Spark RTC
		行业视频管理服务 IVM
大数据	大数据搜索与分析	云搜索服务 CSS
		日志分析服务 LOG
	大数据计算	MapReduce 服务 MRS
		实时流计算服务 CS
		数据湖探索 DLI
		云数据仓库 GaussDB（DWS）
		表格存储服务 CloudTable
		可信智能计算服务 TICS
	大数据应用	推荐系统 RES
	大数据治理与开发	数据湖治理中心 DGC
		数据接入服务 DIS
	数据可视化	数据可视化 DLV
人工智能	AI 基础平台	AI 开发平台 ModelArts
		华为 HiLens
		图引擎服务 GES
	人脸与人体识别	人体分析 HAS
		人证核身服务 IVS
		人脸识别服务 FRS
	图像识别	图像标签 Image Tagging
		名人识别 ROC
	自然语言处理	自然语言处理基础
		语言理解
		语言生成
		定制自然语言处理
		机器翻译 MT
		知识图谱
	视频技术	视频编辑 VCP

续表

分　类	子　类	服　务
人工智能	视频技术	视频标签 VCT
		视频指纹 VFP
	内容审核	内容审核—文本
		内容审核—图像
		内容审核—视频
	对话机器人服务	智能问答机器人
		智能话务机器人
		智能质检
		智能语言助手
	文字识别 OCR	通用类
		证件类
		票据类
		行业类
		定制模板
开发者服务	软件开发平台	软件开发平台 DevCloud
		项目管理 ProjectMan
		代码托管 CodeHub
		流水线 CloudPipeline
		代码检查 CodeCheck
		编译构建 CloudBuild
		部署 CloudDeploy
		云测 CloudTest
		发布 CloudRelease
		移动应用测试 MobleAppTest
		CloudIDE
		Classroom
		华为开源镜像站 Mirrors
企业应用	域名和网站	域名注册服务 Domains
		云解析服务 DNS
		云速建站 CloudSite
		云速邮箱
		网站备案
	企业协同	华为云 WeLink
		华为云会议 Meeting
	云通信	隐私保护通话 PrivateNumber

续表

分　类	子　类	服　务
企业应用	云通信	语音通话 VoiceCall
		消息&短信 MSGSMS
		移动业务加速 HMSA
	专属云	资源专属服务 DEC
		全栈专属服务 FCS
	企业网络	云管理网络 CMN
		SD-WAN 云服务
		边缘数据中心管理 EDCM
物联网	智能硬件	IdeaHub 华为云会议宝
		Atlas200DK 开发者套件
		智能摄像机
	物联网云服务	设备接入 IoTDA
		设备管理 IoTDM
		全球 SIM 连接 GSL
		IoT 开发者服务 IoTStudio
		IoT 数据分析 IoTA
		IoT 行业生态工作台 IoIStage
		IoT 云通信 IoTCom
	行业物联网服务	路网数字化服务 DRIS
	边缘计算	IoT 边缘 IoTEdge
	物联网操作系统	轻量级操作系统 LiteOS

2. 查看华为云解决方案

单击主页导航栏上的“解决方案”按钮，可以看到华为云解决方案类目，如图 1-1-7 所示。

图 1-1-7　华为云提供的解决方案

华为云解决方案基于丰富的华为云基础服务，提供适用于各行业、预集成的产品与能力的组合，以满足企业ICT业务上云的需求。华为云解决方案包括以下几类。

（1）通用解决方案：包括智慧园区、SAP上云、企业云化、企业办公等。

（2）行业解决方案：包括电商、金融、媒体文娱、汽车、医疗健康、政府及公共事业、交通物流、农业及环保等。

（3）大数据和AI解决方案：包括大数据实时分析、大数据离线分析、位置服务、数字营销、智能硬件、智能客服、人脸核身、身份验证、海量人脸检索、AR云服务、图像识别、人脸识别等。

（4）通用安全解决方案：云平台、专家服务&安全生态、网络安全、应用安全、主机安全、数据库&数据加密等。

下面列举部分行业华为云典型客户的案例，见表1-1-2。

表1-1-2　华为云典型客户案例

行　业	典型客户
游戏	三国志2017
	大秦帝国之崛起
金融	中华人寿
	鼎城人寿
医疗健康	武汉希望组
	哈药集团
电商	华为商城VMALL
	药房网商城
视频	新浪
	芒果TV
	快手
制造	鑫磊集团
	新日电动车
汽车	东风本田
	广汽三菱
政府及公共事业单位	国家基础地理信息中心
	中国高分卫星
在线教育	东南大学
	西安航天基地
企业	中软国际
	维尔利环保科技集团

更多华为云客户案例可以登录官网查看，如图1-1-8所示。

图 1-1-8　华为云解决方案全景图

3. 了解华为云云市场

华为云云市场是一个软件及服务交易交付平台，如图 1-1-9 所示。在云服务的生态系统中，云市场为用户提供优质、便捷的基于云计算、大数据业务的软件、服务和解决方案，满足华为云用户快速上云和快速开展业务的诉求。

华为云云市场包括应用市场和严选商城两大体系。合作伙伴以标准商务、开放合作的模式加入云市场中的商品均在应用市场上架。严选商城汇聚经过严格测试的严选商品和严选解决方案。

华为云云市场生态的参与者主要有 6 类，包括用户、技术伙伴、服务伙伴、开发者、解决方案伙伴和经销商。

图 1-1-9　华为云云市场

目前华为云云市场为合作伙伴和用户提供云市场平台支撑，支持合作伙伴多种交付方式的云商品入驻，包括镜像类、人工服务类、SaaS 类、API 类、License 类、硬件类、AI 资产类和应用编排类交付方式。

- 镜像类：镜像类商品是指将服务商基于华为云公共系统制作的系统盘镜像作为商品，用户可以基于镜像来创建 ECS 实例，从而获得与镜像一致的系统环境。这类商品在操作系统上整合了具体的软件环境和功能，通过将应用软件与云资源耦合，实现用户对云主机即开即用，如 PHP 运行环境、Apache 运行环境等，供有相关需求的用户开通云服务器实例时选用。
- 人工服务类：人工服务类商品是指将服务商为用户提供的人工服务作为商品，不交付具体的软件或云资源，如云运维管理、环境配置、数据迁移、故障排查，软件授权安装、维护等软件服务，网站建设、小程序、App 开发等开发服务等。
- SaaS 类：SaaS 类商品是指将服务商提供的部署在华为云基础设施资源（华为云 IaaS）上的在线应用软件作为商品。用户无须购买独立的云资源，只需购买 SaaS 应用即可登录到指定的网站使用商品。

目前 SaaS 类商品接入时，使用用户名+初始密码的方式开通商品。用户在华为云云市场购买商品时，云市场通过调用服务商提供的生产系统接口地址，通知服务商实施购买操作，操作完成后，服务商向云市场返回前台地址、管理地址、用户登录名及初始密码等信息。

任务 1.2 公有云运维

任务描述

1. 了解云端运维技术技能要求。
2. 了解华为账号注册的流程。
3. 体验华为云沙箱实验室。

知识学习

1. 公有云运维技能要求

公有云云端运维和传统的系统运维、私有云运维核心技能要求基本一致，主要包含以下技能要求。

- 系统技能：包括 Linux 操作系统、Windows 操作系统等，特别是 Linux 服务器的管理和运维、虚拟化、Docker 容器等。
- 网络基础：包括交换、路由、SSH、SNMP、TCP/UDP、IP、PXE、SDN、安全和 Cobbler 网络工具等。
- 数据库：包括 MySQL、Oracle 等数据库的操作和管理。
- Web 服务器：包括 Nginx、Apache、Tomcat 等 Web 服务器。
- 自动化运维工具：包括 Ansible、Puppet、SaltStack 和 RunDesk。

- 监控和日志工具：包括 Nagios 和 Zabbix。
- 大数据服务：包括 Hadoop、Spark 等服务管理。

由于公有云面向公共用户提供大量通用运维工具和监控服务，因此其云端运维变得更加简单便捷。此外，公有云提供了服务操作的 Restful APIs，运维工程师可以针对 APIs 进行编程，从而更加弹性、灵活和主动地管理自己租赁的云服务。

2. 公有云运维的优势

（1）传统 IT 运维的劣势。

① 基础设施投入大。基础设施的爆炸增长导致前期需要购买数量庞大的专业硬件设备，投入非常大，并且每年还需要支付价格昂贵的厂商服务费用。

② 运维团队的建设成本高。除了硬件，还需要组建多个运维团队来维护相关业务的稳定性，人力成本支出庞大。

③ 业务运维难度大。第一，随着业务扩展，IT 基础设施跟不上企业快速扩张的步伐，先购买硬件再规划系统上线耗时耗力，各个部门沟通协调任务的过程烦琐复杂，很难达到领导层的预期。第二，如果运维团队经验不足，缺乏高效的运维工具，并且公司业务流程烦琐，还会导致业务上线缓慢。

（2）云端运维的优势。

通过公有云分离数据中心的运维和云端运维，客户可以直接通过公有云的管理平台完成业务的高效运转。

① 按需购置，降低投入成本。用云端运维模式“接管”传统 IT 运维模式是大势所趋，这一新模式解决了传统运维前期投入巨大、需要大量人工干预、自动化和实时性差等问题，在不影响企业业务运转的同时，实现了监控、排障的智能化，并将被动式运维转变为主动式运维，提前预警故障隐患。云端运维应用全自动部署、监控和故障恢复系统，将本地运维工作转移到云端，工作量大大减少，所需硬件成本和人员成本大大降低。

② 降低运维难度。云端运维可以减少运维工程师的重复性劳动，企业可以根据云端运维进行快速转型，形成新的增长动力，进而适应客户的多方面发展。云端运维仅需几分钟时间就可以部署一台可以直接使用的服务器，按照业务系统的需求量，随时调节服务器等资源的使用量。原本需要运维工程师、网络工程师完成的工作，如数据库集群、负载均衡集群、网络管理等，都由云服务商完成维护工作。这在显著降低运维工作人力成本的同时，可以使运维工程师、网络工程师有更多的时间专注于业务系统的运维和优化。

③ 聚焦业务，快速发展。随着云计算技术在 IT 架构中的广泛应用，以及企业业务应用的迁移，更具弹性、扩展能力更强、更灵活的 IT 环境会是未来的发展趋势。云端运维在满足用户差异化、多元化和快速多变需求的同时，可以大幅提升用户对服务的体验和期望，并快速反作用于企业 IT 基础架构，提升企业用户的服务体验。不仅企业管理层对云端运维满意度提升，而且转型之后运维体系的快速部署、简化流程等对公司其他部门的业务也能提供更好的支撑，有利于各部门间的思想统一、紧密合作。

3. 公有云运维主要工作

云计算具有弹性变化、按需购买、快速上线等优势。运维工程师需要针对业务系统需求解决设计、购买、迁移上云、运维的问题，然后在业务系统上云后评估上云前后的成本变化和效益变化。

运维的一般过程如下。

① 分析需求。分析客户业务系统的上云需求，如果已有的业务系统上云，需要分析目前业务系统的架构、数据、服务质量要求，评估各公有云服务的优劣和成功案例，编制需求分析报告。

② 上云设计。根据业务系统的需求和目前架构，设计上云之后的架构，部署租赁云服务器、数据库、存储、高可用、安全等服务的数量、种类和租赁方式。根据以上设计进行成本核算，同时考虑系统持续服务、业务发展的能力，使系统架构允许弹性扩展，最后编制上云设计报告。

③ 服务租赁。在设计审批通过后，进行服务的租赁和验证。

④ 系统上云。租赁的服务正常运行后，进行系统的上云迁移或上云部署。这个阶段重在利用公有云的优势，使用公有云服务模板、一站式的解决方案等。

⑤ 服务运维。系统上云成功后，进行业务的运维、云服务的使用跟踪，并根据业务发展进行云服务的增减。关注公有云租用费用的维护，避免费用不足造成服务中断。

4．华为云沙箱实验室

（1）沙箱实验室。

沙箱实验室是华为云官方的实验平台，通过一键创建实验环境，开发者可以在实验手册的指导下快速体验华为云服务，在云端实现云服务的实践、调测和验证。

（2）沙箱实验室的优势。

区别于传统实验室，沙箱实验室具有如下优势：零硬件成本投入，免部署、免维护；支持在线一键式开通资源，可随时随地远程访问；可实现在真实云环境中便捷操作，提供详细的实验文档指导操作；可智能检测实验进程，一键生成实验报告；具有智能问答全程跟踪功能，提供实时在线问答服务，为用户提供沉浸式实验体验。

（3）沙箱实验类别介绍。

目前，沙箱实验室实验分为云计算、人工智能、鲲鹏、软件开发、云安全和快速入门 6 个实验方向，初级、中级、高级 3 个难度等级，难度等级越高，操作难度越大，所需实验时间越长。具体如下。

- 快速入门：华为云各服务基础操作体验入门实验。
- 云计算：可体验基于华为云服务搭建网站、云应用性能测试、容器应用部署、物联网智慧路灯构建等多种场景的云计算领域实验。
- 人工智能：可体验基于华为云 AI 人工智能服务的花卉分类、语音识别、算子开发等多种场景的人工智能领域实验。
- 鲲鹏：可体验基于华为云鲲鹏弹性服务器的 Web 部署、软件/代码迁移、性能测试调优等鲲鹏实验。
- 软件开发：可体验基于华为云软件开发平台 DevCloud 等多种应用的实时对战游戏开发、搭建 minikube 等软件开发领域实验。
- 云安全：可体验基于华为云安全服务的 Web 应用防火墙防护、靶场平台演练等场景的实验内容。

任务实施

在华为云页面进行账号注册，并通过华为云沙箱实验室进行入门体验。

1．注册账号

① 打开浏览器，在地址栏中输入 www.huaweicloud.com，进入华为云主页，如图 1-2-1 所示。

图 1-2-1　华为云主页

② 申请华为云的账号非常方便，单击华为云主页导航栏中的“注册”按钮，进入注册页面，如图 1-2-2 所示。

欢迎注册华为云（中国）

+86（中国大陆）　请输入您的手机号

请输入短信验证码　获取短信验证码

请设置您的密码

请再次输入密码

我已阅读并同意《华为云用户协议》和《隐私政策声明》

同意协议并注册

了解更多

图 1-2-2　华为云注册页面

③ 输入手机号并单击“获取短信验证码”按钮。若该手机号未注册过华为云账号，或已注册过华为云账号、但账号数量未超过 3 次，可获取短信验证码。输入短信验证码、密码并勾选“我已阅读并同意《华为云用户协议》和《隐私政策声明》”，单击“同意协议并注册”按钮完成注册，如图 1-2-3 所示。

欢迎注册华为云

+86(中国大陆) - 178 6516

450640 获取短信验证码

我已阅读并同意《华为云用户协议》和《隐私政策声明》

同意协议并注册

图 1-2-3　注册并登录华为云

④ 登录后单击主页导航栏中的“控制台”按钮，在跳转的页面中可以查看所有租赁的服务情况，如图 1-2-4 所示。

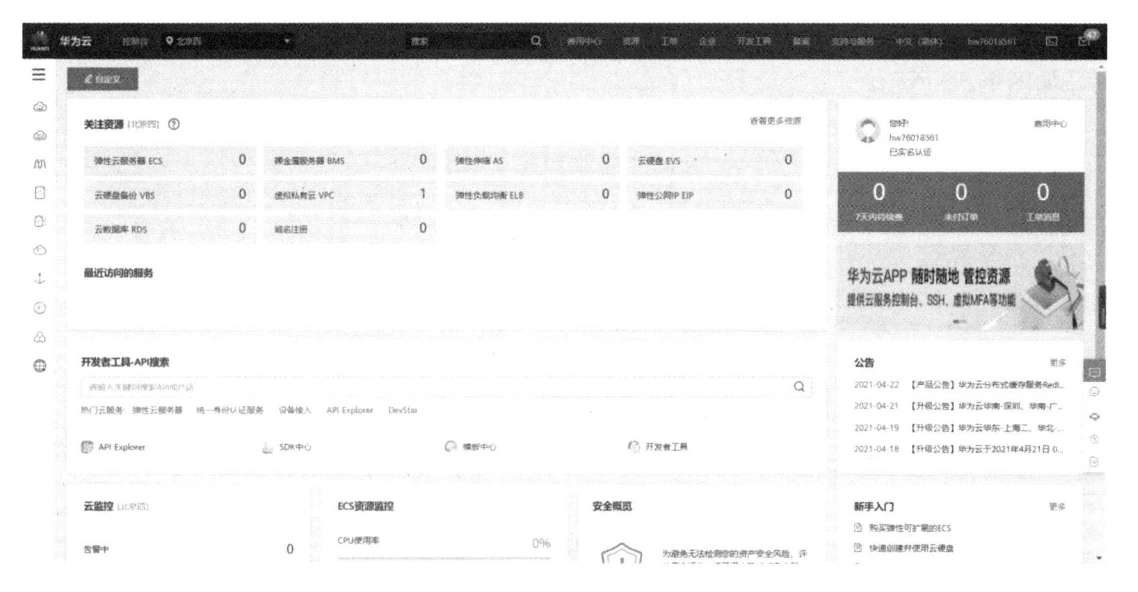

图 1-2-4　华为云控制台页面

2. 体验华为云沙箱实验室

① 在页面导航栏中，选择“开发者”→“云学院”→“沙箱实验室”命令，在跳转的页面中，单击“立即开始”按钮，或者直接搜索“沙箱实验室”，进入沙箱实验室页面，如图 1-2-5 所示。

图 1-2-5　华为云沙箱实验室页面

② 单击“全部实验列表”按钮，进入沙箱实验列表页面，查看所有沙箱实验。可按照实验方向、难易等级进行实验筛选，也可以搜索实验，如图 1-2-6 所示。

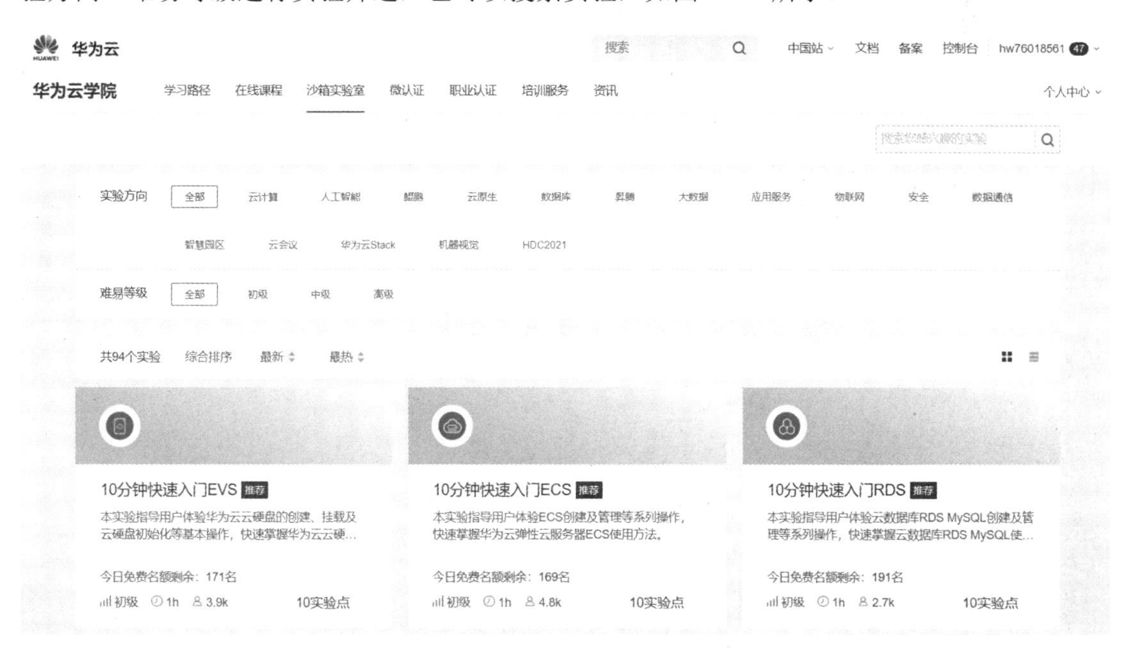

图 1-2-6　沙箱实验列表页面

③ 在实验列表中单击实验卡片，进入实验详情页，可进一步了解实验详细内容，包括实验目标与基本要求、实验摘要、实验手册、相关实验、实验所用产品和实验相关课程等内容，如图 1-2-7 所示。

图 1-2-7　实验详细信息

④ 在实验界面左上角提供了实验账号，在实验桌面中登录所提供的实验账号进行实验操作及购买相关服务，将不会在个人账号中产生任何购买资源的费用。单击实验账号右上角箭头按钮可收起实验账号框，如图 1-2-8 所示。

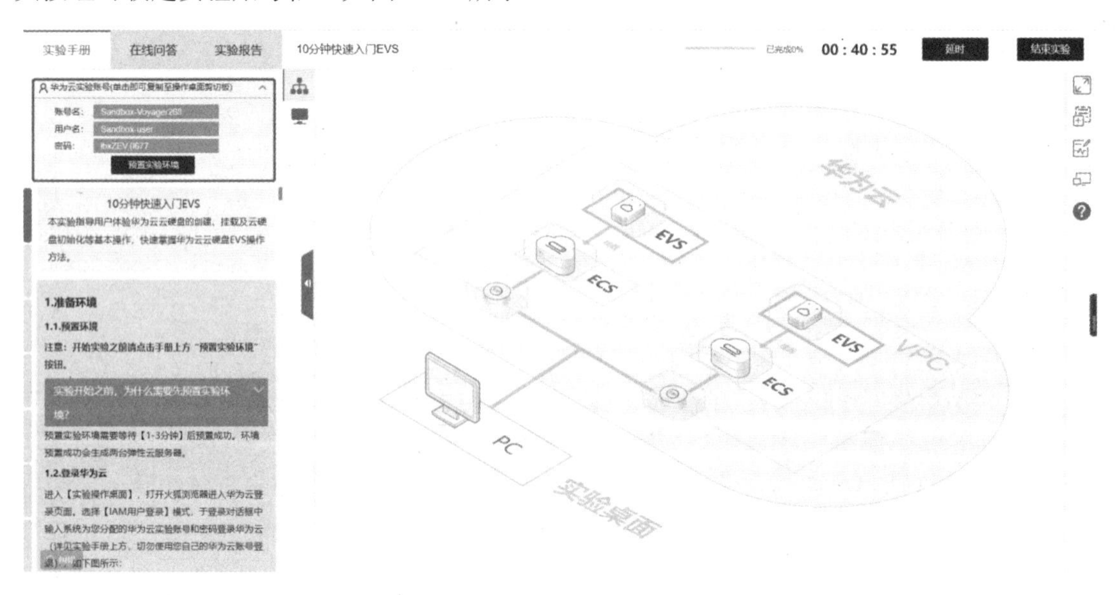

图 1-2-8　实验账号详细信息

⑤ 实验手册提供了关于实验的所有操作步骤及提示参数，包括实验中需要注意的事项。实验手册左侧是实验手册导航，单击后可跳转到对应的实验步骤，当成功完成当前步骤时，对应导航条会点亮变绿且自动滑动到下一步骤的操作提示处，如图 1-2-9 所示。

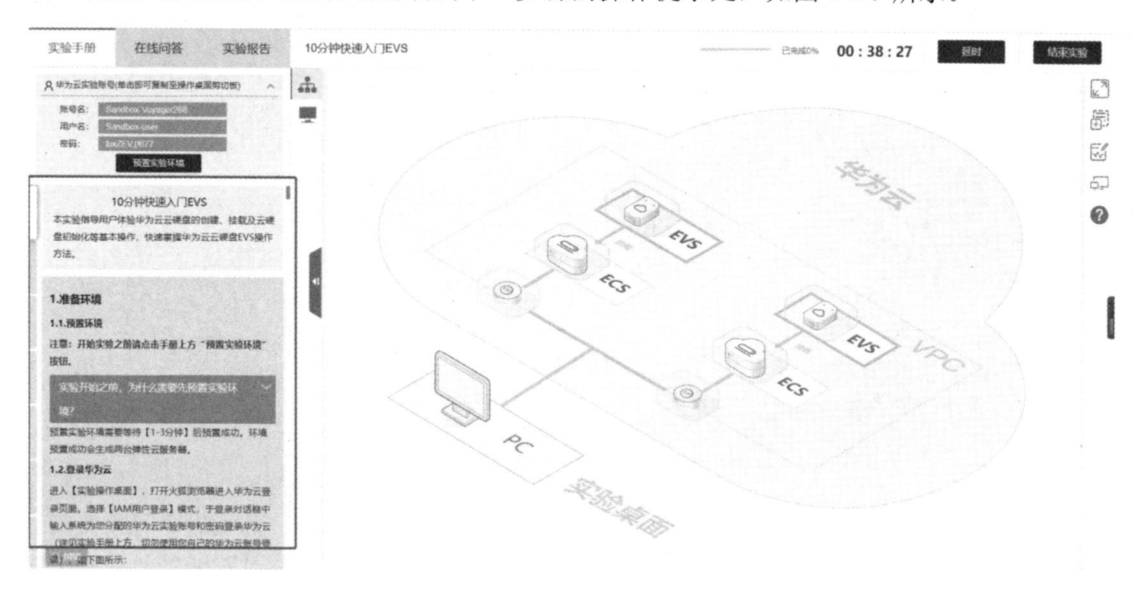

图 1-2-9　实验手册详细信息

⑥ 在实验界面中单击实验报告，可浏览该实验的实验内容、实验目标、实验步骤完成状态、实验问题记录列表、过程记录等内容，如图 1-2-10 所示。

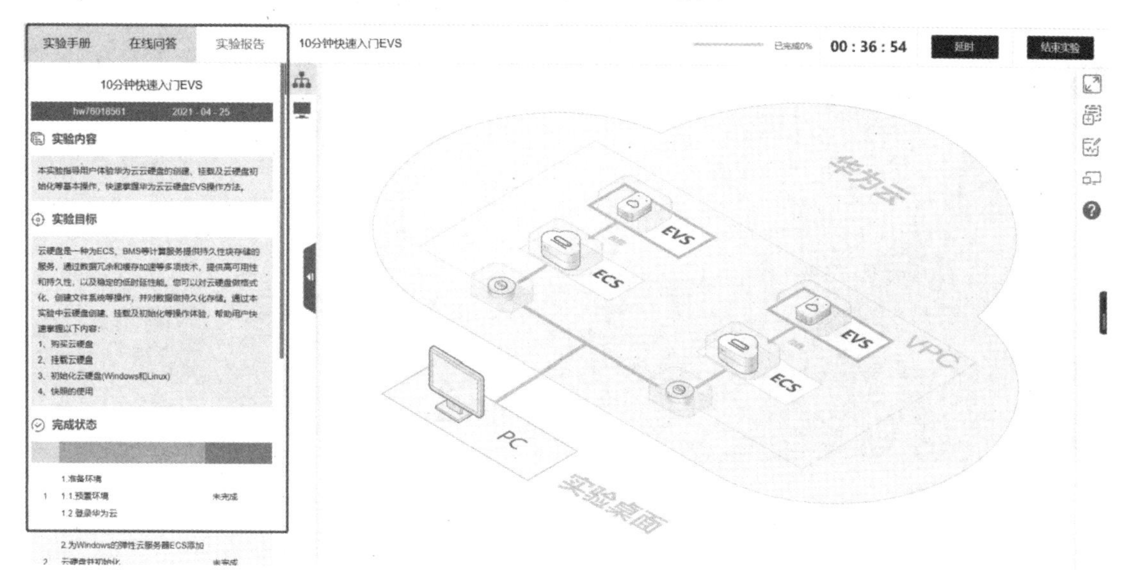

图 1-2-10　实验报告详细信息

⑦ 在实验界面右上角展示了当前实验进度，同时实验时间以倒计时方式计时，从进入实验界面开始倒计时，可在实验剩余时间归零前多次进入并操作实验，如图 1-2-11 所示。若实验时间未用完，再次进入实验界面时会以剩余时间开始实验。

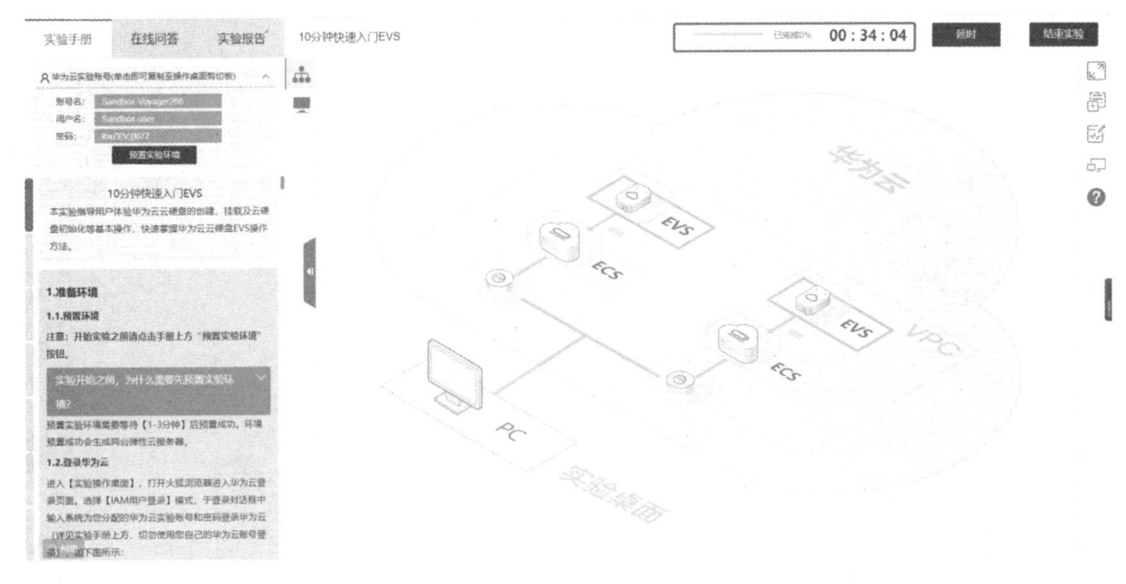

图 1-2-11　实验完成进度、实验剩余时间详细信息

⑧ 单击“结束实验”按钮，会弹出“退出后系统将清理实验环境，再次进入时将重新开始实验”提示框，单击“确定”按钮可关闭实验界面，结束实验，单击“取消”按钮则关闭提示框，回到实验界面，如图 1-2-12 所示。

图 1-2-12　确定是否结束实验

项目 2

公有云架构

知识目标

- 了解云服务器的概念、优势及其应用场景。
- 了解云硬盘概念、优势、分类及其相关技术。
- 了解对象存储服务的概念、优势及其应用场景。
- 了解云数据库的概念、优势及其应用场景。
- 了解虚拟私有云的概念、优势及其应用场景。

技能目标

- 掌握弹性云服务器的创建流程、登录方式。
- 掌握云数据库创建流程及其管理方法。
- 掌握云硬盘的申请及其管理方法。
- 掌握对象存储服务及其管理方法。
- 掌握申请域名服务及其管理方法。

任务 2.1 计算云服务介绍

任务描述

1. 掌握云服务器的概念和价值。
2. 掌握 ECS 弹性云服务器的概念、功能和应用场景。
3. 掌握 ECS 弹性云服务器的创建流程。
4. 掌握 ECS 弹性云服务器的登录方式。

知识学习

1. 云服务器简介

云服务器在业内被称为计算单元。所谓计算单元，指该服务器就像一个人的大脑，或相当于普通计算机的 CPU，里面的资源是有限的。用户要获得更好的性能，解决办法有两个：一是升级云服务器；二是将其他耗费计算单元资源的软件部署在对应的云服务上，如数据库有专门的云数据库服务，静态网页和图片有专门的文件存储服务。

云服务器是云计算服务的重要组成部分，是面向各类互联网用户提供综合业务能力的服务平台。平台整合了传统意义上的互联网应用三大核心要素：计算、存储、网络，面向用户提供公用化的互联网基础设施服务。云服务器创建成功后，用户可以像使用自己的本地计算机或物理服务器一样，在云上使用云服务器。

云服务器的开通是自助完成的，用户只需要指定 CPU、内存、操作系统、规格、登录鉴权方式即可，还可以根据自己的需求随时调整云服务器规格。它能为用户打造一个高效、可靠、安全的计算环境。

云服务器是一种简单高效、安全可靠、处理能力可弹性伸缩的计算服务，其管理方式比物理服务器更简单高效。用户无须提前购买硬件，即可迅速创建或释放任意多台云服务器。

云服务器能够帮助用户快速构建稳定、安全的应用，降低开发运维的难度和整体成本，使用户能够更专注于核心业务的创新。

云服务器主要包含以下功能组件。

① 实例：等同于一台虚拟服务器，包含 CPU、内存、操作系统、网络配置、磁盘等基础的计算组件。

② 镜像：即向实例提供的操作系统，系统内可预装软件和初始化应用数据。

③ 安全组：一种虚拟防火墙，用于设置实例的网络访问控制，可以通过设置规则管理端口的开放与关闭。

④ 网络：云服务器网络可以建立在通用的公共基础网络上，也可以建立在逻辑上彻底隔离的云上私有网络上，用户可以自行分配私有网络 IP 地址范围、配置路由表和网关等。

2. 云服务器的优势

相比于 IDC（互联网数据中心）机房，云服务器具有诸多优势。云服务器与传统 IDC 的对比见表 2-1-1 所示。

表 2-1-1　云服务器与传统 IDC 的对比

对比项	传统 IDC	云服务器
投入成本	高额的综合信息化成本	按需付费，可有效降低综合成本
产品性能	难以确保获得持续可控的产品性能	硬件资源的隔离+独享带宽
管理能力	日趋复杂的业务管理难度	集中化的远程管理平台+多级业务备份
扩展能力	服务环境缺乏灵活的业务弹性	快速的业务部署与配置、规模的弹性扩展能力

3. 弹性云服务器介绍

（1）弹性云服务器的组成。

弹性云服务器（Elastic Cloud Server，ECS）是由 CPU、内存、操作系统、云硬盘组成的基础的计算组件。弹性云服务器创建成功后，用户可以像使用自己的本地计算机或物理服务器一样，在云上使用弹性云服务器。

弹性云服务器的开通是自助完成的，用户只需要指定 CPU、内存、操作系统、规格、登录鉴权方式即可，还可以根据自己的需求随时调整弹性云服务器的规格。

（2）弹性云服务器的优势。

弹性云服务器可以根据业务需求和伸缩策略，自动调整计算资源。用户可以根据自身需要自定义服务器配置，灵活地选择所需的内存、CPU、带宽等，打造专属于自己的可靠、安全、灵活、高效的应用环境。

① 稳定可靠。

- 丰富的磁盘种类：提供普通 I/O、高 I/O、通用型 SSD、超高 I/O、极速型 SSD 类型的云硬盘，可以支持云服务器不同业务场景需求。
- 高数据可靠性：提供基于分布式架构的、可弹性扩展的虚拟块存储服务；具有高数据可靠性和高 I/O 吞吐能力，保证任何一个副本在发生故障时能够快速进行数据迁移恢复，避免单一硬件发生故障时造成数据丢失。
- 支持云服务器和云硬盘的备份及恢复：可预先设置好自动备份策略，实现在线自动备份；也可以根据需要随时通过控制台或 API 备份云服务器和云硬盘指定时间点的数据。

② 安全保障。

- 多种安全服务为用户提供多维度防护：Web 应用防火墙、漏洞扫描等多种安全服务为用户提供多维度防护。
- 安全评估：提供对用户云环境的安全评估，帮助用户快速发现安全弱点和威胁，同时提供安全配置检查，并给出安全实践建议，有效减少或避免由网络中病毒和恶意攻击带来的损失。
- 智能化进程管理：提供智能化进程管理服务，基于可定制的白名单机制，自动禁止非法程序的执行，保障弹性云服务器的安全性。
- 漏洞扫描：支持通用 Web 漏洞检测、第三方应用漏洞检测、端口检测、指纹识别等多项扫描服务。

③ 软硬结合。

- 搭载在专业的硬件设备上：弹性云服务器搭载在专业的硬件设备上，能够深度进行虚拟化技术优化，用户无须自建机房。
- 随时获取虚拟化资源：可随时从虚拟资源池中获取并独享资源，并根据业务变化进行弹性扩展或收缩，像使用本地 PC 一样在云上使用弹性云服务器，确保应用环境可靠、安全、灵活、高效。

④ 弹性伸缩。

- 自动调整计算资源。

动态伸缩：基于伸缩组监控数据，随着应用运行状态，动态增加或减少弹性云服务器实例。

定时伸缩：根据业务预期及运营计划等，制定定时及周期性策略，按时自动增加或减少弹性云服务器实例。

- 灵活调整云服务器配置：根据业务需求灵活调整规格、带宽，高效匹配业务要求。
- 灵活的计费模式：支持用包年/包月、按需计费、竞价计费等模式购买云服务器，满足不同应用场景，可根据业务波动随时购买和释放资源。

（3）弹性云服务器应用场景。

- 网站应用：对 CPU、内存、硬盘空间和带宽无特殊要求，对安全性、可靠性要求高，服务一般只需要部署在一台或少量的云服务器上，一次投入成本少，后期维护成本低的场景。例如，网站开发测试环境、小型数据库应用。
- 企业电商：对内存要求高、数据量大并且数据访问量大、要求能够完成快速的数据交换和处理的场景。例如，广告精准营销、电子商务、移动 App。
- 图形渲染：对图像视频质量要求高，要求具备大内存、大量数据处理、I/O 并发处理能力，可以完成快速数据交换和处理以及大量的 GPU 计算能力的场景。例如，图形渲染、工程制图。
- 数据分析：处理大容量数据，需要高 I/O 能力、快速数据交换和处理能力的场景。例如，MapReduce、Hadoop 计算密集型。
- 高性能计算：高计算能力、高吞吐量的场景。例如，科学计算、基因工程、游戏动画、生物制药计算和存储系统。

任务实施

创建弹性云服务器 ECS

（1）创建虚拟私有云 VPC。

① 将光标移至云桌面浏览器页面左侧的菜单栏，单击“服务列表”→“网络”→“虚拟私有云 VPC”，在虚拟私有云界面单击“创建虚拟私有云”按钮，进入创建虚拟私有云页面，如图 2-1-1 所示。配置参数：区域为“华北-北京四”，名称可以自定义，IPv4 网段为 192.168.0.0/16，高级配置采用默认设置。

图 2-1-1　创建虚拟私有云

② 进行默认子网设置。可用区：任选一项；名称：自定义；子网 IPv4 网段：192.168.0.0/24；子网 IPv6 网段：不勾选；其他：采用默认设置，如图 2-1-2 所示。

图 2-1-2　虚拟私有云默认子网设置

③ 单击“创建虚拟私有云”按钮，完成虚拟私有云创建，如图 2-1-3 所示。

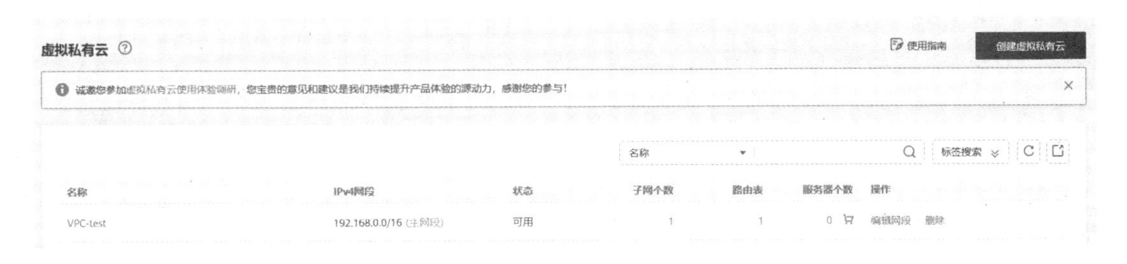

图 2-1-3　完成虚拟私有云创建

（2）创建弹性云服务器（Linux）。

① 进入华为云管理控制台，将光标移至实验操作桌面浏览器页面左侧的菜单栏，单击“服务列表”→“计算”→“弹性云服务器 ECS”，进入云服务器控制台，单击“购买弹性云服务器”，进入创建页面。配置参数：计费模式选择“按需计费”，区域选择“华北-北京四”，可用区可以任选一项，如图 2-1-4 所示。

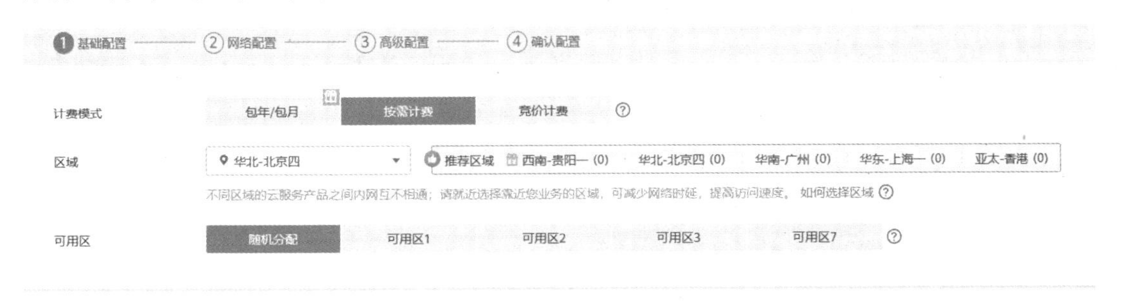

图 2-1-4　申请云服务器

接下来选择云服务器的 CPU 架构和规格。CPU 架构：x86 计算；规格：通用计算型，s6.small.1 | 1vCPUs | 1GB，如图 2-1-5 所示。

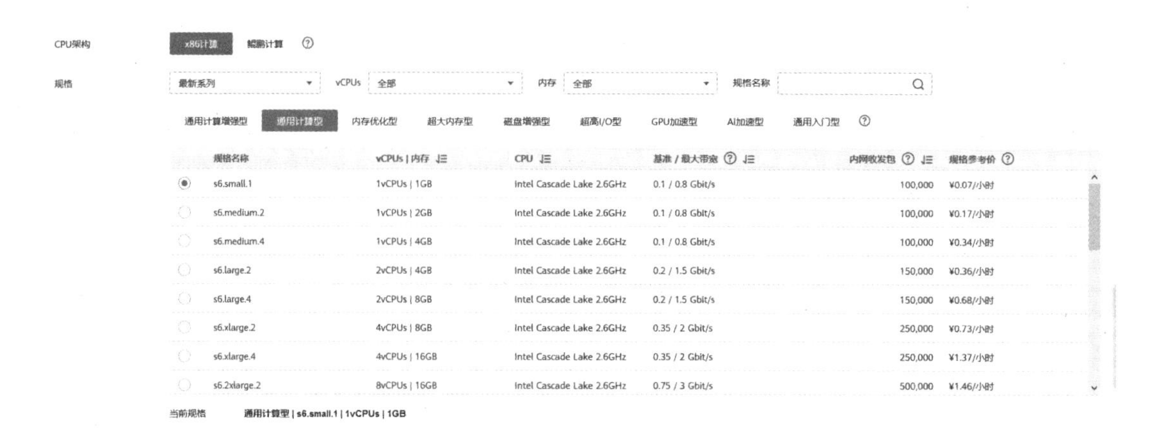

图 2-1-5　选择云服务器的 CPU 架构和规格

② 选择云服务器操作系统。镜像：公共镜像；镜像类型：CentOS；镜像版本：CentOS 7.6 64bit（40GB）；主机安全：不勾选；系统盘：高 I/O，40GB，如图 2-1-6 所示。

图 2-1-6　选择云服务器操作系统

③ 单击“下一步：网络配置”按钮，配置参数。网络：选择创建好的虚拟私有云 VPC；扩展网卡：采用默认设置；安全组：选择 Sys-default，如图 2-1-7 所示。

图 2-1-7　选择云服务器网络

④ 选择云服务器弹性公网 IP。弹性公网 IP：现在购买；线路：静态 BGP；公网带宽：按带宽计费；带宽大小：1Mbit/s，如图 2-1-8 所示。

图 2-1-8 选择云服务器弹性公网 IP

⑤ 单击“下一步：高级配置”按钮，配置参数。云服务器名称：自定义；登录凭证：密码；用户名：root；密码：自定义，如 Huawei@123，如图 2-1-9 所示。

图 2-1-9 配置云服务器密码

⑥ 单击“下一步：确认配置” 按钮，配置如下：购买数量选择 1，勾选“我已经阅读并同意《镜像免责声明》”，如图 2-1-10 所示。

图 2-1-10 确认配置信息

⑦ 单击“立即购买”按钮，在弹出的“任务提交成功”页面单击“返回云服务器列表”按钮。购买成功后，云服务器列表如图 2-1-11 所示。

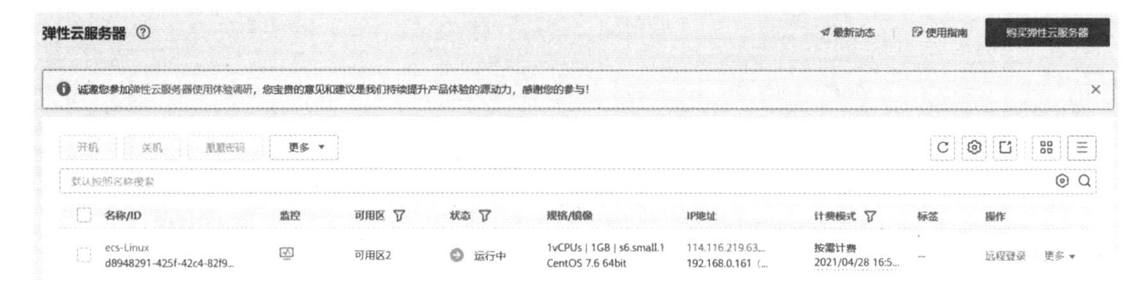

图 2-1-11　弹性云服务器购买成功

（3）登录弹性云服务器（Linux）。

① 在弹性云服务器列表区域，单击上面创建的 Linux 系统弹性云服务器右侧“操作”栏中的“远程登录”按钮，在弹出的“登录 Linux 弹性云服务器”窗口中，单击“其他方式”处的“立即登录”按钮，如图 2-1-12 所示。

登录Linux弹性云服务器

使用CloudShell登录 New!　　登录不上?

请确保安全组已放通CloudShell连接实例使用的端口（默认使用22端口）

优势：操作更流畅，命令支持复制粘贴，支持浏览输出历史和多终端分区布局。了解更多

CloudShell登录

其他方式

1、使用控制台提供的VNC方式登录

立即登录

2、使用Putty、Xshell等工具登录Linux弹性云服务器，了解更多

a) 下载安装登录工具，例如Putty。

b) 输入弹性公网IP。

c) 输入用户名：root、密码，单击“确定”。

3、使用Linux/Mac OS系统主机登录Linux弹性云服务器。

a) 执行连接命令。

ssh 弹性公网IP

例如：ssh 123.xxx.xxx.456

图 2-1-12　登录弹性云服务器

② 根据页面提示，输入用户名 root 和密码 Huawei@123，如图 2-1-13 所示。

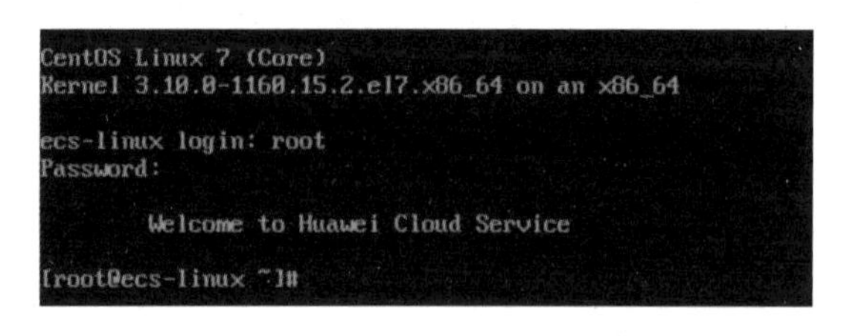

CentOS Linux 7 (Core)
Kernel 3.10.0-1160.15.2.el7.x86_64 on an x86_64
ecs-linux login: root
Password:
Welcome to Huawei Cloud Service
[root@ecs-linux ~]#

图 2-1-13　弹性云服务器登录界面

③ 选择要登录的云服务器，单击“操作”栏中的“远程登录”按钮，在弹出的“登录 Linux 弹性云服务器”窗口中，单击“CloudShell 登录”选项，如图 2-1-14 所示。

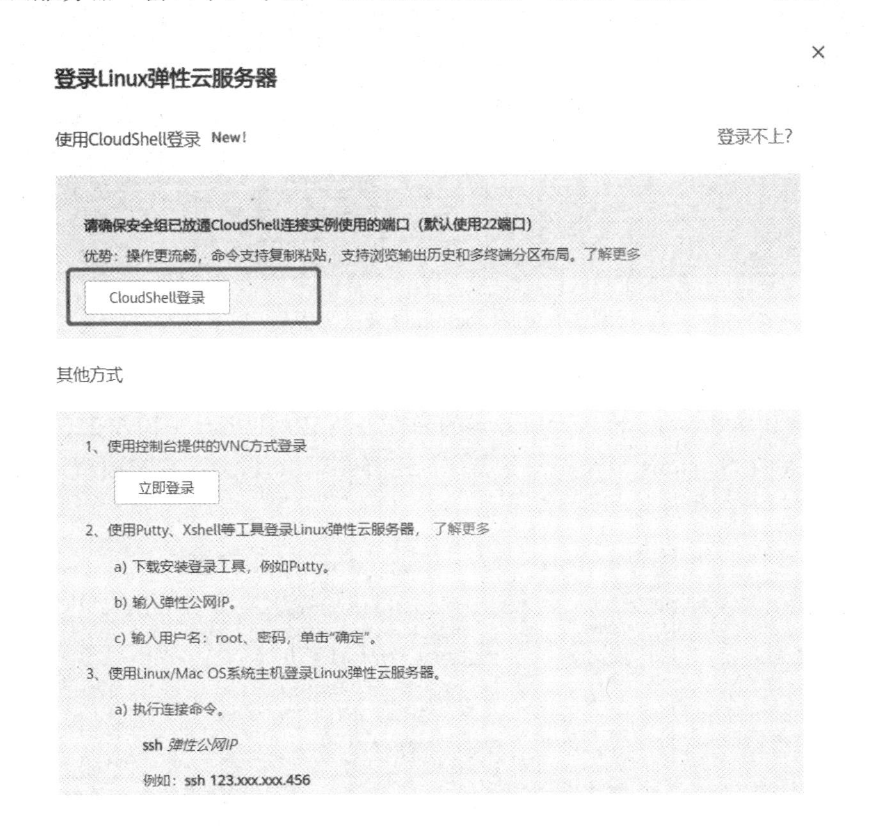

图 2-1-14 选择 CloudShell 登录

④ 在 CloudShell 界面配置云服务器信息。首次登录时会默认打开 CloudShell 配置向导。在 CloudShell 配置向导中输入云服务器的弹性公网 IP、端口（默认 22）、账号和密码，单击“连接”按钮登录云服务器，如图 2-1-15 所示。

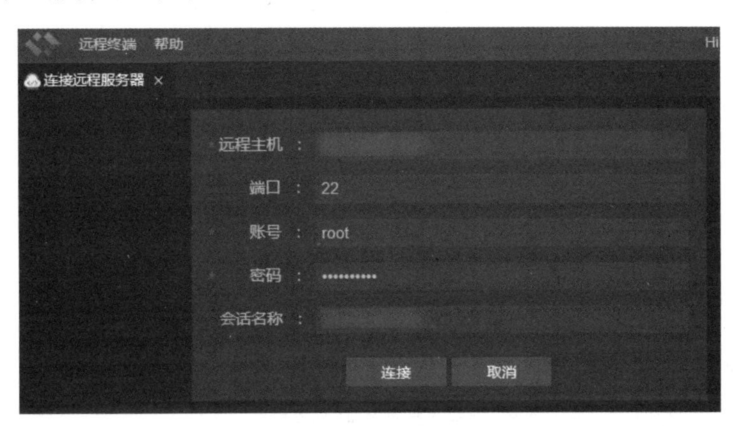

图 2-1-15 使用 CloudShell 登录云服务器

⑤ 连接成功后，CloudShell 登录界面提示如图 2-1-16 所示。

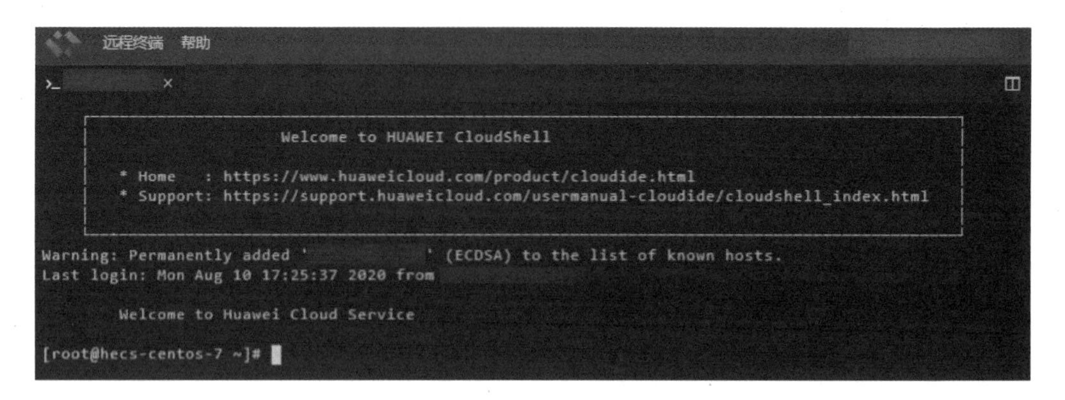

图 2-1-16　CloudShell 登录界面提示

⑥ 使用 PuTTY 登录云服务器。运行 PuTTY，单击“Session”选项，如图 2-1-17 所示，在 Host Name (or IP address)中输入云服务器的弹性公网 IP；在 Port 中输入 22；Connection type 选择 SSH；在 Saved Sessions 中输入任务名称，这样在下次使用 PuTTY 时就可以通过单击保存的任务名称来打开远程连接了。

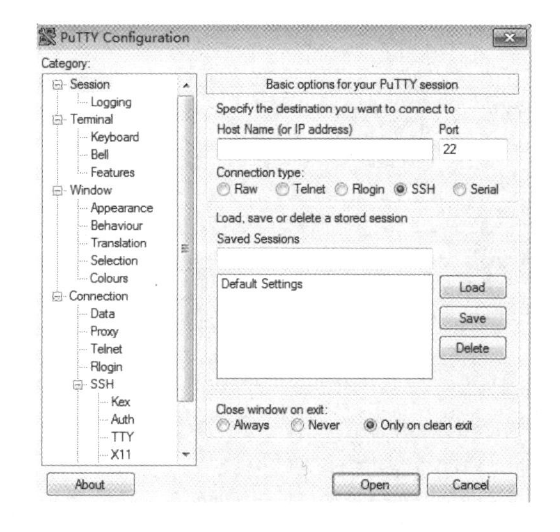

图 2-1-17　PuTTY 登录界面

任务 2.2　存储云服务介绍

任务描述

1. 掌握云硬盘的概念和价值。
2. 掌握对象存储的概念、功能和应用场景。
3. 掌握 EVS 硬盘的创建流程。
4. 掌握 OBS 对象存储的应用场景。

知识学习

1. 存储类型简介

根据存储的功能特性，可将其大致分为 3 种类型：块存储、文件存储和对象存储，如图 2-2-1 所示。

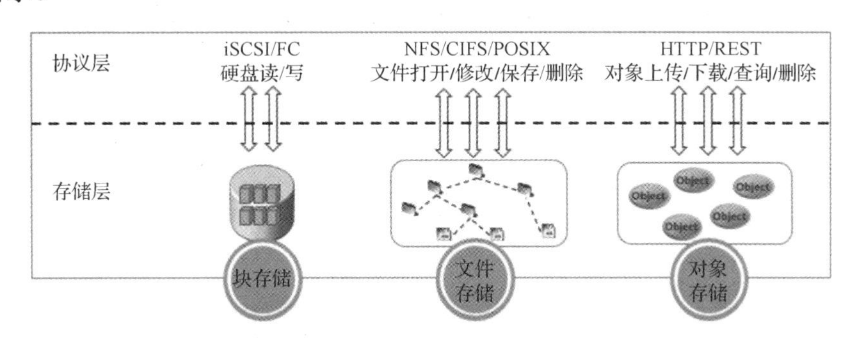

图 2-2-1 三种存储方式

简单来说，块存储就是将磁盘设备空间转化为逻辑卷映射给主机使用。在 SAN（Storage Area Network，存储区域网络）系统中，通过 iSCSI 或 FC 协议将逻辑卷映射到主机，实现硬盘的读/写。

文件存储用于解决网络中文件在多台主机间进行共享与传送的问题，由此引入了 NAS（Network Attached Storage，网络附属存储）系统，通过 NFS、CIFS 或 POSIX 协议实现不同主机对文件的使用，如打开、修改、保存和删除文件。

对象存储也叫基于对象的存储。文件数据如同离散的单元被保存起来，这些单元被称为对象，对象包含数据，在一个层结构中不会再有层级结构。用户通常通过 HTTP 或 REST 协议访问对象，并进行上传、下载、查询、删除等操作。

2. 云硬盘

（1）云硬盘概述。

云硬盘（Elastic Volume Service，EVS）简称磁盘，可以为云服务器提供高可靠、高性能、规格丰富且可弹性扩展的块存储服务，可满足不同场景的业务需求，适用于分布式文件系统、开发测试、数据仓库以及高性能计算等场景。云服务器包括弹性云服务器和裸金属服务器（Bare Metal Server，BMS）。

云硬盘为云服务器提供块存储服务，其使用方式类似于 PC 中的硬盘，但它需要挂载至云服务器上使用，无法单独使用。用户可以对已挂载的云硬盘执行初始化、创建文件系统等操作，并且将数据持久化地存储在云硬盘上。

云硬盘比普通硬盘多了一个“云”字，那“云”体现在哪里呢？它和云主机是分离的，并不像我们家用计算机的硬盘一样插在主机的主板上，而是通过网络连接至云主机，这意味着无论云主机在哪台宿主机上运行，只要网络连接正常，它都能访问云硬盘。因此，云硬盘解耦了计算和存储，让它们不再是强绑定的关系。云硬盘的存储能力实际上是通过华为

FusionStorage 虚拟化存储技术实现的，数据以三副本的形式保存在后端存储设备上。云硬盘无法单独使用，需要挂载至云服务器上才能使用，其架构如图 2-2-2 所示。

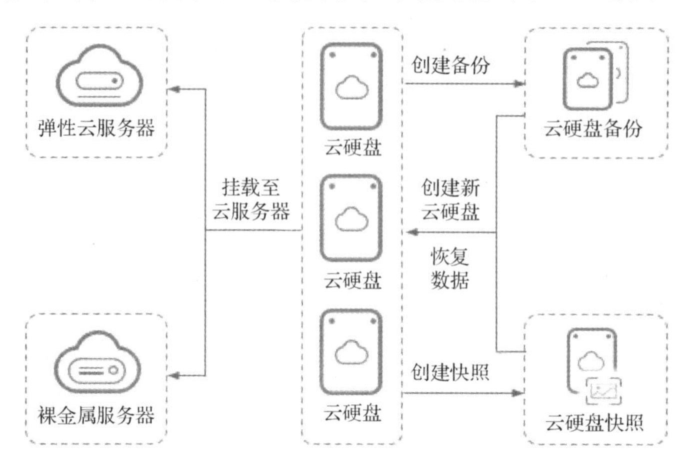

图 2-2-2　云硬盘架构

云硬盘可以通过挂载至弹性云服务器和裸金属服务器上提供存储服务，对于云硬盘中的数据，可以通过备份或快照的方式进行保护。此外，云硬盘备份和云硬盘快照也可以转化为云硬盘。

（2）云硬盘的优势。

云硬盘具有以下几方面的优势。

- 规格丰富：EVS 提供多种规格的云硬盘，可挂载至云服务器上用作数据盘和系统盘，用户可以根据业务需求及预算选择合适的云硬盘。
- 弹性扩展：当已有的云硬盘容量不足以满足业务增长对数据存储空间的需求时，用户可以根据需求进行扩容，最小扩容步长为 1GB，单个云硬盘最大可扩容至 32TB。云硬盘支持平滑扩容，无须暂停业务。
- 安全可靠：系统盘和数据盘均支持数据加密，可以保证数据安全。此外，云硬盘支持备份、快照等数据备份保护功能，为存储在云硬盘中的数据提供可靠保障，防止因应用异常、黑客攻击等情况导致数据错误。
- 实时监控：通过云监控（Cloud Eye）可以随时掌握云硬盘的健康状态，了解云硬盘运行状况。

（3）云硬盘的数据保障。

为了提高云上数据的可靠性，加强数据的保护能力，云硬盘提供两种能力来保障数据：三副本技术保障硬件层数据的高可靠性，不需要用户进行任何操作；云硬盘备份或快照保障软件层数据的高可靠性，需要用户根据需要在控制台上进行操作。

① 云硬盘三副本技术。云硬盘存储系统采用三副本机制来保证数据的可靠性，即针对某份数据，默认将数据分为 1MB 大小的数据块，每个数据块被复制为 3 个副本，然后按照一定的分布式存储算法将这些副本保存在集群中的不同节点上，也就是确保 3 个数据副本分布在不同服务器的不同物理磁盘上，从而保证 3 个数据副本之间的数据具有强一致性，并且单个硬件设备的故障不会影响业务。三副本技术示意图如图 2-2-3 所示。

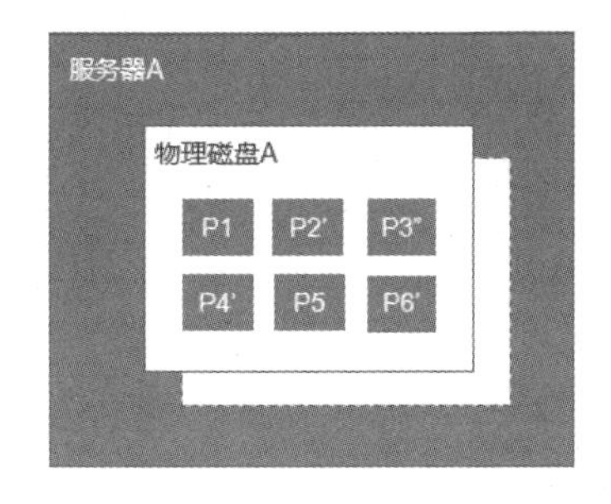

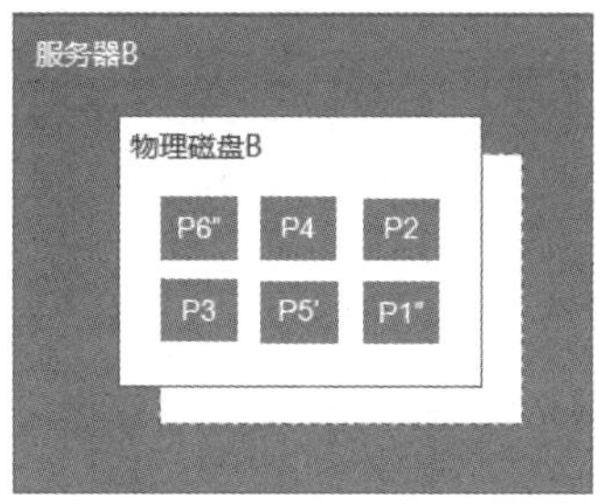

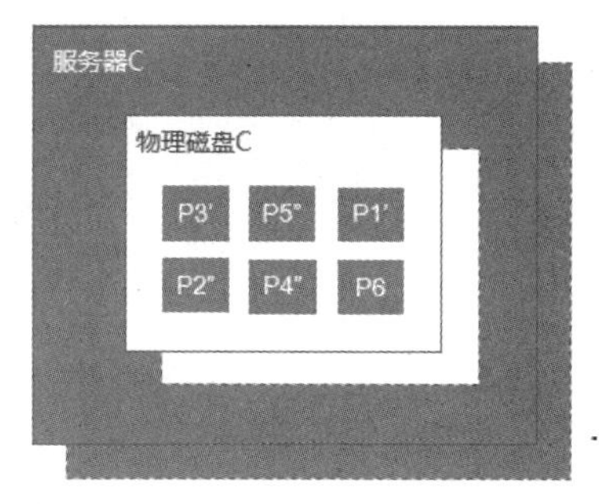

图 2-2-3　三副本技术示意图

图中，对于服务器 A 的物理磁盘 A 上的数据块 P1，系统将它的数据备份为服务器 B 的物理磁盘 B 上的 P1"和服务器 C 的物理磁盘 C 上的 P1'，P1、P1'和 P1"共同构成了同一个数据块的 3 个副本。若 P1 所在的物理磁盘发生故障，则 P1'和 P1"可以继续提供存储服务，确保业务不受影响。

② 云硬盘备份或快照。三副本技术是云硬盘存储系统为了确保数据高可靠性提供的技术，主要用来应对因硬件设备故障导致的数据丢失或不一致等情况。若希望应对因人为误操作、病毒以及黑客攻击等导致的数据丢失或不一致等情况，则需采用云硬盘备份或快照功能。

云硬盘备份或快照功能为云硬盘创建在线备份或快照，无须关闭云服务器。针对病毒入侵、人为误删除、软硬件故障等导致数据丢失或者损坏的场景，可通过任意时刻的备份或快照恢复数据，以保证用户数据的正确性和安全性。

3. 弹性文件服务 SFS

弹性文件服务（Scalable File Service，SFS）可以为用户提供按需扩展的高性能文件存储（NAS），可为云上多个弹性云服务器、容器（CCE&CCI）、裸金属服务器提供共享访问。访问方式如图 2-2-4 所示。

与传统的文件共享存储相比，弹性文件服务具有以下优势。

- 文件共享：同一区域跨多个可用区的云服务器可以访问同一文件系统，实现多台云服务器共同访问和分享文件。
- 弹性扩展：弹性文件服务可以根据用户的使用需求，在不中断应用的情况下，增加或者缩减文件系统的容量。
- 高性能、高可靠性：性能随容量的增加而提升，同时保障数据的高持久度，满足业务增长需求。
- 无缝集成：弹性文件服务同时支持 NFS 和 CIFS 协议，可通过标准协议访问数据，无缝适配主流应用程序进行数据读/写。弹性文件服务兼容 SMB2.0/2.1/3.0 版本，用户可以通过 Windows 客户端轻松访问共享空间。
- 操作简单、成本低：操作界面简单易用，用户可以轻松快捷地创建和管理文件系统。

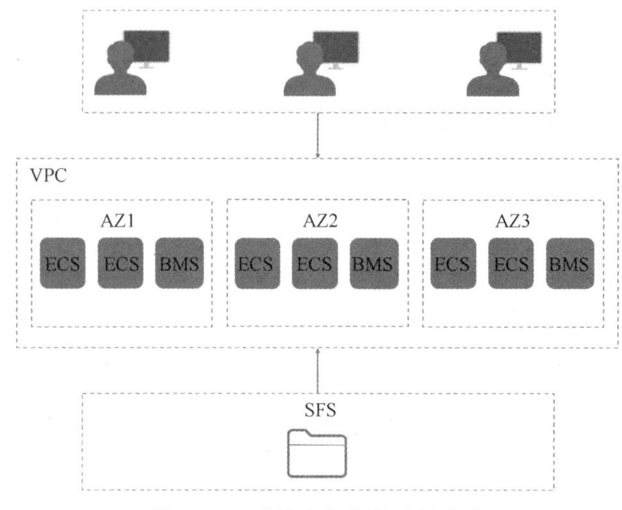

图 2-2-4　弹性文件服务访问方式

4. 对象存储服务

（1）对象存储服务概述。

对象存储服务（Object Storage Service，OBS）是一种基于对象的海量存储服务，能为用户提供海量、安全、高可靠、低成本的数据存储能力。OBS 是一种面向 Internet 访问的服务，提供了基于 HTTP/HTTPS 协议的 Web 服务接口，用户可以随时随地用连接到 Internet 上的计算机通过 OBS 管理控制台，或利用各种 OBS 工具访问和管理存储在 OBS 中的数据。此外，OBS 支持 SDK 和 OBS API，可使用户方便地管理存储在 OBS 上的数据，以及开发多种类型的上层业务应用。对象存储服务由桶和对象组成。

桶是 OBS 中存储对象的容器，每个桶都有自己的存储类别、访问权限、所属区域等属性，用户在互联网上通过桶的访问域名来定位桶。

对象是 OBS 中数据存储的基本单位，一个对象实际上是一个文件的数据与其相关属性信息的集合体，包括 Key、Metadata、Data 三部分。

Key：键值，即对象的名称，是经过 UTF-8 编码的长度大于 0 且不超过 1024 的字符序列。一个桶里的每个对象必须拥有唯一的对象键值。

Metadata：元数据，即对象的描述信息，包括系统元数据和用户元数据，这些元数据以键值对（Key-Value）的形式被上传到 OBS 中。

Data：数据，即文件的数据内容。

华为云针对 OBS 提供的 REST API 进行了二次开发，为用户提供了控制台、SDK 和各类工具，方便用户在不同的场景下轻松访问 OBS 桶及桶中的对象。用户也可以利用 OBS 提供的 SDK 和 OBS API，根据业务的实际情况自行开发，以满足不同场景的海量数据存储诉求。OBS 架构如图 2-2-5 所示。

OBS 还提供了 3 种存储类别：标准存储、低频访问存储和归档存储，从而满足用户对业务、存储性能、成本的不同诉求。

OBS 常用于大数据分析、静态网站托管、在线视频点播、基因测序、智能视频监控、备份归档、HPC、企业网盘（云盘）等业务。

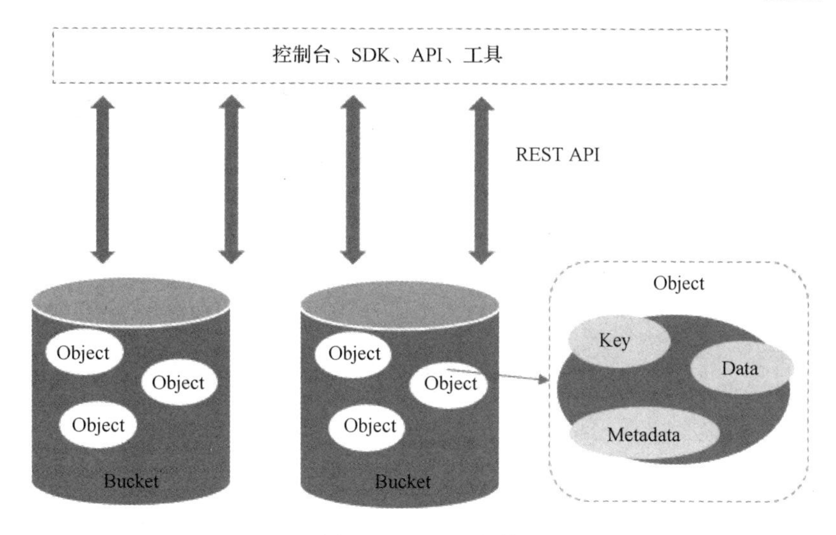

图 2-2-5　OBS 架构

（2）对象存储服务的优势。

对象存储服务具有以下优势。

- 数据稳定，业务可靠：OBS 能够为数亿用户访问手机云相册提供稳定可靠的支撑。通过跨区域复制、AZ 之间数据容灾、AZ 内设备和数据冗余、存储介质的慢盘/坏道检测等技术方案，保障数据持久性高达 99.9999999999%，业务连续性高达 99.995%，远高于传统架构。
- 千亿对象，千万级并发：OBS 通过智能调度和响应，优化数据访问路径，并结合事件通知、传输加速、大数据垂直优化等，为各场景下用户的千亿对象提供千万级并发、超高带宽、稳定、低时延的数据访问体验，如图 2-2-6 所示。

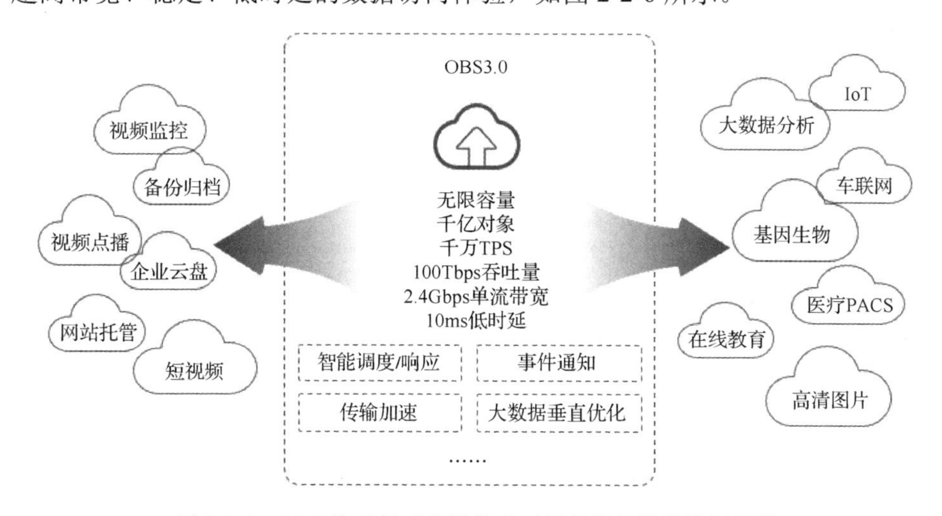

图 2-2-6　OBS 为千亿对象提供千万级并发的数据访问体验

- 简单易用，便于管理：OBS 支持标准 REST API、多版本 SDK 和数据迁移工具，可以使业务快速上云。用户无须事先规划存储容量，不用担心存储资源扩容、缩容问题，因为存储资源和性能可线性无限扩展。OBS 支持在线升级、在线扩容，升级和扩容由华为云实施。此外，OBS 提供全新的 POSIX 语言系统，使应用接入更简便。

- 数据分层，按需使用：OBS 提供按量计费和包年包月两种支付方式，支持标准、低频访问、归档数据、深度归档数据独立计量计费，能有效降低存储成本。

任务实施

1．添加云硬盘并初始化

① 登录华为云管理控制台，将光标移至实验操作桌面浏览器页面左侧的菜单栏，选择“服务列表”→“存储”→“云硬盘 EVS”，进入云硬盘 EVS 界面。单击“购买磁盘”按钮，如图 2-2-7 所示。

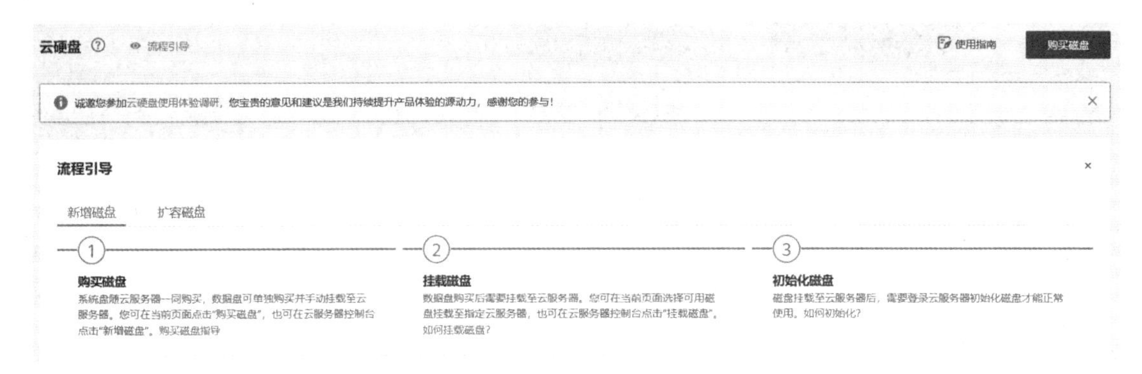

图 2-2-7　云硬盘 EVS 界面

根据界面提示，配置云硬盘的基本信息。具体操作如下。

计费模式：按需计费；区域：华北-北京四；可用区：可用区 1；磁盘类型：通用型 SSD（若无此类型，可选择界面存在的类型），如图 2-2-8 所示。磁盘规格：20GB；云备份：暂不购买；更多：暂不配置；磁盘名称：volume-linux；购买量：1，如图 2-2-9 所示。

图 2-2-8　云硬盘基本配置界面（一）

图 2-2-9 云硬盘基本配置界面（二）

单击“立即购买”按钮，会弹出“详情”页面，用户可以再次核对云硬盘 EVS 信息。确认无误后，单击“提交”按钮，开始创建云硬盘 EVS。如果还需要修改，可以单击“上一步”按钮，修改参数，如图 2-2-10 所示。

图 2-2-10 确认云硬盘配置信息

单击“提交”按钮后，可在弹出的页面单击“前往磁盘列表”按钮，返回“磁盘列表”，在云硬盘 EVS 主页面查看云硬盘 EVS 状态。待云硬盘 EVS 状态变为“可用”时，表示创建成功，如图 2-2-11 所示。

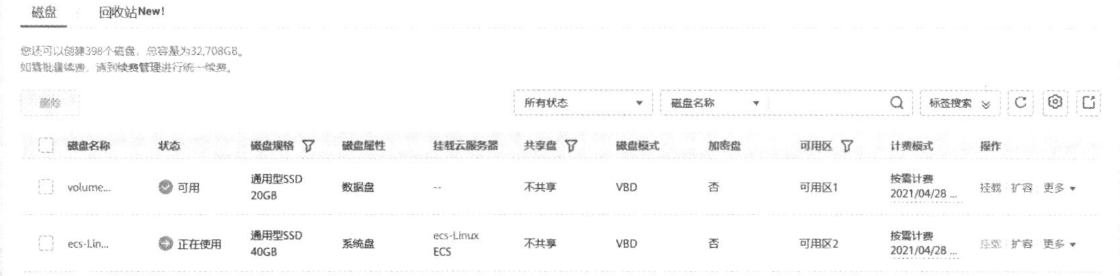

图 2-2-11 云硬盘列表信息

② 在云硬盘 EVS 列表中找到所创建的云硬盘 volume-linux，单击右侧“操作”中的“挂载”选项，如图 2-2-12 所示，弹出挂载磁盘配置窗口。

图 2-2-12　云硬盘挂载

③ 选择云硬盘 EVS 待挂载的弹性云服务器 ECS，此处我们选择 ecs-linux，该弹性云服务器 ECS 必须与云硬盘 EVS 位于同一个可用分区，通过下拉列表选择挂载点，挂载点为“数据盘”，单击“确定”按钮，如图 2-2-13 所示。

图 2-2-13　挂载磁盘配置

④ 返回云硬盘 EVS 列表页面，此时云硬盘 EVS 状态为“正在挂载”，表示云硬盘 EVS 处于正在挂载至弹性云服务器 ECS 的过程中。当云硬盘 EVS 状态为“正在使用”时，表示云硬盘 EVS 挂载至弹性云服务器 ECS 成功，再进行初始化后就能正常使用了，如图 2-2-14 所示。

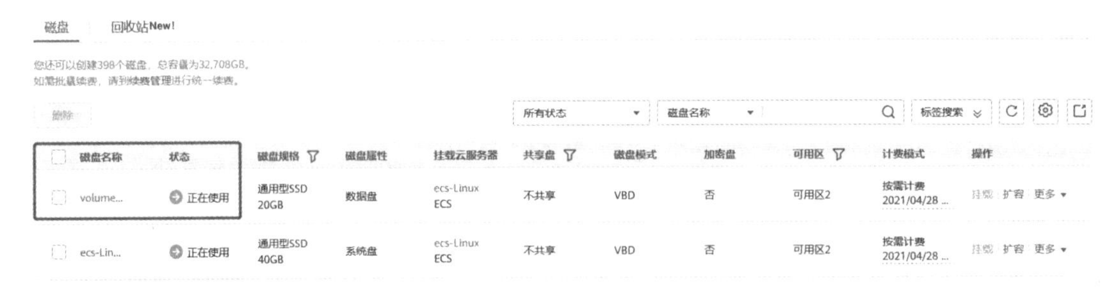

图 2-2-14　云硬盘挂载成功

2．云硬盘的格式化与自动挂载

本操作以如下场景为例：当云服务器挂载了一块新的数据盘时，远程登录服务器，使用

fdisk 分区工具将该数据盘设为主分区，分区形式默认设置为 MBR，文件系统设为 ext4 格式，挂载在“/mnt/sdc”下，并设置开机启动自动挂载。

① 执行以下命令，查看新增数据盘。回显类似如下信息：

```
[root@ecs-test-0001 ~]# fdisk -l
Disk /dev/vda: 42.9 GB, 42949672960 bytes, 83886080 sectors
Units = sectors of 1 * 512 = 512 bytes
Sector size (logical/physical): 512 bytes / 512 bytes
I/O size (minimum/optimal): 512 bytes / 512 bytes
Disk label type: dos
Disk identifier: 0x000bcb4e
Device Boot      Start        End        Blocks    Id   System
/dev/vda1   *        2048     83886079     41942016    83   Linux
Disk /dev/vdb: 107.4 GB, 107374182400 bytes, 209715200 sectors
Units = sectors of 1 * 512 = 512 bytes
Sector size (logical/physical): 512 bytes / 512 bytes
I/O size (minimum/optimal): 512 bytes / 512 bytes
```

② 执行以下命令，使用 fdisk 分区工具对新增数据盘执行分区操作。这里以新挂载的数据盘“/dev/vdb”为例，输入“fdisk /dev/vdb”，回显类似如下信息：

```
[root@ecs-test-0001 ~]# fdisk /dev/vdb
Welcome to fdisk (util-linux 2.23.2).
Changes will remain in memory only, until you decide to write them.
Be careful before using the write command.
Device does not contain a recognized partition table
Building a new DOS disklabel with disk identifier 0x38717fc1.
Command (m for help):
```

③ 输入“n”，按【Enter】键，开始新建分区，回显类似如下信息：

```
Command (m for help): n
Partition type:
p     primary (0 primary, 0 extended, 4 free)
e     extended
```

上述信息表示磁盘有两种分区类型：p 表示主分区，e 表示扩展分区。

④ 以创建一个主分区为例，输入“p”，按【Enter】键，开始创建一个主分区。回显类似如下信息：

```
Select (default p): p
Partition number (1-4, default 1):
```

⑤“First sector”表示初始磁柱区域，可以选择 2048-209715199，默认为 2048。

以选择默认初始磁柱编号 2048 为例，不输入命令，直接按【Enter】键即可。

```
First sector (2048-209715199, default 2048):
Using default value 2048
Last sector, +sectors or +size{K,M,G} (2048-209715199, default 209715199):
```

⑥ 以选择默认截止磁柱值 209715199 为例，按【Enter】键，系统会自动提示分区可用空间的起始磁柱值和截止磁柱值，可以在该区间内自定义，或者使用默认值。起始磁柱值必须小于分区的截止磁柱值。回显类似如下信息：

```
Last sector, +sectors or +size{K,M,G} (2048-209715199, default 209715199):
Using default value 209715199
Partition 1 of type Linux and of size 100 GiB is set
Command (m for help):
```

上述信息表示分区完成，即为数据盘新建了 1 个分区。

⑦ 输入“p”，按【Enter】键，查看新建分区的详细信息。回显类似如下信息：

```
Command (m for help): p
Disk /dev/vdb: 107.4 GB, 107374182400 bytes, 209715200 sectors
Units = sectors of 1 * 512 = 512 bytes
Sector size (logical/physical): 512 bytes / 512 bytes
I/O size (minimum/optimal): 512 bytes / 512 bytes
Disk label type: dos
Disk identifier: 0x38717fc1
Device Boot      Start         End      Blocks   Id  System
/dev/vdb1             2048   209715199   104856576   83  Linux
```

上述信息给出了新建分区“/dev/vdb1”的详细信息。

⑧ 输入“w”，按【Enter】键，将分区结果写入分区表中。回显类似如下信息：

```
Command (m for help): w
The partition table has been altered!
Calling ioctl() to re-read partition table.
Syncing disks.
```

上述信息表示分区创建完成。

⑨ 执行以下命令，将新建分区文件系统设为系统所需格式。以将新建分区“/dev/vdb1”设置为“ext4”文件系统为例，输入“mkfs -t ext4 /dev/vdb1”，按【Enter】键，回显类似如下信息：

```
[root@ecs-test-0001 ~]# mkfs -t ext4 /dev/vdb1
mke2fs 1.42.9 (28-Dec-2013)
Filesystem label=
OS type: Linux
Block size=4096 (log=2)
Fragment size=4096 (log=2)
Stride=0 blocks, Stripe width=0 blocks
6553600 inodes, 26214144 blocks
1310707 blocks (5.00%) reserved for the super user
First data block=0
Maximum filesystem blocks=2174746624
800 block groups
32768 blocks per group, 32768 fragments per group
8192 inodes per group
Superblock backups stored on blocks:
32768, 98304, 163840, 229376, 294912, 819200, 884736, 1605632, 2654208,
```

```
4096000, 7962624, 11239424, 20480000, 23887872
Allocating group tables: done
Writing inode tables: done
Creating journal (32768 blocks): done
Writing superblocks and filesystem accounting information: done
```

⑩ 执行以下命令，新建挂载点“/mnt/sdc”。

```
mkdir /mnt/sdc
```

⑪ 执行以下命令，将新建分区挂载到新建的挂载点“/mnt/sdc”下。

```
mount /dev/vdb1 /mnt/sdc
```

⑫ 执行以下命令，查看挂载结果。输入“df -TH”，按【Enter】键，回显类似如下信息：

```
[root@ecs-test-0001 ~]# df -TH
Filesystem      Type      Size    Used    Avail Use    % Mounted on
/dev/vda1       ext4      43G     1.9G    39G          5% /
devtmpfs        devtmpfs  2.0G    0       2.0G         0% /dev
tmpfs           tmpfs     2.0G    0       2.0G         0% /dev/shm
tmpfs           tmpfs     2.0G    9.1M    2.0G         1% /run
tmpfs           tmpfs     2.0G    0       2.0G         0% /sys/fs/cgroup
tmpfs           tmpfs     398M    0       398M         0% /run/user/0
/dev/vdb1       ext4      106G    63M     101G         1% /mnt/sdc
```

3. 申请对象存储 OBS

① 进入华为云管理控制台，在左上角“服务列表”中选择“存储”→“对象存储服务”菜单命令，单击“创建桶”按钮。在跳转页面设置桶名称为“obs-test20210416”（注意，不能与本用户和其他用户已有的桶重名），其他选项采用默认设置，最后单击“立即创建”按钮，如图 2-2-15 所示。

图 2-2-15　创建桶

② 创建桶完成后，在华为云对象存储服务的目录中可以看到已经创建的桶，单击桶名称进入该桶，在左边菜单栏中选择“对象”选项，在右边栏中就可以新建文件夹并上传对象了，如图 2-2-16 所示。

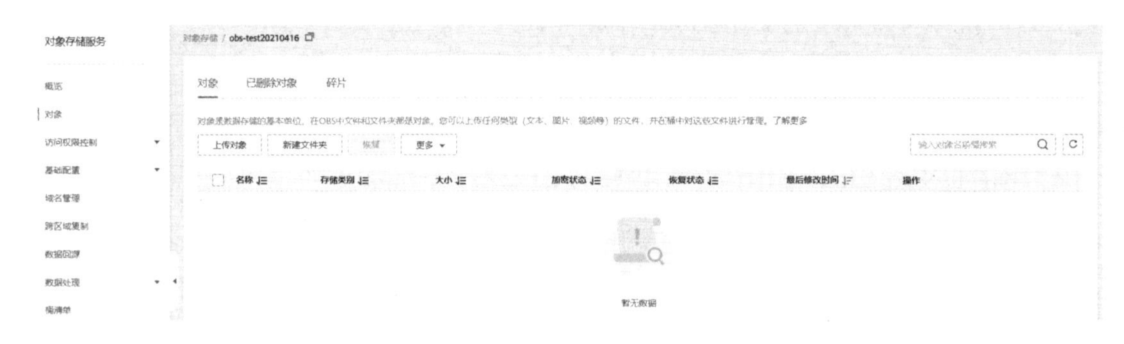

图 2-2-16　对象存储界面

③ 单击“新建文件夹”按钮，创建文件夹 “test01”，如图 2-2-17 所示。创建完成后进入 test01 文件夹，单击“上传对象”按钮，在跳转页面中将“OBS 上传对象.txt”文件拖入目标框，然后单击“上传”按钮，这样就将文件上传到 OBS 对象存储文件中了，如图 2-2-18 所示。

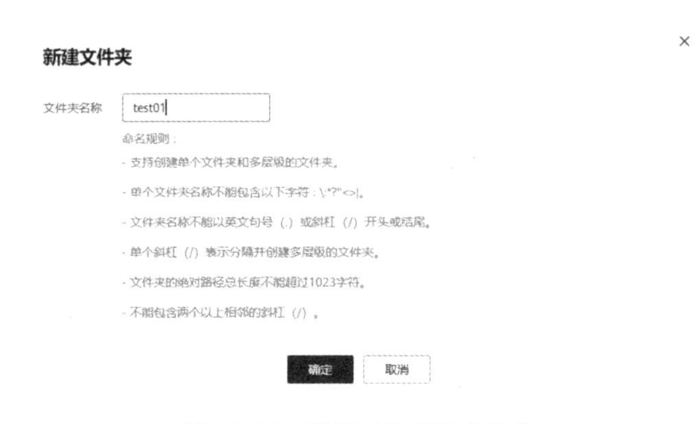

图 2-2-17　新建对象存储文件夹

图 2-2-18　上传对象存储文件

任务 2.3 网络云服务介绍

任务描述

1. 了解华为云服务中虚拟私有云服务产品
2. 掌握虚拟私有云服务的概念、功能和应用场景
3. 掌握 ELB 的概念、功能和应用场景

知识学习

1. 虚拟私有云

虚拟私有云（Virtual Private Cloud，VPC）为云服务器、云容器、云数据库等资源构建隔离的、用户可自主配置和管理的虚拟网络环境，提升用户云上资源的安全性，简化用户的网络部署。

用户可以在 VPC 中定义安全组、VPN、IP 地址段、带宽等网络特性。用户可以通过 VPC 方便地管理、配置内部网络，进行安全、快捷的网络变更。同时，用户可以自定义安全组组内与组间弹性云服务器的访问规则，加强对弹性云服务器的安全保护。

（1）VPC 产品架构。

VPC 产品架构可以分为 VPC 的组成、安全、连接 3 部分。VPC 产品架构如图 2-3-1 所示。

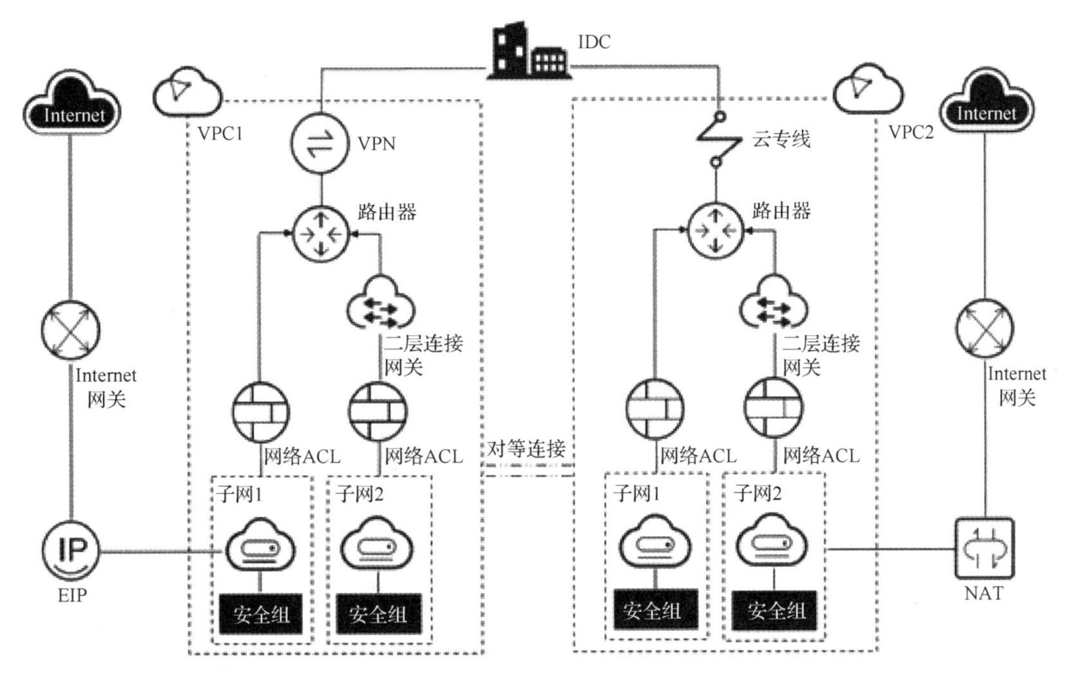

图 2-3-1 VPC 产品架构

（2）VPC 组成部分。

每个虚拟私有云均由私有网段、路由表和至少一个子网组成。

① 私有网段：用户在创建虚拟私有云时，需要指定虚拟私有云使用的私有网段。当前，虚拟私有云支持的网段包括 10.0.0.0/8～24、172.16.0.0/12～24 和 192.168.0.0/16～24。

② 子网：云资源（如云服务器、云数据库等）必须部署在子网内。虚拟私有云创建完成后，用户需要为虚拟私有云划分一个或多个子网，子网网段必须在私有网段内。

③ 路由表：在创建虚拟私有云时，系统会自动生成默认路由表，默认路由表的作用是保证同一个虚拟私有云下的所有子网互通。当默认路由表中的路由策略无法满足应用（如未绑定弹性公网 IP 的云服务器需要访问外网）时，用户可以通过创建自定义路由表来解决。

（3）安全组。

安全组是一个逻辑上的分组，为同一个 VPC 内具有相同安全保护需求并相互信任的弹性云服务器提供访问策略。创建安全组后，用户可以在安全组中定义各种访问规则，当弹性云服务器加入该安全组后，即受到这些访问规则的保护，如图 2-3-2 所示。

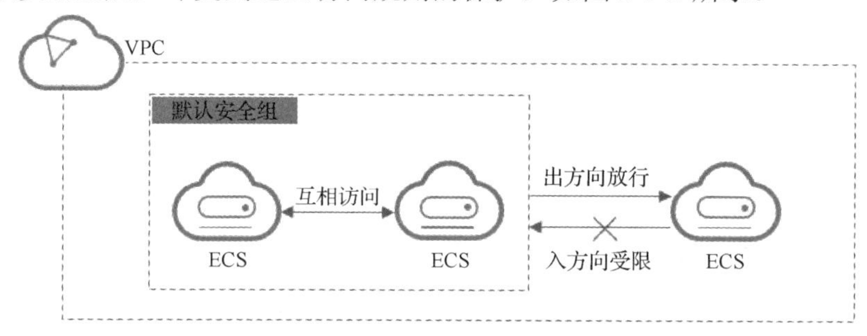

图 2-3-2　安全组

2. 弹性公网 IP

弹性公网 IP（Elastic IP，EIP）可以提供独立的公网 IP 资源，包括公网 IP 地址与公网出口带宽服务。可以与弹性云服务器、裸金属服务器、虚拟 IP、弹性负载均衡、NAT 网关等资源灵活地绑定及解绑。带宽支持灵活调整，能够应对各种业务变化。

一个弹性公网 IP 只能绑定使用一个云资源。EIP 的结构如图 2-3-3 所示。

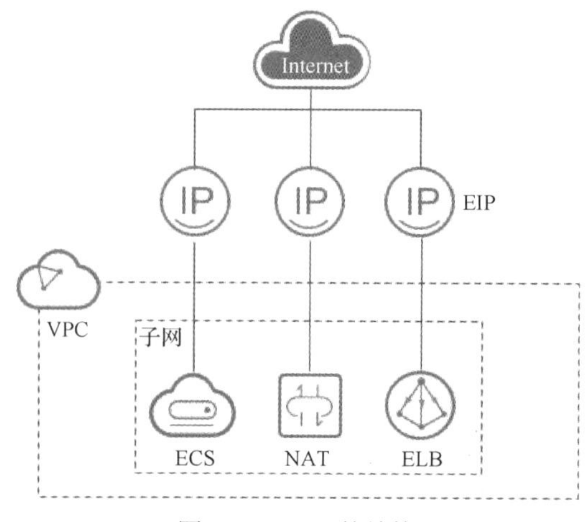

图 2-3-3　EIP 的结构

3．弹性负载均衡

弹性负载均衡（Elastic Load Balance，ELB）是将访问流量根据转发策略分发到后端多台服务器的流量分发控制服务。弹性负载均衡可以通过流量分发扩展应用系统的对外服务能力，通过消除单点故障提升应用系统的可用性。

例如，弹性负载均衡可以将访问流量分发到后端三台应用服务器上，每个应用服务器只需分担三分之一的访问请求。同时，结合健康检查功能，流量只分发到后端正常工作的服务器上，从而提升了应用系统的可用性，其网络架构如图 2-3-4 所示。

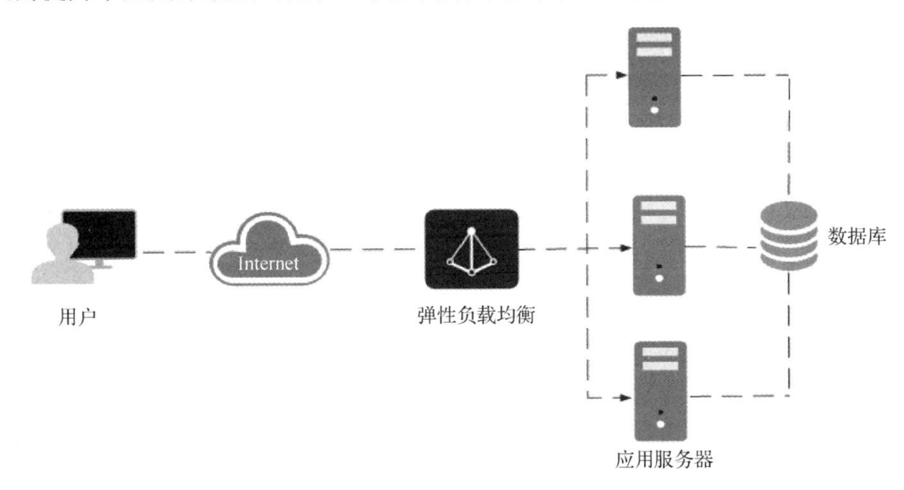

图 2-3-4　弹性负载均衡的网络架构

弹性负载均衡器接收来自客户端的传入流量并将请求转发到一个或多个可用区中的后端服务器上。弹性负载均衡器的网络架构如图 2-3-5 所示。

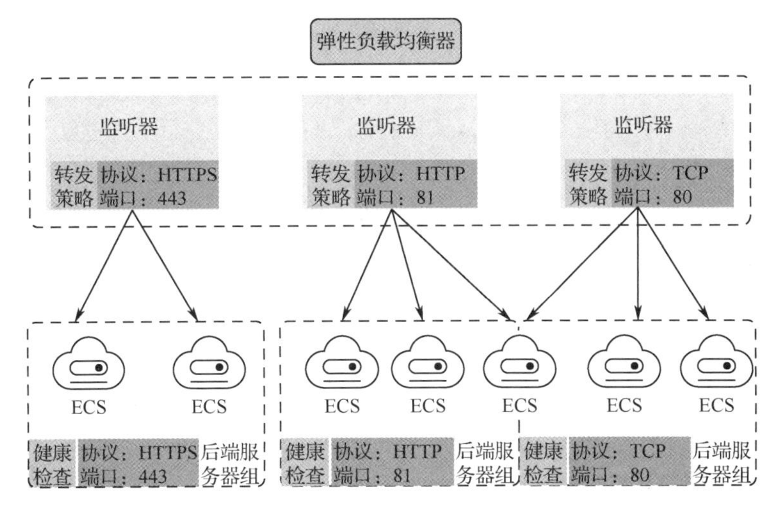

图 2-3-5　弹性负载均衡器的网络架构

● 监听器：可以向用户的弹性负载均衡器添加一个或多个监听器。监听器使用用户配置的协议和端口检查来自客户端的连接请求，并根据用户定义的转发策略将请求转发到一个后端服务器组里的后端服务器上。

- 后端服务器组：每个后端服务器组使用用户指定的协议和端口号将请求转发到一个或多个后端服务器上。

任务实施

1. 搭建 VPC 网络

① 使用浏览器访问华为云平台地址 https://www.huaweicloud.com/，并登录自己的华为云账号，登录页面如图 2-3-6 所示。

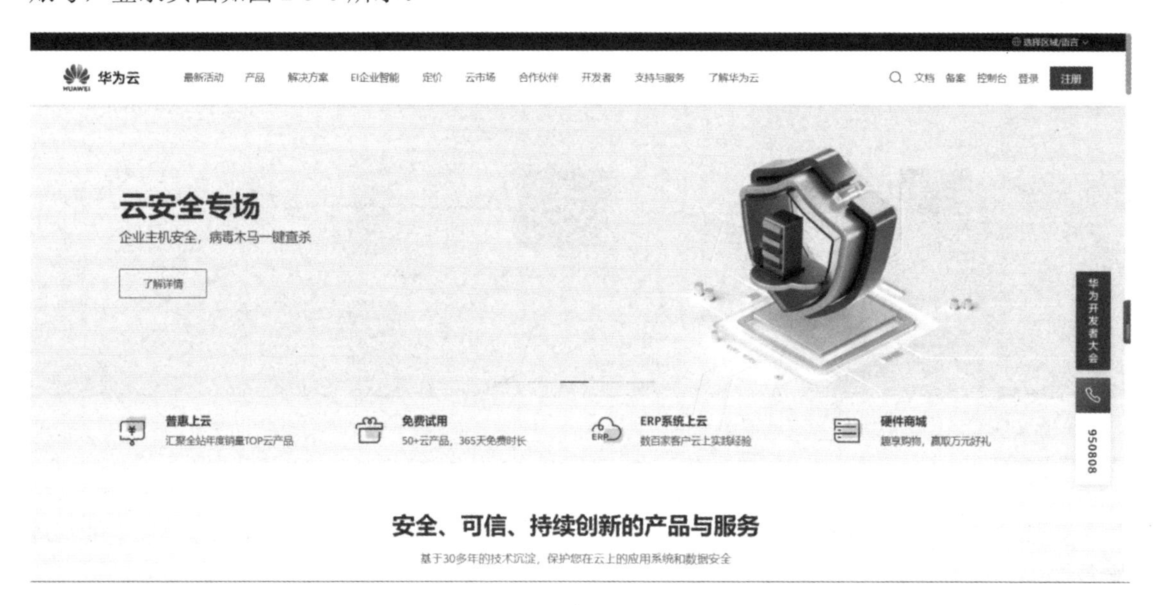

图 2-3-6　华为云平台登录页面

② 进入华为云管理控制台，单击左上角"服务列表"选项，选择"网络"→"虚拟私有云 VPC"菜单命令，如图 2-3-7 所示。在跳转的页面单击右上角的"创建虚拟私有云"按钮。

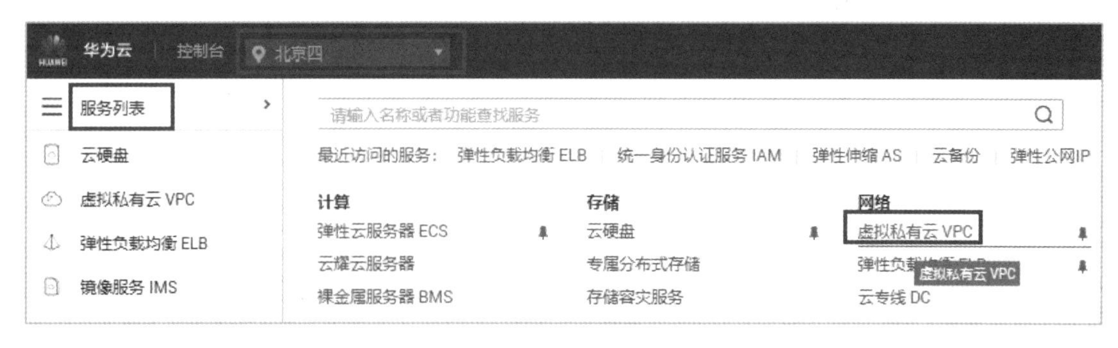

图 2-3-7　创建虚拟私有云

③ 根据页面提示创建并配置虚拟私有云和子网参数。创建一个名称为“vpc-test”的 VPC，默认子网名称为“subnet-01”，按照如图 2-3-8 所示配置参数，参数配置完成后单击“立即创建”按钮，虚拟私有云就创建完成了。

创建虚拟私有云
基本信息
区域 华北-北京四
不同区域的资源之间内网不互通。请选择靠近您客户的区域，可以降低网络时延、提高访问速度。
名称 vpc-test
IPv4网段 192 . 168 . 0 . 0 / 16
建议使用网段: 10.0.0.0/8-24 (选择) 172.16.0.0/12-24 (选择) 192.168.0.0/16-24 (选择)
高级配置 标签 | 描述
默认子网
可用区 可用区1
名称 subnet-01
子网IPv4网段 192 . 168 . 0 . 0 / 24 可用IP数: 251
子网创建完成后，子网网段无法修改
免费创建 立即创建

图 2-3-8 创建虚拟私有云并配置参数

④ 在华为云管理控制台左上角“服务列表”下，选择“网络”→“虚拟私有云”菜单命令，在网络控制台中选择“弹性公网 IP 和带宽”→“弹性公网 IP”菜单命令，如图 2-3-9 所示。

图 2-3-9 选择“弹性公网 IP”菜单命令

⑤ 单击图 2-3-9 右上角的“购买弹性公网 IP”按钮，在弹出的页面配置参数。选择按需计费、按流量计费，如图 2-3-10 所示，然后单击页面上的“立即购买”按钮进行提交。

⑥ 购买完弹性公网 IP 后，可以看到在华为云平台上获取到一个弹性公网 IP，如图 2-3-11 所示，可以把这个弹性公网 IP 绑定到云主机上，实现网络通信。

图 2-3-10　弹性公网 IP 配置参数

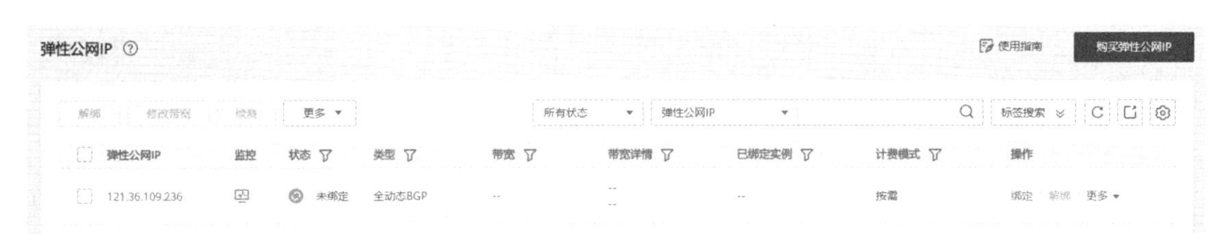

图 2-3-11　获取弹性公网 IP

⑦ ECS 在绑定 EIP 后才可以访问公网。在 ecs-Linux 上远程登录界面，尝试访问公网，如 ping www.baidu.com，如图 2-3-12 所示，可观察到访问失败。接下来为 ecs-Linux 绑定 EIP，如图 2-3-13 所示，再观察 ecs-Linux 是否能访问公网，可以看到，此时访问公网成功了，如图 2-3-14 所示。

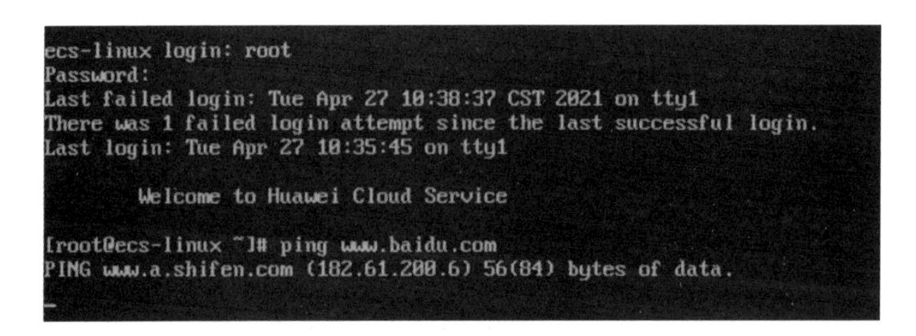

图 2-3-12　未绑定弹性公网

图 2-3-13 绑定弹性公网 IP

```
[root@ecs-linux ~]# ping www.baidu.com
PING www.a.shifen.com (182.61.200.6) 56(84) bytes of data.
64 bytes from 182.61.200.6 (182.61.200.6): icmp_seq=142 ttl=43 time=4.04 ms
64 bytes from 182.61.200.6 (182.61.200.6): icmp_seq=143 ttl=43 time=3.84 ms
64 bytes from 182.61.200.6 (182.61.200.6): icmp_seq=144 ttl=43 time=3.73 ms
64 bytes from 182.61.200.6 (182.61.200.6): icmp_seq=145 ttl=43 time=3.71 ms
64 bytes from 182.61.200.6 (182.61.200.6): icmp_seq=146 ttl=43 time=3.65 ms
64 bytes from 182.61.200.6 (182.61.200.6): icmp_seq=147 ttl=43 time=3.71 ms
64 bytes from 182.61.200.6 (182.61.200.6): icmp_seq=148 ttl=43 time=3.65 ms
64 bytes from 182.61.200.6 (182.61.200.6): icmp_seq=149 ttl=43 time=3.70 ms
64 bytes from 182.61.200.6 (182.61.200.6): icmp_seq=150 ttl=43 time=3.70 ms
64 bytes from 182.61.200.6 (182.61.200.6): icmp_seq=151 ttl=43 time=3.64 ms
64 bytes from 182.61.200.6 (182.61.200.6): icmp_seq=152 ttl=43 time=3.74 ms
```

图 2-3-14 访问公网成功

2. 共享型负载均衡

假如您有一个 Web 应用，由于业务量比较大，需要使用两个弹性云服务器分担业务负载，此时可以使用共享型负载均衡服务。共享型负载均衡服务可以将访问流量根据流量分配策略分发到后端多台服务器上，实现业务的负载分担，同时可以消除单点故障，提升业务的可用性。负载均衡只负责流量转发，不具备处理请求的能力，因此，需要通过 ECS 实例处理用户的请求。

在华北-北京四区域，在已创建的 VPC-test 下创建 2 台 ECS，用于模拟云上环境。

① 返回华为云管理控制台，在华北-北京四区域下，单击“服务列表”→“计算”→“弹性云服务器 ECS”，如图 2-3-15 所示。

② 单击“购买弹性云服务器”按钮，进行购买操作。弹性云服务器的参数配置可参考如下设置。

基础配置如图 2-3-16 所示。

- 计费模式：按需计费；
- 区域：华北-北京四；
- 可用区：随机分配；

- CPU 架构：x86 计算；
- 规格：通用计算型 s6.small.1 1vCPUs | 1GB；
- 镜像：公共镜像 CentOS 7.6 64bit(40GB)；
- 系统盘：高 I/O 40GB。

图 2-3-15　选择弹性云服务器

图 2-3-16　弹性云服务器基础配置

网络配置如图 2-3-17 所示。

- 网络：VPC-test；
- 安全组：选择默认安全组 Sys-default；
- 弹性公网 IP：现在购买。

图 2-3-17　弹性云服务器网络配置

高级配置如图 2-3-18 所示。

- 云服务器名称：自定义，如 ECS；
- 登录凭证：密码，ECS 登录密码自定义，如可设置为 Huawei@123。

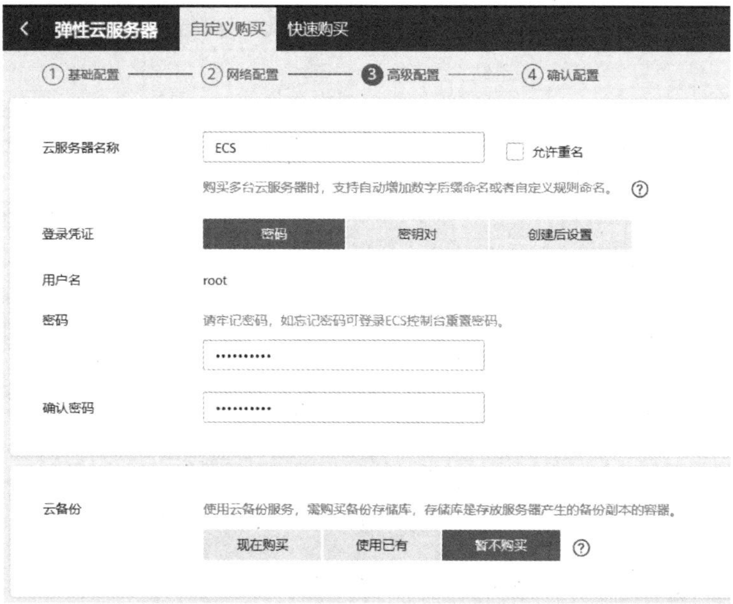

弹性云服务器　自定义购买　快速购买

1 基础配置　2 网络配置　3 高级配置　4 确认配置

云服务器名称　ECS　允许重名

购买多台云服务器时，支持自动增加数字后缀命名或者自定义规则命名。

登录凭证　密码　密钥对　创建后设置

用户名　root

密码　请牢记密码，如忘记密码可登录ECS控制台重置密码。

••••••••••

确认密码　••••••••••

云备份　使用云备份服务，需购买备份存储库，存储库是存放服务器产生的备份副本的容器。

现在购买　使用已有　暂不购买

图 2-3-18　弹性云服务器高级配置

③ 确认配置无误后，购买数量选择“2”，单击“立即购买”按钮，如图 2-3-19 所示。

图 2-3-19　确认配置信息并购买

④ 分别远程登录 ECS01 和 ECS02 云服务器，打开 http 服务于 8889 的端口。执行以下命令安装 nginx。

```
yum -y install nginx
```

执行以下命令启动 nginx。

```
systemctl start nginx.service
```

使用浏览器访问“http://ECS01 的公网 IP 地址”，显示如图 2-3-20 所示的页面，说明 nginx 安装成功。

Welcome to CentOS

The Community ENTerprise Operating System

CentOS is an Enterprise-class Linux Distribution derived from sources freely provided to the public by Red Hat, Inc. for Red Hat Enterprise Linux. CentOS conforms fully with the upstream vendors redistribution policy and aims to be functionally compatible. (CentOS mainly changes packages to remove upstream vendor branding and artwork.)

CentOS is developed by a small but growing team of core developers. In turn the core developers are supported by an active user community including system administrators, network administrators, enterprise users, managers, core Linux contributors and Linux enthusiasts from around the world.

CentOS has numerous advantages including: an active and growing user community, quickly rebuilt, tested, and QA'ed errata packages, an extensive mirror network, developers who are contactable and responsive, Special Interest Groups (SIGs) to add functionality to the core CentOS distribution, and multiple community support avenues including a wiki, IRC Chat, Email Lists, Forums, Bugs Database, and an FAQ.

图 2-3-20　nginx 安装成功

⑤ 修改 ECS 实例 ECS01 的 html 页面，用来标识到 ECS01 的访问。
nginx 的默认根目录是“/usr/share/nginx/html”，执行以下命令打开文件 index.html。

```
vim /usr/share/nginx/html/index.html
```

按【I】键进入编辑模式，修改打开的 index.html 文件。

```
<body>
<h1>Welcome to <strong>ELB</strong> test page one!</h1>
<div class="content">
<p>This page is used to test the <strong>ELB</strong>!</p>
<div class="alert">
<h2>ELB01</h2>
<div class="content">
<p><strong>ELB test (page one)!</strong></p>
<p><strong>ELB test (page one)!</strong></p>
<p><strong>ELB test (page one)!</strong></p>
</div>
</div>
</div>
</body>
```

按【Esc】键退出编辑模式，并输入“:wq”保存后退出。
⑥ 修改 ECS 实例 ECS02 的 html 页面，用来标识到 ECS02 的访问。
执行以下命令打开文件 index.html。

```
vim /usr/share/nginx/html/index.html
```

按【I】键进入编辑模式，修改打开的 index.html 文件。

```
<body>
<h1>Welcome to <strong>ELB</strong> test page two!</h1>
<div class="content">
<p>This page is used to test the <strong>ELB</strong>!</p>
<div class="alert">
<h2>ELB02</h2>
<div class="content">
<p><strong>ELB test (page two)!</strong></p>
<p><strong>ELB test (page two)!</strong></p>
<p><strong>ELB test (page two)!</strong></p>
</div>
</div>
</div>
</body>
```

按【Esc】键退出编辑模式，并输入“:wq”保存后退出。

⑦ 使用浏览器分别访问"http://ECS01 的公网 IP 地址"和"http://ECS02 的公网 IP 地址"，验证 nginx 服务。

如果页面显示修改后的 html 页面，则说明 nginx 部署成功。

ECS01 的 html 页面如图 2-3-21 所示。

图 2-3-21　ECS01 的 html 页面

ECS02 的 html 页面如图 2-3-22 所示。

图 2-3-22　ECS02 的 html 页面

⑧ 接下来创建并配置 ELB。返回华为云管理控制台，单击"服务列表"→"网络"→"弹性负载均衡 ELB"，进入网络控制台。单击"购买弹性负载均衡"，如图 2-3-23 所示。

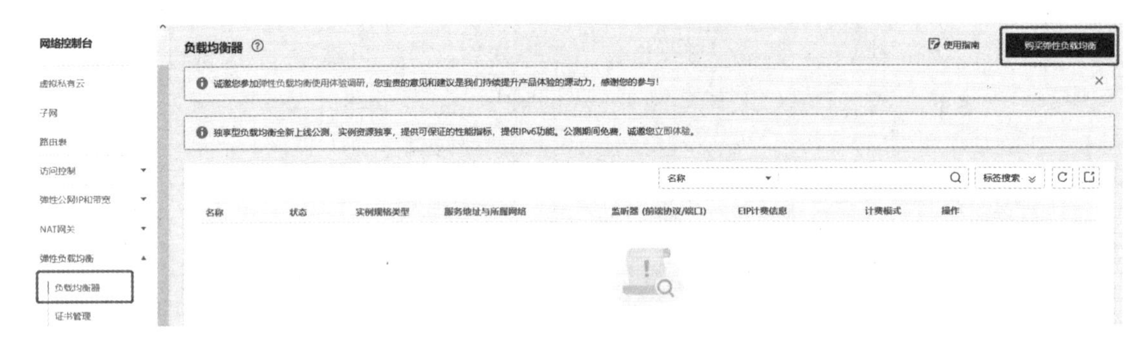

图 2-3-23　购买负载均衡器

弹性负载均衡的配置如图 2-3-24 所示。

- 实例规格类型：共享型；
- 区域：华北-北京四；
- 网络类型：公网；
- 所属 VPC：选择北京四 VPC-test（选择有两台 ECS 的 VPC）；
- 弹性公网 IP：新创建、全动态 BGP、按带宽计费、1Mbit/s；

● 名称：自定义，如 ELB-name。

购买弹性负载均衡

实例规格类型 共享型

区域 华北-北京四

不同区域的资源之间内网不互通。请选择靠近您客户的区域，可以降低网络时延、提高访问速度。

网络类型 公网 私网

所属VPC VPC-test 查看虚拟私有云

子网 subnet-01 (192.168.0.0/24) 查看子网 可用私有IP数量249个

私有IP地址 自动分配IP地址

弹性公网IP 新创建 使用已有

弹性公网IP类型 全动态BGP 静态BGP

公网带宽 按带宽计费 流量较大或较稳定的场景 按流量计费 流量小或流量波动较大场景

指定带宽上限，按使用时间计费，与使用的流量无关。

带宽 1 2 5 10 100 200 自定义 1 带宽范围：1-2,000 Mbit/s

免费 开启DDoS基础防护

名称 ELB-name

高级配置 描述 | 标签

图 2-3-24 弹性负载均衡配置信息

负载均衡器通过指定的协议和端口进行流量转发，同时监听器将根据健康检查的配置自动检查其后端服务器的运行状况。如果发现某台服务器运行不正常，则会停止向该服务器发送流量，并重新将流量发送至正常运行的服务器。返回负载均衡器列表，单击“点我开始配置”配置监听器，如图 2-3-25 所示。

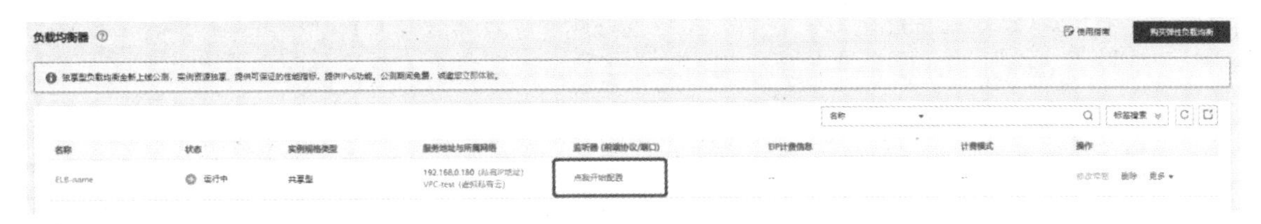

图 2-3-25 负载均衡器列表

监听器配置如图 2-3-26 所示。

● 名称：监听器名称，示例为“listener-HTTP”。

● 前端协议/端口：负载分发的协议和端口，示例为“HTTP/80”。

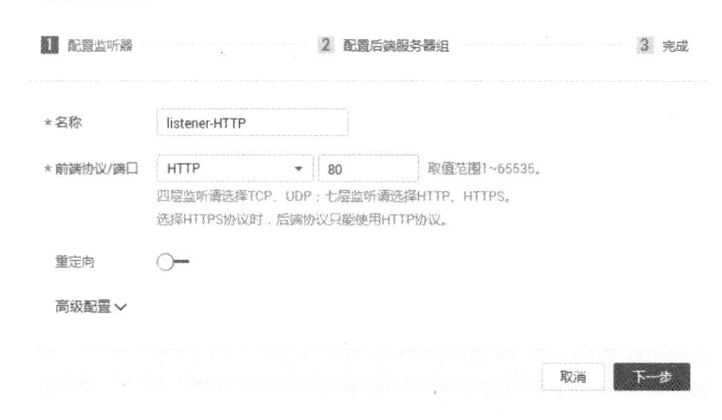

图 2-3-26　监听器配置

后端服务器组配置如图 2-3-27 所示。

- 名称：后端服务器组名称，示例为“server_group-ELB”。
- 分配策略类型：负载均衡采用的算法，示例为“加权轮询算法”。

健康检查配置：开启，协议为 HTTP，端口为 80，如图 2-3-28 所示。

图 2-3-27　后端服务器组配置

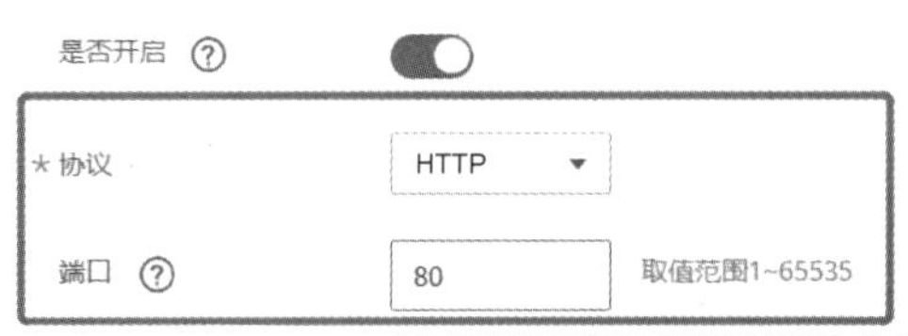

图 2-3-28　健康检查配置

⑨ 单击“下一步：添加后端服务器”按钮，在弹出的页面勾选需要添加的服务器，云服务器勾选“ECS--0001”和“ECS--0002”，单击“确定”按钮后，设置业务端口为“80”，如

图 2-3-29 所示，单击“下一步：确认配置”按钮，进入下一个确认页面后单击“提交”按钮。

图 2-3-29　添加后端服务器

⑩ 负载均衡实例配置完成后，可通过访问 ELB 实例对应的 IP 地址，验证是否实现访问到不同的后端服务器。

使用浏览器访问“负载均衡器 IP 地址”，显示如图 2-3-30 所示，说明本次访问请求被 ELB 实例转发到弹性云服务器 ECS01，ECS01 正常处理请求并返回请求的页面。

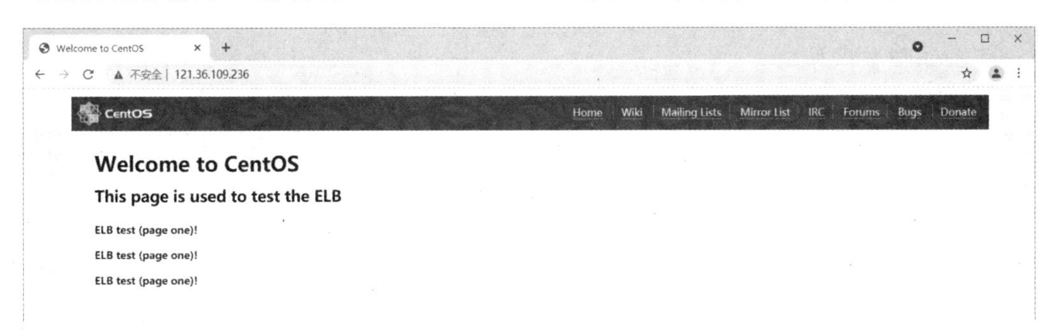

图 2-3-30　访问到 ECS01

再次使用浏览器访问负载均衡器 IP 地址，显示如图 2-3-31 所示，说明本次访问请求被 ELB 实例转发到弹性云服务器 ECS02，ECS02 正常处理请求并返回请求的页面。

图 2-3-31　访问到 ECS02

任务 2.4 云数据库服务介绍

任务描述

1. 了解目前主流的公有云数据库
2. 掌握 RDS 的概念、应用场景和关键特性
3. 学会使用 RDS 的基本操作（创建、连接、删除等）

知识学习

1. 什么是数据库

所谓“数据库”是以一定方式储存在一起、能被多个用户共享、具有尽可能小的冗余度、与应用程序彼此独立的数据集合。数据库又称数据管理系统，可视为电子化的文件柜——存储电子文件的处所，用户可以对文件中的资料进行新增、截取、更新、删除等操作。一个数据库包含多个表空间，表空间由一个或多个数据库表构成。

2. 数据库分类

（1）关系型数据库。

关系型数据库（Relational Database）是创建在关系模型基础上的数据库，借助于集合代数等数学概念和方法来处理数据库中的数据。现实世界中的各种实体以及实体之间的各种联系均可以用关系模型来表示。

（2）非关系型数据库。

NoSQL 泛指非关系型数据库。随着互联网 Web2.0 网站的兴起，传统的关系型数据库在处理 Web2.0 网站，特别是超大规模和高并发的 SNS 类型的 Web2.0 纯动态网站时显得力不从心，出现了很多难以克服的问题，而非关系型数据库由于其本身的特点得到了迅速的发展。NoSQL 的产生是为了解决大规模数据集合多重数据种类带来的挑战，尤其是大数据应用难题。它包含键值存储数据库、列存储数据库、文档数据库和图形数据库等。

3. 认识华为云数据库服务

（1）关系型数据库服务。

关系型数据库服务（Relational Database Service，RDS）是一种基于云计算平台的即开即用、稳定可靠、弹性伸缩、便捷管理的在线关系型数据库服务。它支持以下数据库引擎：MySQL、PostgreSQL、SQL Server、GaussDB T 和 DamengDB。

华为云关系型数据库服务具有完善的性能监控体系和多重安全防护措施，并提供专业的数据库管理平台，让用户能够在云中轻松地设置和扩展关系型数据库。通过华为云关系型数据库服务管理平台，用户可以执行所有必需的任务而无须编程，运营流程得到极大的简化，减少了日常运维工作量，可以专注于应用开发和业务发展。

① 云数据库 MySQL。

MySQL 是全球最受欢迎的开源数据库之一，性能卓越，可搭配 LAMP，成为 Web 开发的高效解决方案。云数据库 MySQL 拥有即开即用、稳定可靠、安全运行、弹性伸缩、轻松管理、经济实用等特点。云数据库服务 RDS for MySQL 是稳定可靠、可弹性伸缩的云数据库服务。用户通过云数据库服务可以在几分钟内完成数据库部署和云端完全托管，可以更好地专注于应用程序开发，无须为数据库运维烦恼。

② 云数据库 PostgreSQL。

PostgreSQL 是一种开源对象关系型数据库，侧重于可扩展性和标准的符合性，被业界誉为“最先进的开源数据库”。PostgreSQL 面向企业复杂 SQL 处理的 OLTP 在线事务处理场景，支持 NoSQL 的数据类型（JSON/XML/hstore），支持 GIS 地理信息处理，在可靠性、数据完整性方面具有良好声誉，适用于互联网网站、位置应用系统、复杂数据对象处理等应用场景。

③ 云数据库 SQL Server。

SQL Server 是老牌商用级数据库，具有成熟的企业级架构，可以轻松应对各种复杂环境。它可以为用户提供一站式部署、保障关键运维服务，可大大降低人力成本，被广泛应用于政府、金融、医疗、教育和游戏等领域。SQL Server 具有即开即用、稳定可靠、安全运行、弹性伸缩、轻松管理和经济实用等特点。

④ 云数据库 GaussDB T。

GaussDB T 是华为公司自主研发的关系型数据库，是首款同时支持 x86 和鲲鹏硬件架构的全自研企业级数据库，它基于创新性数据库内核，为用户提供高并发事务实时处理能力、金融级高可用能力，可以用于支撑金融、政府、电信、大企业等行业核心关键系统。

⑤ 云数据库 DamengDB。

DamengDB（达梦数据库）借鉴当前先进的技术、思想与主流数据库产品的优点，融合了分布式、弹性计算与云计算的优势，在灵活性、易用性、可靠性、高安全性等方面进行了大幅改进，其多样化架构可以充分满足不同场景需求，支持超大规模并发事务处理和事务—分析混合型业务处理，能够动态分配计算资源，实现精细化的资源利用和较低的成本投入。

（2）文档数据库服务。

文档数据库服务（Document Database Service，DDS）完全兼容 MongoDB 协议，为用户提供安全、高可用、高可靠、弹性伸缩和易用的数据库服务，同时提供一键式部署、弹性扩容、容灾、备份、恢复、监控和告警等功能。

文档数据库服务支持多种部署方式，能够满足不同的业务场景。

① 单节点。单节点架构仅包含单个节点，用户可以直接访问该节点。单节点架构如图 2-4-1 所示。

② 副本集。副本集即 Replica Set，由一组 mongod 进程组成，提供数据冗余与高可靠性的节点集合。

副本集架构由主节点、备节点和隐藏节点组成。文档数据库服务能自动搭建 3 节点的副本集供用户使用，节点之间数据可以自动同步，从而保证了数据的高可靠性。3 节点副本集架构如图 2-4-2 所示。

- 主节点：Primary 节点，用于读写请求。
- 备节点：Secondary 节点，用于读请求。

● 隐藏节点：Hidden 节点，用于备份数据。

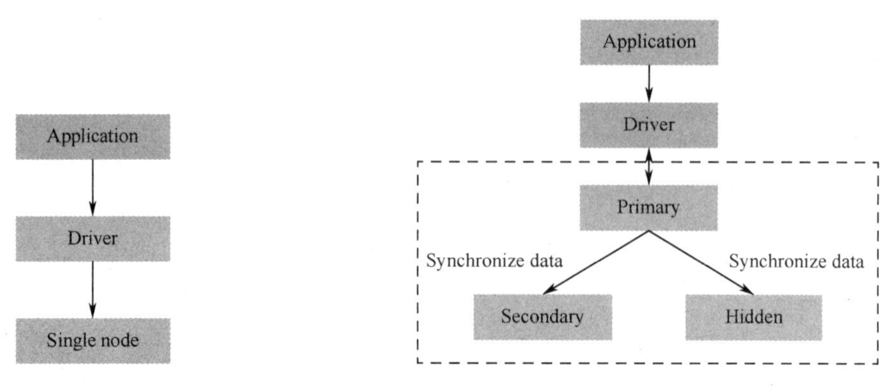

图 2-4-1　单节点架构　　　　图 2-4-2　3 节点副本集架构

③ 集群。每个集群即一个独立运行的文档数据库，分片集群架构由路由、配置和分片组成。数据读写请求经路由分发，通过查询配置信息，被并行分配到相应分片，从而轻松应对高并发场景，且配置和分片均采用 3 副本架构，保证了高可用性。集群架构如图 2-4-3 所示。

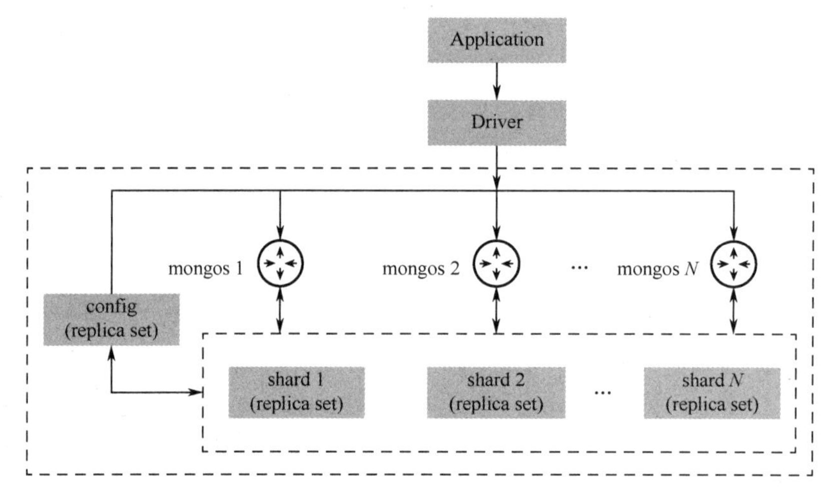

图 2-4-3　集群架构

mongos 为单节点配置，用户可以通过多个 mongos 实现负载均衡及故障转移，单个集群实例可支持 2～32 个 mongos 节点。

shard 节点是分片服务器，当前架构是 3 节点副本集。单个集群版实例可支持 2～32 个 shard 节点。

config 为集群必备组件，负责存储实例的配置信息，由 1 个副本集构成。

集群架构支持通过控制台新增 mongos 和 shard 节点，不支持通过原生命令新增节点。

用户不可以直接连接访问 config 和 shard 节点，所有数据操作均需要连接 mongos 进行下发。

当租户所在区域支持 3 个及以上可用区时，支持跨 3 个可用区部署。此时，mongos 节点可以选择单可用区或多可用区部署，config 和 shard 组的主、备、隐藏节点分别部署在主、备、第三可用区，从而实现跨可用区容灾。

任务实施

1. 申请 MySQL 实例

① 进入华为云管理控制台，在左上角“服务列表”中选择“数据库”→“云数据库”菜单命令，打开云数据库页面，单击“购买数据库实例”按钮，如图 2-4-4 所示。

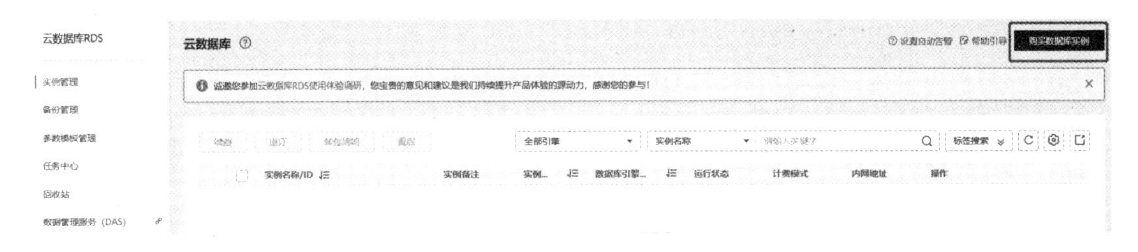

图 2-4-4　购买云数据库

② 配置要购买的数据库参数。数据库参数配置（一）如图 2-4-5 所示。

- 计费模式：按需计费；
- 区域：华北-北京四；
- 实例名称：rds-test；
- 数据库引擎：MySQL；
- 数据库版本：5.7；
- 实例类型：单机；
- 存储类型：超高 I/O；
- 可用区：可任选，本例为可用区二；
- 时区：采用默认设置。

图 2-4-5　数据库参数配置（一）

数据库参数配置（二）如图 2-4-6 所示。

- 性能规格：通用增强型（1 核 4GB）；
- 存储空间：40GB；
- 磁盘加密：不加密。

图 2-4-6　数据库参数配置（二）

数据库参数配置（三）如图 2-4-7 所示。

- 管理员帐户名：root；
- 管理员密码：自定义；
- 参数模板：采用默认设置；
- 购买数量：1；
- 只读实例：暂不购买。

设置密码　现在设置　创建后设置

管理员帐户名　root

管理员密码　············　请妥善管理密码，系统无法获取您设置的密码内容。

确认密码　············

参数模板　Default-MySQL-5.7　查看参数模板

标签　如果您需要使用同一标签标识多种云资源，即所有服务均可在标签输入框下拉选择同一标签，建议在TMS中创建预

标签键　标签值

您还可以添加 10 个标签。

购买数量　1　您还可以创建 50 个数据库实例，包括主实例和只读实例。如需申请更多配额请点击

只读实例　暂不购买　立即购买

图 2-4-7　数据库参数配置（三）

③ 确认参数配置无误后，单击“提交”按钮确认购买，如图 2-4-8 所示。如果需要重新选择实例规格，则单击“上一步”按钮，回到上一个页面修改实例信息。

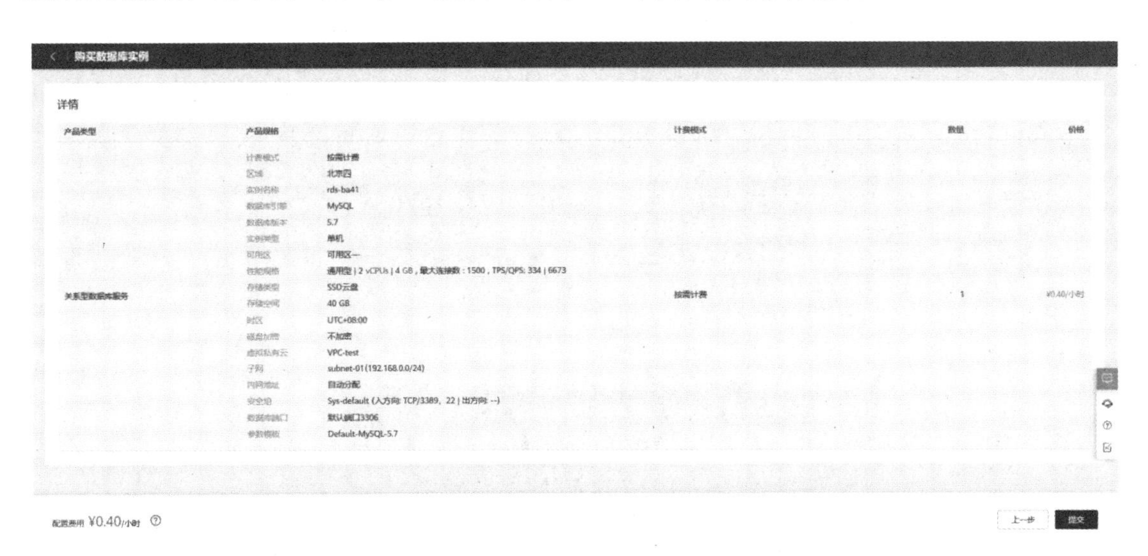

图 2-4-8　确认购买

④ 在创建实例的过程中，状态显示为“创建中”，此过程持续约 5～9 分钟。单击“刷新”图标刷新列表，可看到创建完成的实例状态显示为“正常”，如图 2-4-9 所示。

图 2-4-9　实例状态为正常

2. 管理 MySQL 实例

① 如图 2-4-10 所示，单击右侧“登录”按钮，使用 DAS 连接实例。

图 2-4-10　登录数据库

② 输入用户名和密码，用户名为 root，密码为创建实例时设置的密码，如图 2-4-11 所示。

图 2-4-11　输入用户名和密码

③ 单击“登录”按钮，登录成功后页面显示如图 2-4-12 所示。

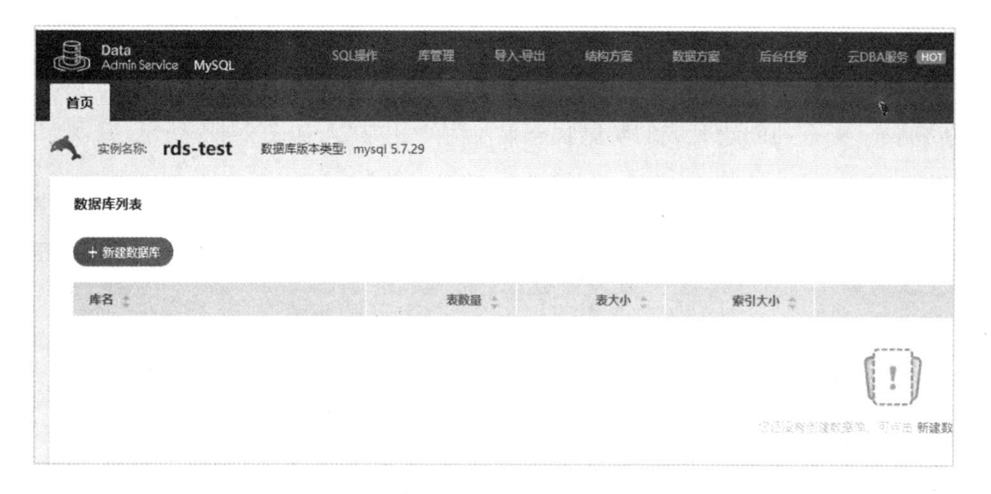

图 2-4-12　登录成功

④ 单击“新建数据库”按钮，打开新建数据库页面，在数据库名称一栏输入“rds-whj”（可自定义），字符集默认为“utf8mb4”，单击“确定”按钮，如图 2-4-13 所示。

图 2-4-13　新建数据库页面

⑤ 单击数据库名称，进入新建的数据库，单击“新建表”按钮，如图 2-4-14 所示。

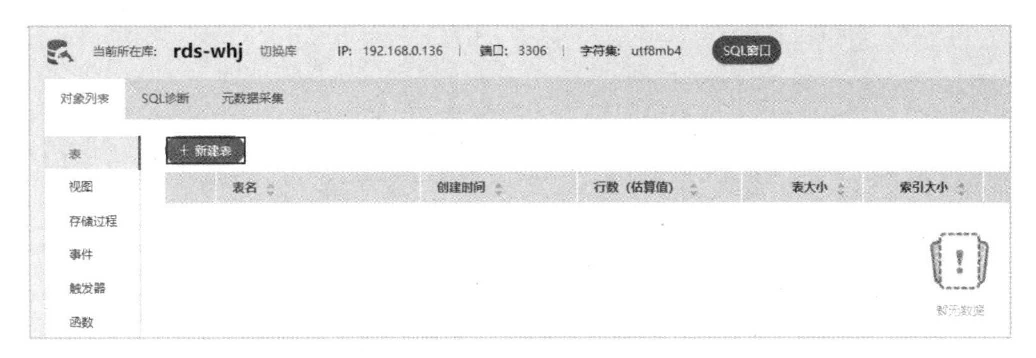

图 2-4-14　新建表

⑥ 根据需求填写基本信息、字段等信息，立即创建表，如图 2-4-15 所示。

- 表名：自定义，本例为“q123”；
- 存储引擎：默认为“InnoDB”；
- 字符集：默认为“utf8mb4”；
- 校验规则：默认为“utf8mb4_general_ci”；
- 备注：自定义；
- 高级选项：采用默认设置。

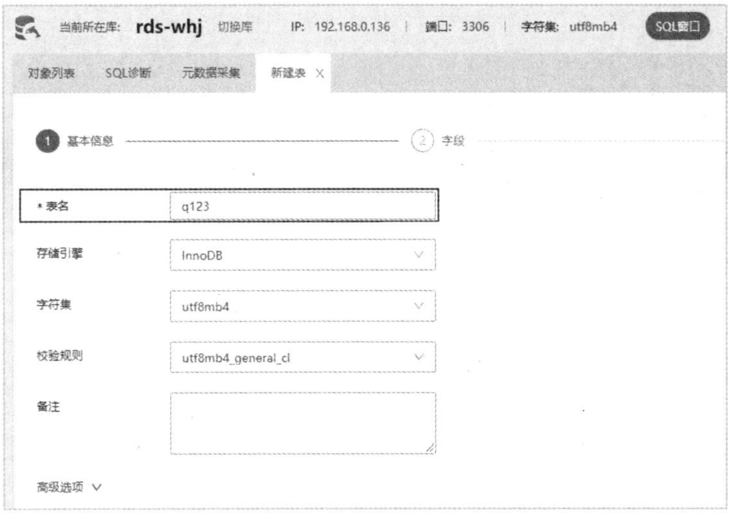

图 2-4-15　设置表名

⑦ 添加表字段。表字段设置如图 2-4-16 所示。

- 列名：1234；
- 类型：int；
- 可空：勾选；
- 其他项：采用默认设置。

设置完成后，单击“立即创建”按钮，在打开的页面单击“执行脚本”按钮。

图 2-4-16　设置表字段

⑧ 也可以通过 SQL 语句在数据库中创建表格，具体步骤为：在数据管理服务首页的数据列表中，单击右侧“SQL 查询”进入查询页面，清空查询页面右侧的 SQL 语句输入框中的默认语句，并复制以下语句，将其粘贴到输入框后单击“执行 SQL（F8）”按钮，即可创建一个名为 person 的表，如图 2-4-17 所示。

```
CREATE TABLE person (
number INT(11),
name VARCHAR(255),
birthday DATE
);
```

图 2-4-17　通过 SQL 语句创建数据表

返回表列表，可以发现名为 person 的表已创建成功，如图 2-4-18 所示。

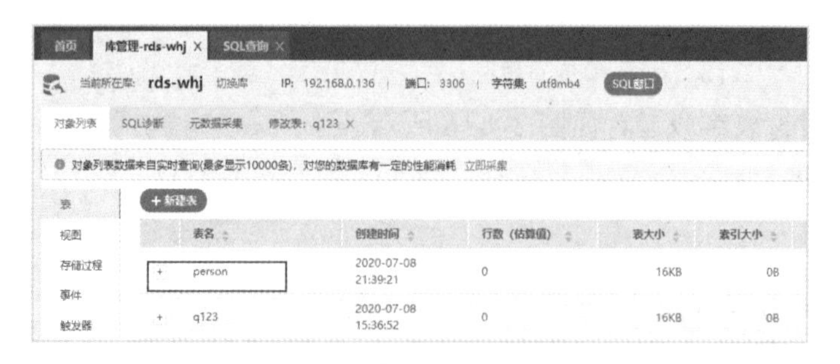

图 2-4-18　数据表创建成功

⑨ 通过 SQL 语句在该表中插入数据，此处以刚才创建的 person 表为例。单击 person 表右侧的“SQL 查询”按钮进入查询页面，在页面左侧菜单中，库名选择 person 所属的数据库名称，清空 SQL 语句输入框中的默认内容，并输入以下 SQL 查询语句。

```
INSERT INTO
person(number,name,birthday)
VALUES
(1,'张三','1993-08-04'),
(2,'李四', '2001-06-26'),
(3,'王五', '1996-05-12');
```

⑩ 确认输入信息无误后，单击“执行 SQL（F8）”按钮，执行结果如图 2-4-19 所示。

图 2-4-19　插入数据表执行结果

⑪ 执行成功后，切换至库管理页面，单击表名打开 person 表，即可看到已经插入的表数据，如图 2-4-20 所示。

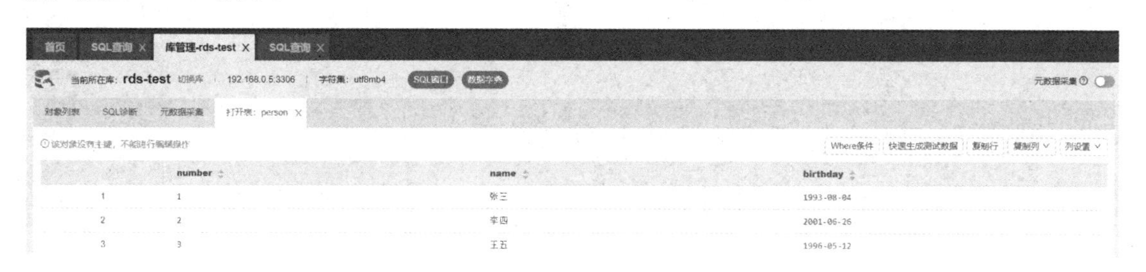

图 2-4-20　查看表数据信息

3. 连接 MySQL 实例

① 返回华为云管理控制台，在“服务列表”中找到“弹性云服务器 ECS”，进入云服务器控制台，参考任务 2.1 中的任务实施部分购买一台 Linux 的云服务器（带 EIP）。注意：ECS 的 VPC 和安全组要与 RDS 实例选择保持一致，如图 2-4-21 所示。

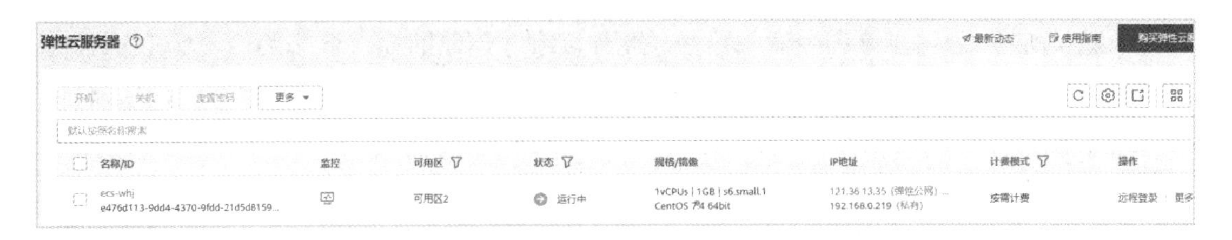

图 2-4-21　ECS 云服务器

② 输入用户名和密码，远程登录 ECS 云服务器，如图 2-4-22 所示。

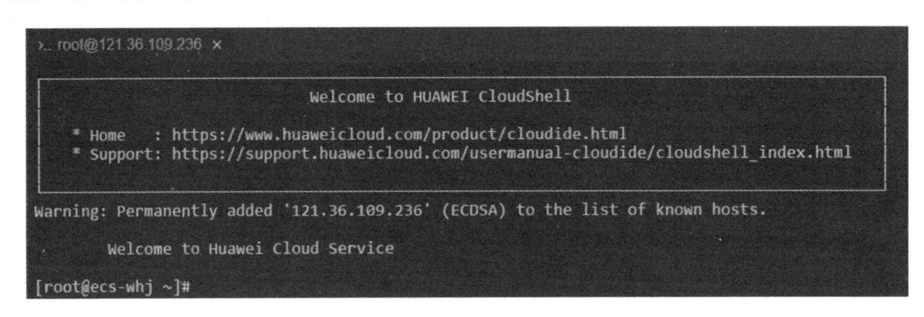

图 2-4-22　登录 ECS 云服务器

③ 输入以下命令，安装 MySQL 客户端。

```
yum install mysql-y
```

当出现如图 2-4-23 所示信息时说明安装已完成。

```
[root@ecs-whj ~]# yum -y install mysql
Loaded plugins: fastestmirror
Loading mirror speeds from cached hostfile
Resolving Dependencies
--> Running transaction check
---> Package mariadb.x86_64 1:5.5.68-1.el7 will be installed
--> Finished Dependency Resolution

Dependencies Resolved

================================================================================
 Package          Arch          Version              Repository           Size
================================================================================
Installing:
 mariadb          x86_64        1:5.5.68-1.el7       base                 8.8 M

Transaction Summary
================================================================================
Install  1 Package

Total download size: 8.8 M
Installed size: 49 M
Downloading packages:
mariadb-5.5.68-1.el7.x86_64.rpm                            | 8.8 MB  00:00:06
Running transaction check
Running transaction test
Transaction test succeeded
Running transaction
  Installing : 1:mariadb-5.5.68-1.el7.x86_64                                1/1
  Verifying  : 1:mariadb-5.5.68-1.el7.x86_64                                1/1

Installed:
  mariadb.x86_64 1:5.5.68-1.el7

Complete!
[root@ecs-whj ~]#
```

图 2-4-23　安装数据库完成

④ 输入以下命令，连接目标主机 MySQL，如图 2-4-24 所示。

```
mysql -h RDS 内网地址 -uroot -pRDS 实例密码
```

注意：ECS 与 RDS 实例在相同安全组时，默认 ECS 与 RDS 实例互通，无须设置安全组规则，可以在 ECS 上 ping RDS 内网地址进行验证；ECS 与 RDS 实例在不同安全组时，需要为 RDS 和 ECS 分别设置安全组规则。

```
[root@ecs-whj ~]# mysql -h 192.168.0.5 -uroot -pHuawei@123$
Welcome to the MariaDB monitor.  Commands end with ; or \g.
Your MySQL connection id is 3238
Server version: 5.7.32-1-log MySQL Community Server - (GPL)

Copyright (c) 2000, 2018, Oracle, MariaDB Corporation Ab and others.

Type 'help;' or '\h' for help. Type '\c' to clear the current input statement.

MySQL [(none)]>
```

图 2-4-24　登录数据库

⑤ 使用以下命令来查看数据库，如图 2-4-25 所示。

```
show databases;
```

可以看到已经存在默认的数据库以及在 DAS 管理界面创建的数据库。注意，在 MySQL 中操作时，需符合 SQL 语句语法规则，以“;”号结束。

```
MySQL [(none)]> show databases;
+--------------------+
| Database           |
+--------------------+
| information_schema |
| mysql              |
| performance_schema |
| rds-test           |
| sys                |
+--------------------+
5 rows in set (0.00 sec)

MySQL [(none)]>
```

图 2-4-25　查看数据库

⑥ 使用以下命令来使用数据库，如图 2-4-26 所示。

```
use rds-test
```

```
MySQL [(none)]> use rds-test;
Reading table information for completion of table and column names
You can turn off this feature to get a quicker startup with -A

Database changed
MySQL [rds-test]>
```

图 2-4-26　使用数据库

⑦ 使用以下命令来查看数据库中的表（在 DAS 上创建的表），如图 2-4-27 所示。

```
show tables;
```

⑧ 使用以下命令退出数据库，如图 2-4-28 所示。

```
exit;
```

```
MySQL [rds-test]> show tables;
+--------------------+
| Tables_in_rds-test |
+--------------------+
| person             |
| q123               |
+--------------------+
2 rows in set (0.00 sec)

MySQL [rds-test]>
```

图 2-4-27　查看数据库中的表

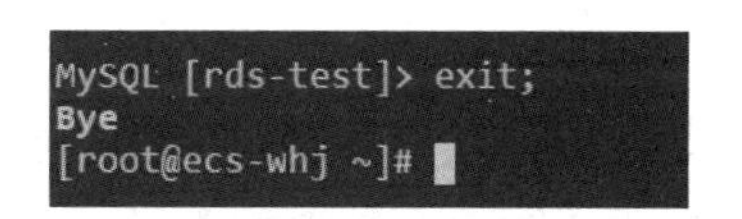

图 2-4-28　退出数据库

项目 3

企业上云

知识目标

- 了解企业上云的介绍。
- 认识企业上云相关产品。

技能目标

- 掌握企业上云解决方案。
- 掌握华为企业上云产品的使用方法。

任务 3.1 企业上云简介

任务描述

1. 掌握企业上云的概念
2. 了解企业上云的作用
3. 了解企业上云的几种类型

知识学习

1. 企业上云简介

企业上云是指企业通过网络将企业的基础设施、管理及业务部署到云端，利用网络便捷地获取云服务商提供的计算、存储、软件、数据服务，以此提高资源配置效率、降低信息化建设成本、促进共享经济发展、加快新旧动能转换。

企业上云能够重构企业核心竞争力，促进产业的协同发展，最大限度地创造企业价值。企业上云应根据企业自身系统现状、企业发展要求等进行考虑，主要考虑以下 3 个方面。

（1）企业系统是否需要更新升级云计算。

对于企业来说，如果企业的 IT 基础设施、IT 系统的架构需要更新换代，则可以考虑采取云供给基础设施服务的方式。

（2）IT 成本是否居高不下。

如果企业每年在 IT 领域均持续投入很大成本，但基础设施还是无法满足实际需求，存在资源利用率不高、资源供给不灵活、运营成本居高不下的问题，则可以考虑企业上云。

（3）现有应用架构是否能够满足云计算的特点。

如果现有应用架构能够低成本地迁入或者部分迁移，则可以考虑企业上云。

2．企业上云的作用

（1）降低成本。

企业上云可以降低 IT 的硬件成本和运维成本。在企业上云前，硬件的高可用性往往需要通过软件和运维工作来弥补，而企业上云后，企业可以减少很多不必要的开支，技术人员也可以抽出更多的精力来从事信息化工作，从而更好地支撑企业的业务运营。

（2）灵活性。

企业上云给企业提供更多的灵活性。企业可以根据自己的业务情况来决定是否需要增加服务，使企业的业务利用性实现最大化。

（3）扩展性。

企业上云本质上是一种按需分配的 IT 资源供给方式，可以满足企业对 IT 资源“拿来就能用”“想要就能有”的需求。通过资源池化，企业借助云计算可以实现水平扩展，从而获得更高的扩展性。

3．企业上云的类型

（1）企业基础设施上云。

主要包含计算资源上云、存储资源上云、网络资源上云、安全防护上云和办公桌面上云。

（2）企业平台系统上云。

主要包含数据库平台上云、大数据分析平台上云、物联网平台上云、软件开发平台上云和电商平台上云。

（3）企业业务应用上云。

主要包含协同办公应用上云、经营管理应用上云、运营管理应用上云、研发设计上云和其他应用上云。

任务 3.2 公有云 Web 应用上云解决方案

任务描述

1. 公有云 Web 应用上云概述
2. 公有云 Web 应用上云场景架构
3. 公有云 Web 应用上云案例介绍

知识学习

公有云为不同规模的企业客户提供灵活、可扩展、低成本的Web应用上云解决方案，助力客户快速部署Web应用。

1. 公有云Web应用上云概述

传统的基于硬件自部署Web应用前期需一次性投入计算、存储、安全等软硬件，面临着硬件采购和运输成本高、起步投入大、软硬件调试时间长、无法快速响应业务浪涌，跨地域、跨运营商访问延迟高，单线路故障率高，黑客攻击、病毒感染易导致Web瘫痪，安全防护技术门槛偏高，运维难度大等问题。

传统的基于硬件自部署Web应用在物理服务器上运行应用程序，无法为物理服务器中的应用程序定义资源边界，这会导致资源分配问题。例如，如果在物理服务器上运行多个应用程序，则可能出现一个应用程序占用大部分资源，导致其他应用程序的性能下降的情况。一种解决方案是在不同的物理服务器上运行每个应用程序，但是这种方案会因资源利用不足而无法扩展，并且维护许多物理服务器的成本很高。

通过公有云部署Web应用，可以基于访问量快速弹性扩容IT资源用量，及时响应业务浪涌，使业务上线更省时；使用BGP协议同时接入多个运营商，实时自动优化网络结构，使网络访问更流畅、更稳定；租户之间100%网络隔离，企业级云安全服务，能有效适应企业各种信息安全场景，使运维更省心；按需使用，用多少付多少，能有效缓解企业初创资金压力，使企业更省钱。

公有云厂商为客户提供了量身打造的定制建站服务，云架构包括云服务器、云数据库、全站加速、云盾等基础产品，确保网站快速、安全、稳定，服务可用性达到99.9%，性能更出色。响应式技术可以实现PC、手机、Pad、TV多端自动适配，同时打通了多家小程序平台、App等通道，提供具有开放特性的全终端展示平台。

公有云厂商为客户提供了资深设计师1对1服务，整个服务流程均在线完成，可以有效解决建站周期长、服务体验差、无建站经验，以及建站过程中的沟通问题。

2. 公有云Web应用上云场景架构

（1）移动App部署。

在Cloud2.0时代，企业应用纷纷上云，随着企业日常业务的需求不断增长，企业App在上线初期常面临用户爆发式快速增长、用户访问量存在较大不确定性等问题。通过使用华为云服务部署App后台，按需付费，弹性扩容，可以有效降低IT投入，减少浪费，同时也可加快企业的发展。移动App使用华为提供的App部署上云方案，具有如下几个优点。

① 支持海量终端设备接入，方便企业设备的接入。

② 弹性扩容算力，流量负载均衡，有效保障高并发访问下系统的稳定。

③ 系统高可用设计，关键业务节点主备保障，保证业务运行的平稳性。

④ 模块化多节点安全防护，保障用户访问与数据安全。

⑤ 业务运行监控及基础云资源监控，增强用户体验，助力业务快速发展。

（2）企业网站部署。

华为上云解决方案，可以有效地为大、中、小 3 种类型的企业网络提供不同的解决方案。主要表现为：部署通用网站，需要明确适用场景、方案优点及产品服务使用等。

大型通用网站的架构如图 3-2-1 所示。

① 适用场景：大型成熟在线服务网站，如大型电商、游戏、政务服务网站，日均 PV 大于 30 万，有一定访问量的网站。

② 方案优点：系统高可用设计，关键业务节点有主备保障；端到端安全防护，确保平台健康稳定；分布式数据库部署，实现海量数据高并发访问；服务用量弹性伸缩，IT 消费无浪费；负载均衡多服务器分流，降低峰值宕机几率；智能检测用户发布图文，降低运营风险。

③ 推荐使用的产品服务：弹性云服务器、云硬盘、弹性负载均衡、云数据库、分布式缓存服务、对象存储服务。

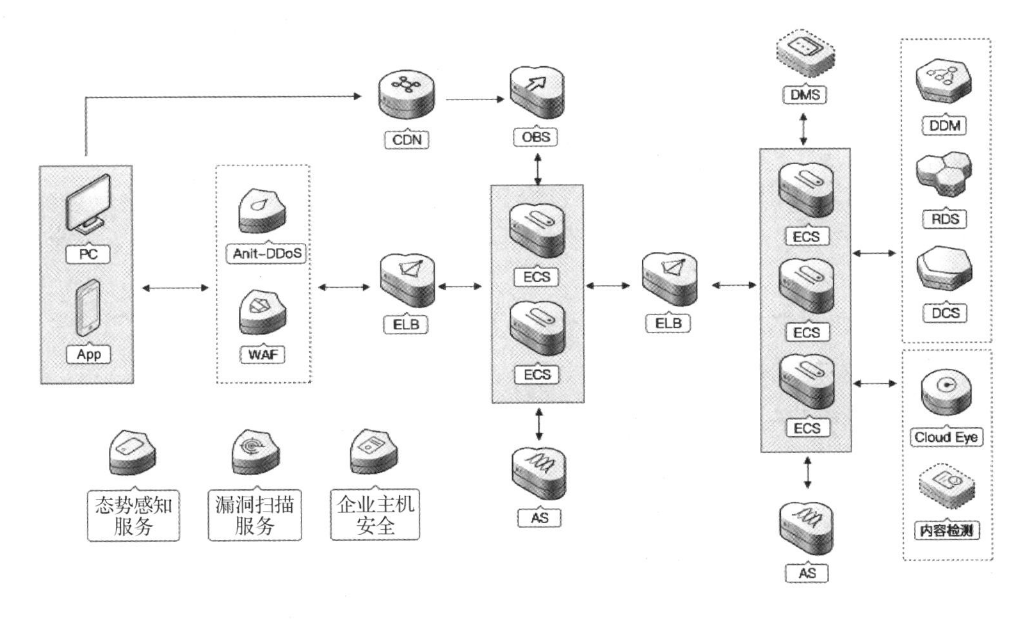

图 3-2-1 大型通用网站架构

中型通用网站的架构如图 3-2-2 所示。

① 适用场景：中小企业业务平台，如中小型游戏、零售交易网站，日均 PV 低于 30 万的中型网站。

② 方案优点：加速数据访问，降低延迟；支持数据备份恢复，安全可靠；可一键扩容数据库，满足业务高峰访问量；负载均衡多服务器分流，降低峰值宕机几率；智能检测用户发布图文，降低运营风险。

③ 推荐使用的产品服务：弹性云服务器、云硬盘、弹性负载均衡、关系型数据库、分布式缓存服务。

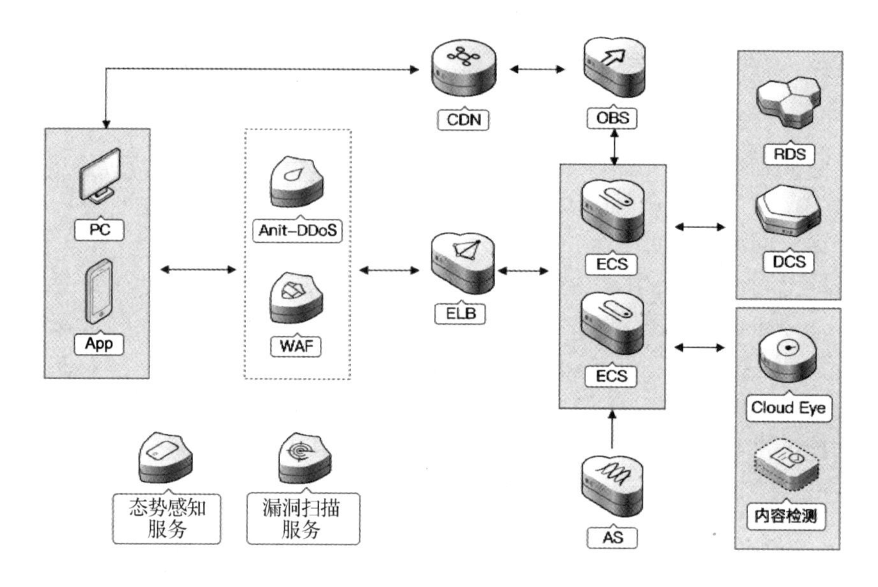

图 3-2-2　中型通用网站架构

小型通用网站的架构如图 3-2-3 所示。

① 适用场景：企业门户官网、论坛，日均 PV 低于 5 万的中小型网站。

② 方案优点：按需付费，快速开通；构架简洁，运维投入低；配备基础防护，安全省心；支持在线升配，扩容便捷。

③ 推荐使用的产品服务：弹性云服务器、云硬盘、弹性公网 IP、云数据库。

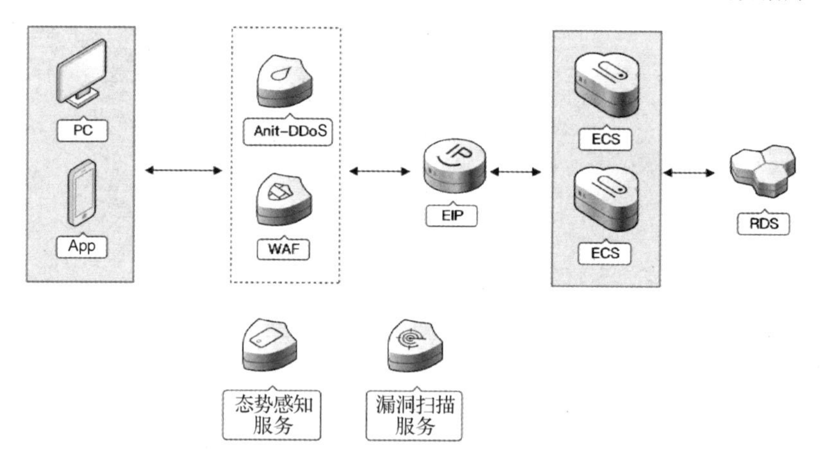

图 3-2-3　小型通用网站架构

3．公有云 Web 应用上云案例介绍

目前，随着市场的不断发展，企业更加关注应用上云，期待实现应用的高效迁移部署和快速迭代开发。弹性云服务器是一种可随时自助获取、弹性伸缩的云服务器，能帮助用户打造可靠、安全、灵活、高效的应用环境。

WordPress 是一个功能非常强大的博客系统，插件众多，易于扩充功能，安装和使用都非常方便。目前，WordPress 已经成为主流的 Blog 搭建平台。WordPress 是使用 PHP 语言开发的 Blog 引擎，用户可以在支持 PHP 和 MySQL 数据库的服务器上架设自己的 Blog 系统，也可以把 WordPress 当作一个个人信息发布平台，或者当作一个内容管理系统（CMS）来使用。WordPress 平台运行在 LNMP 架构之上，LNMP 是一组常用来搭建动态网站或者服务器的开源软件，具有较高的兼容度，两者共同组成了一个强大的 Web 应用程序平台。

公有云可以为用户提供丰富的解决方案，现以搭建 WordPress 网站业务为例介绍华为云的应用场景。

WordPress 网站一般会部署在单台服务器上，用户对页面的访问，动、静态内容的使用，数据库的使用和计算全部是在一台服务器上完成的。当网站业务发展到中型规模时，数据库的访问量剧增，单台服务器已不能满足业务要求，此时可将数据库和网站程序分开部署在不同的服务器上分担性能压力。根据国家规定，如果客户网站所使用的服务器部署在中国大陆地区，则需要进行 ICP 备案，没有备案的域名不能访问网站。

在这种场景下有以下需求：

（1）将数据节点与业务节点分开部署在不同的服务器上。

（2）可针对不同业务量动态调整服务器个数。

（3）可自动将流量分发到多台服务器上。

（4）域名注册及解析。

（5）网站备案。

针对应用场景的各项需求，使用华为云搭建论坛网站采用表 3-2-1 所示方案。

表 3-2-1　建站方案及所需服务

需　　求	华为云方案	服　　务
将数据节点与业务节点分开部署	搭建网站：购买两台弹性云服务器，分别作为网站的数据节点和业务节点。由虚拟私有云为弹性云服务器提供网络资源。在购买服务器过程中，用户可以根据实际部署方案的要求，选择是否为云服务器挂载云硬盘作为数据盘	弹性云服务器 虚拟私有云 云硬盘（可选）
针对不同业务量动态调整服务器个数	配置特性：根据业务需求和策略采用弹性伸缩，使用业务节点的镜像动态地调整作为业务节点的弹性云服务器实例个数，保证业务平稳健康运行	弹性伸缩
自动将流量分发到多台服务器上	配置特性：使用负载均衡将访问流量自动分发到多台业务节点弹性云服务器上，扩展应用系统对外的服务能力，实现高水平的应用程序容错性能	弹性负载均衡
在 Internet 上通过域名直接访问该网站	访问网站：为该网站注册域名，并为域名配置解析记录。注册域名后，通过 DNS 获取域名与 IP 地址的对应关系，从而查找到相应的服务器，打开网页	域名注册 云解析服务

使用免费开源个人博客建站工具 WordPress 部署博客网站，最终实现：管理员部署网站并进行日常运维，访客通过互联网访问博客、浏览文章等。简单的小型通用网站部署架构示意图如图 3-2-4 所示，具体的应用部署分为以下几个步骤。

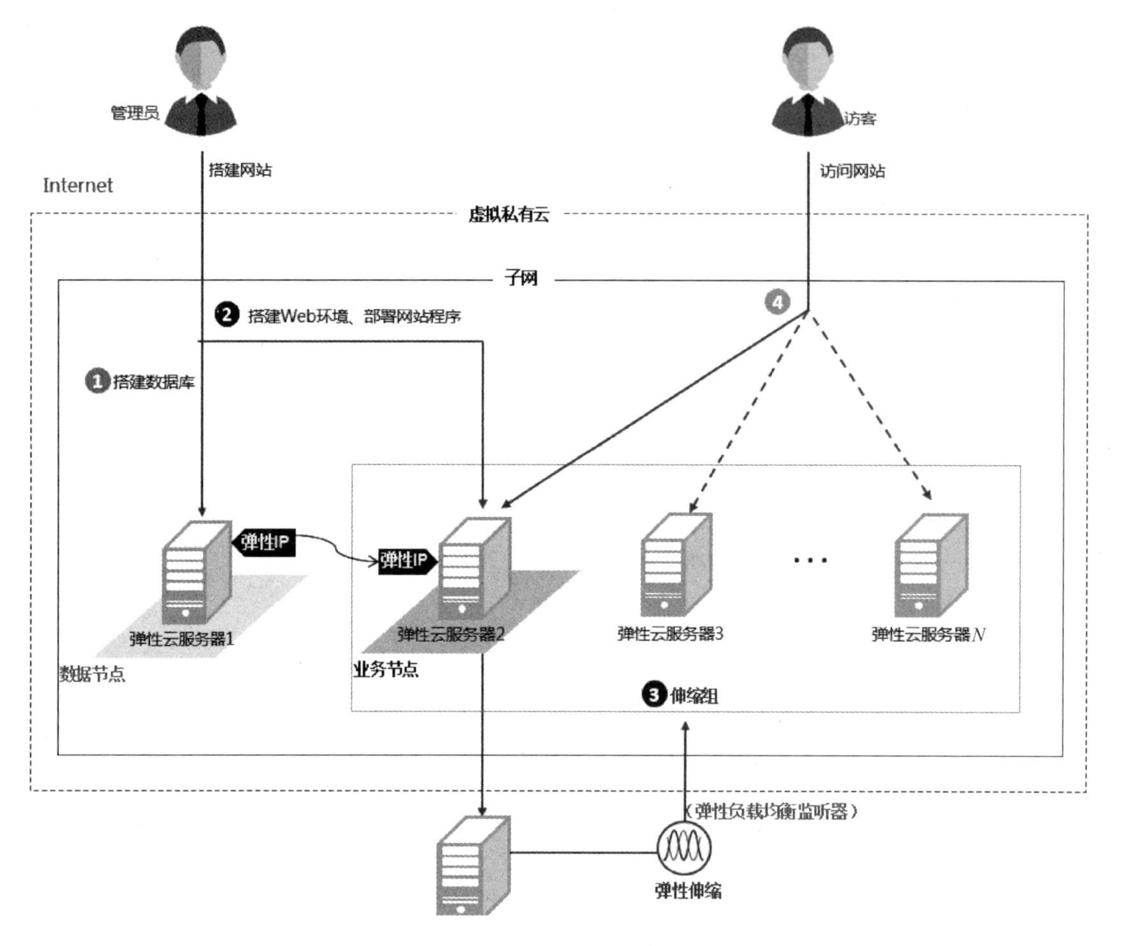

图 3-2-4　小型通用网站部署架构示意图

（1）为弹性云服务器 1 绑定弹性公网 IP，搭建数据库。

（2）先解绑弹性云服务器 1 上的弹性公网 IP，再将弹性公网 IP 绑定至弹性云服务器 2 上，搭建 Web 环境并部署网站程序。

（3）弹性伸缩可以根据业务量的变化，通过弹性云服务器 2 的镜像生成弹性伸缩组中的弹性云服务器。弹性伸缩组使用弹性负载均衡监听器。

（4）通过弹性负载均衡服务的公网 IP 访问网站。弹性负载均衡服务将访问流量自动分发到多台弹性云服务器上。

对购买的域名进行配置及备案，如图 3-2-5 所示，网站访客可以通过域名直接访问网站。

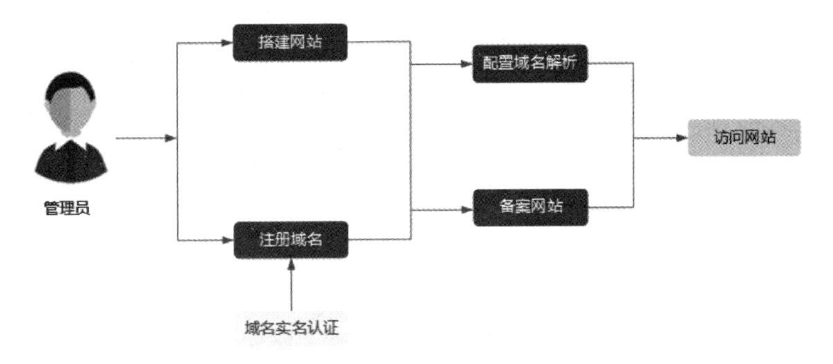

图 3-2-5　域名配置及备案

任务实施

讲解视频：申请云服务器实例

1. 申请云服务器实例

① 进入华为云管理控制台，将光标移至页面左侧菜单栏，单击“服务列表”→“计算”→“弹性云服务器 ECS”，进入云服务器控制台。单击“购买弹性云服务器”按钮，进入创建页面，具体配置如图 3-2-6 所示。

- 计费模式：按需计费；
- 区域：华北-北京四；
- 可用区：任选一项，本例为随机分配。

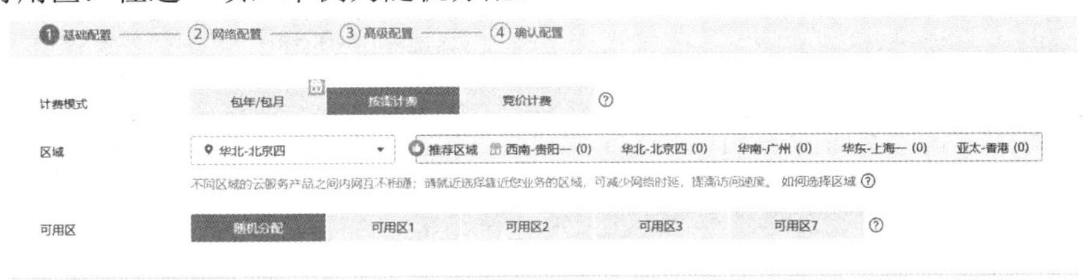

图 3-2-6　云服务器配置

② 选择云服务器的 CPU 架构和规格，具体配置如图 3-2-7 所示。

- CPU 架构：x86 计算；
- 规格：通用计算型，s6.small.1 | 1vCPUs | 1GB。

CPU架构　x86计算　鲲鹏计算

规格　最新系列　vCPUs 全部　内存 全部　规格名称

通用计算增强型　通用计算型　内存优化型　超大内存型　磁盘增强型　超高I/O型　GPU加速型　AI加速型　通用入门型

规格名称	vCPUs | 内存	CPU	基准 / 最大带宽	内网收发包	规格参考价
s6.small.1	1vCPUs | 1GB	Intel Cascade Lake 2.6GHz	0.1 / 0.8 Gbit/s	100,000	¥0.07/小时
s6.medium.2	1vCPUs | 2GB	Intel Cascade Lake 2.6GHz	0.1 / 0.8 Gbit/s	100,000	¥0.17/小时
s6.medium.4	1vCPUs | 4GB	Intel Cascade Lake 2.6GHz	0.1 / 0.8 Gbit/s	100,000	¥0.34/小时
s6.large.2	2vCPUs | 4GB	Intel Cascade Lake 2.6GHz	0.2 / 1.5 Gbit/s	150,000	¥0.36/小时
s6.large.4	2vCPUs | 8GB	Intel Cascade Lake 2.6GHz	0.2 / 1.5 Gbit/s	150,000	¥0.68/小时
s6.xlarge.2	4vCPUs | 8GB	Intel Cascade Lake 2.6GHz	0.35 / 2 Gbit/s	250,000	¥0.73/小时
s6.xlarge.4	4vCPUs | 16GB	Intel Cascade Lake 2.6GHz	0.35 / 2 Gbit/s	250,000	¥1.37/小时
s6.2xlarge.2	8vCPUs | 16GB	Intel Cascade Lake 2.6GHz	0.75 / 3 Gbit/s	500,000	¥1.46/小时

当前规格　通用计算型 | s6.small.1 | 1vCPUs | 1GB

图 3-2-7　云服务器的 CPU 架构和规格配置

③ 选择云服务器操作系统，具体配置如图 3-2-8 所示。

- 镜像：公共镜像，镜像类型为 CentOS，镜像版本为 CentOS 7.6 64bit（40GB）；
- 主机安全：采用默认设置；
- 系统盘：高 I/O，40GB。

图 3-2-8 云服务器操作系统配置

④ 单击“下一步：网络配置”按钮，具体配置如图 3-2-9 所示。

- 网络：选择在任务 2.1 中创建的虚拟私有云 VPC；
- 扩展网卡：采用默认设置；
- 安全组：选择 Sys-default。

图 3-2-9 云服务器网络配置

⑤ 选择云服务器弹性公网 IP，具体配置如图 3-2-10 所示。

- 弹性公网 IP：现在购买；
- 线路：静态 BGP；
- 公网带宽：按带宽计费；
- 带宽大小：1Mbit/s。

图 3-2-10 云服务器弹性公网 IP 配置

⑥ 单击“下一步：高级配置”按钮，具体配置如图 3-2-11 所示。

- 云服务器名称：ecs-LNMP；
- 登录凭证：密码；
- 用户名：root；
- 密码：自定义，如 Huawei@123；
- 云备份：暂不购买。

① 基础配置 ② 网络配置 ③ 高级配置 ④ 确认配置

云服务器名称 ecs-LNMP 允许重名

购买多台云服务器时，支持自动增加数字后缀命名或者自定义规则命名。

登录凭证 密码 密钥对 创建后设置

用户名 root

密码 请牢记密码，如忘记密码可登录ECS控制台重置密码。

确认密码

云备份 使用云备份服务，需购买备份存储库，存储库是存放服务器产生的备份副本的容器。

现在购买 使用已有 暂不购买

图 3-2-11 云服务器高级配置

⑦ 单击“下一步：确认配置”按钮，购买数量选择“1”；勾选“我已经阅读并同意《镜像免责声明》”，如图 3-2-12 所示。

图 3-2-12 确认配置信息

⑧ 单击“立即购买”→“返回云服务器列表”。购买成功后，云服务器列表如图 3-2-13 所示。

讲解视频：申请云数据库实例

2. 申请云数据库实例

① 进入华为云管理控制台，在左上角“服务列表”中选择“数据

库”→“云数据库”菜单命令，进入云数据库页面，如图 3-2-14 所示。

图 3-2-13　弹性云服务器购买成功

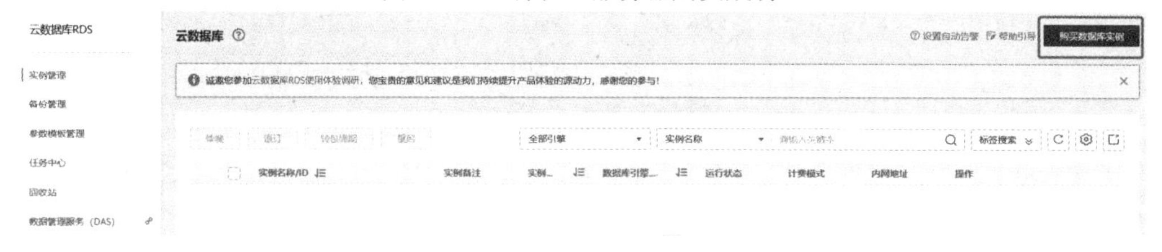

图 3-2-14　云数据库页面

② 单击“购买数据库实例”按钮，配置要购买的数据库实例参数。数据库实例参数配置（一）如图 3-2-15 所示。

- 计费模式：按需计费；
- 区域：华北-北京四；
- 实例名称：rds-test；
- 数据库引擎：MySQL；
- 数据库版本：5.7；
- 实例类型：单机；
- 存储类型：超高 I/O；
- 可用区：任选，本例为可用区二；
- 时区：采用默认设置。

图 3-2-15　数据库实例参数配置（一）

数据库实例参数配置（二）如图 3-2-16 所示。

- 性能规格：通用增强型（1 核|4GB）；
- 存储空间：40GB；
- 磁盘加密：不加密。

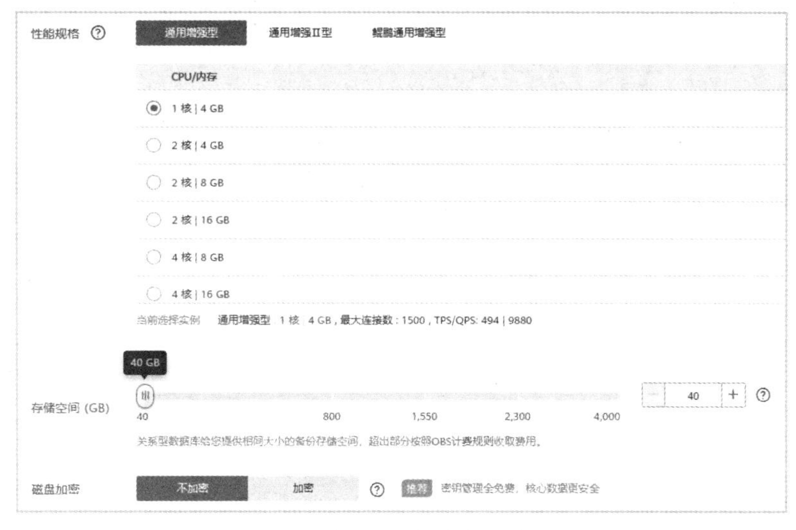

图 3-2-16　数据库实例参数配置（二）

数据库实例参数配置（三）如图 3-2-17 所示。

- 管理员帐户名：root；
- 数据库端口：默认 3306；
- 管理员密码：自定义；
- 参数模板：采用默认设置；
- 购买数量：1；
- 只读实例：暂不购买。

设置密码　现在设置　创建后设置

管理员帐户名　root

管理员密码　••••••••••••　请妥善管理密码，系统无法获取您设置的密码内容。

确认密码　••••••••••••

参数模板　Default-MySQL-5.7　查看参数模板

标签　如果您需要使用同一标签标识多种云资源，即所有服务均可在标签输入框下拉选择同一标签，建议在TMS中创建预

标签键　标签值

您还可以添加 10 个标签。

购买数量　1　您还可以创建 50 个数据库实例，包括主实例和只读实例。如需申请更多配额请点击

只读实例　暂不购买　立即购买

图 3-2-17　数据库实例参数配置（三）

③ 确认规格后，单击“提交”按钮，如图 3-2-18 所示。如果需要重新选择实例规格，单击“上一步”按钮，回到上一页面修改实例信息。

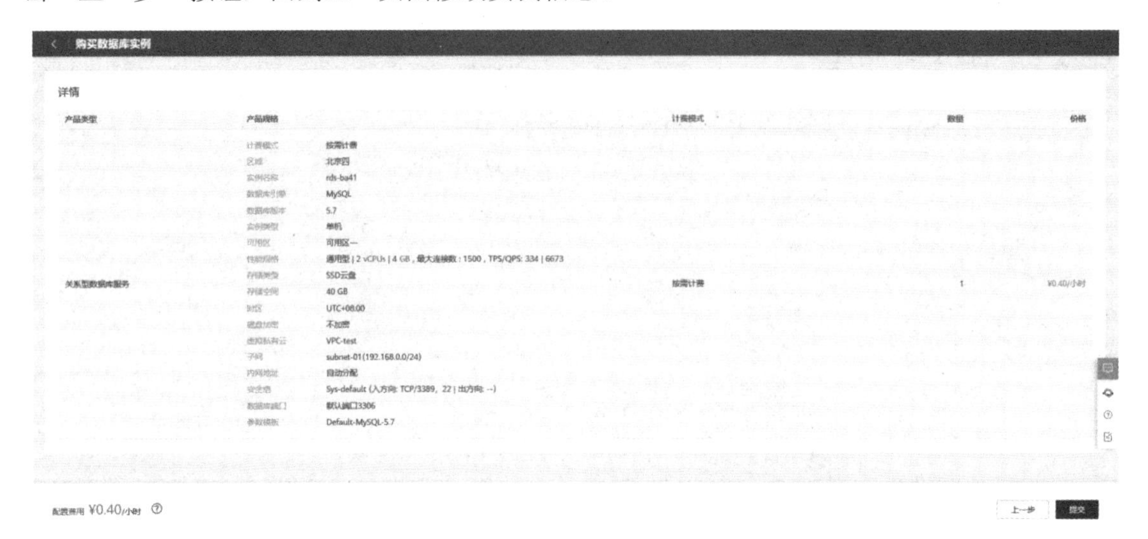

图 3-2-18 确认购买

④ 在创建实例过程中，状态显示为“创建中”，此过程持续约 5～9 分钟。单击“刷新列表”按钮，可看到已创建完成的实例状态显示为“正常”，如图 3-2-19 所示。

图 3-2-19 实例状态为“正常”

讲解视频：部署 WordPress

3. 案例实施

本案例使用的 LNMP 架构是 CentOS7、Nginx.1.12、MySql5.7 和 PHP5.6，采用基础准备中的 ECS 和 RDS。

（1）搭建 Nginx 环境。

① 执行以下命令，安装 Nginx。

```
[root@nginx ~]# yum -y install nginx
```

② 执行以下命令，启动 Nginx 并设置开机自启动。

```
[root@nginx ~]#systemctl start nginx
[root@nginx ~]#systemctl enable nginx
```

③ 查看启动状态。

```
[root@nginx ~]#systemctl status nginx.service
[root@nginx ~]# ps aux | grep nginx
```

```
root    1577  0.0  0.0  39304    940 ?      Ss   20:06   0:00 nginx: master process /usr/sbin/nginx
nginx   1578  0.0  0.1  39692   1824 ?      S    20:06   0:00 nginx: worker process
root    1606  0.0  0.0  112812  972 pts/0   R+   20:07   0:00 grep --color=auto nginx
```

④ 测试 Nginx 服务器。使用浏览器访问“http://服务器 IP 地址”，若显示如图 3-2-20 所示，则说明 Nginx 安装成功。

不安全 | 121.37.135.254

Welcome to nginx!

If you see this page, the nginx web server is successfully installed and working. Further configuration is required.

For online documentation and support please refer to nginx.org.
Commercial support is available at nginx.com.

Thank you for using nginx.

图 3-2-20　测试访问 Nginx

（2）安装 PHP。

① 依次执行以下命令，安装 PHP 7 和一些所需的 PHP 扩展。

```
[root@nginx ~]#rpm -Uvh https://mirror.webtatic.com/yum/el7/epel-release.rpm
[root@nginx ~]#rpm -Uvh https://mirror.webtatic.com/yum/el7/webtatic-release.rpm
[root@nginx ~]#yum -y install php70w-tidy php70w-common php70w-devel php70w-pdo php70w-mysql php70w-gd php70w-ldap php70w-mbstring php70w-mcrypt php70w-fpm
```

② 执行以下命令，验证 PHP 的安装版本。

```
[root@nginx ~]#php -v
```

回显如下类似信息：

```
PHP 7.0.33 (cli) (built: Dec  6 2018 22:30:44) ( NTS )
Copyright (c) 1997-2017 The PHP Group
Zend Engine v3.0.0, Copyright (c) 1998-2017 Zend Technologies
```

③ 执行以下命令，启动 PHP 服务并设置开机自启动。

```
[root@nginx ~]#systemctl start php-fpm
[root@nginx ~]#systemctl enable php-fpm
```

④ 修改 Nginx 配置文件以支持 PHP。执行以下命令，打开配置文件/etc/nginx/nginx.conf。

```
[root@nginx ~]#vim /etc/nginx/nginx.conf
```

按【I】键进入编辑模式，修改打开的“nginx.conf”文件。找到 server 段落，修改或添加下列配置信息。

```
server {
        listen          80;
        listen          [::]:80;
        server_name     _;
        root            /usr/share/nginx/html;
        # Load configuration files for the default server block.
        include /etc/nginx/default.d/*.conf;
    location / {
        root    /usr/share/nginx/html;
        index   index.php index.html index.htm;     }
    location ~ \.php$ {
        root            html;
        fastcgi_pass    127.0.0.1:9000;
        fastcgi_index   index.php;
        fastcgi_param   SCRIPT_FILENAME /usr/share/nginx/html$fastcgi_script_name;
        include         fastcgi_params;
    }
        error_page 404 /404.html;
        location = /404.html {
        }
        error_page 500 502 503 504 /50x.html;
        location = /50x.html {
        }
    }
```

⑤ 按【Esc】键退出编辑模式，并输入“:wq”保存后退出。

⑥ 执行以下命令，重新载入 Nginx 的配置文件。

```
[root@nginx]#systemctl reload nginx.service
```

⑦ 用浏览器进行访问测试。在/usr/share/nginx/html 目录下创建“info.php”的测试页面。执行以下命令创建并打开“info.php”测试文件。

```
[root@nginx]#vim /usr/share/nginx/html/info.php
```

⑧ 按【I】键进入编辑模式，修改打开的“info.php”文件，将如下内容写入文件。

```
<?php
 phpinfo();
?>
```

⑨ 按【Esc】键退出编辑模式，并输入“:wq”保存后退出。

⑩ 使用浏览器访问“http://服务器 IP 地址/info.php”，显示如图 3-2-21 所示，说明环境搭建成功。

PHP Version 7.0.31

System	Linux ecs-5d3f.novalocal 3.10.0-693.11.1.el7.x86_64 #1 SMP Mon Dec 4 23:52:40 UTC 2017 x86_64
Build Date	Jul 20 2018 08:57:28
Server API	FPM/FastCGI
Virtual Directory Support	disabled
Configuration File (php.ini) Path	/etc
Loaded Configuration File	/etc/php.ini
Scan this dir for additional .ini files	/etc/php.d
Additional .ini files parsed	/etc/php.d/bz2.ini, /etc/php.d/calendar.ini, /etc/php.d/ctype.ini, /etc/php.d/curl.ini, /etc/php.d/exif.ini, /etc/php.d/fileinfo.ini, /etc/php.d/ftp.ini, /etc/php.d/gd.ini, /etc/php.d/gettext.ini, /etc/php.d/gmp.ini, /etc/php.d/iconv.ini, /etc/php.d/json.ini, /etc/php.d/ldap.ini, /etc/php.d/mbstring.ini, /etc/php.d/mcrypt.ini, /etc/php.d/mysqli.ini, /etc/php.d/pdo.ini, /etc/php.d/pdo_mysql.ini, /etc/php.d/pdo_sqlite.ini, /etc/php.d/phar.ini, /etc/php.d/shmop.ini, /etc/php.d/simplexml.ini, /etc/php.d/sockets.ini, /etc/php.d/sqlite3.ini, /etc/php.d/tidy.ini, /etc/php.d/tokenizer.ini, /etc/php.d/xml.ini, /etc/php.d/zip.ini
PHP API	20151012
PHP Extension	20151012

图 3-2-21 测试访问 PHP

（3）配置数据库。

① 进入云数据库 RDS 控制台，在“实例管理”页面单击实例名称“rds-lnmp”，进入实例的“基本信息”页面，然后单击“登录”按钮，如图 3-2-22 所示。

图 3-2-22 登录实例

② 数据库登录成功后，单击“新建数据库”按钮，在弹出的“新建数据库”对话框中输入数据库名称，本例为“Wordpress”，选择字符集并授权数据库账号，单击“确定”按钮，如图 3-2-23 所示。

（4）部署 WordPress。

① 获取 WordPress 软件包并上传至/usr/share/nginx/html 目录中。

新建数据库

数据库名称　Wordpress

只能创建用户数据库

字符集　utf8mb4

确定　取消

图 3-2-23　“新建数据库”对话框

② 以“wordpress-4.9.8.tar.gz”为例操作软件包。执行以下命令，解压缩软件包。

```
[root@html]# tar -xvf wordpress-4.9.8.tar.gz
```

解压后生成一个“wordpress”的文件夹。执行以下命令，设置解压后的文件权限。

```
[root@html]#chmod -R 777 wordpress
```

③ 执行上述操作后已创建一个可登录的 WordPress 网站，登录后进行数据库及网站的简单配置即可正常使用。在浏览器地址栏中输入 http://云主机 IP/wordpress 地址访问 WordPress，然后单击“现在就开始！”按钮，进入 wordpress 数据库配置页面，参数配置如图 3-2-24 所示。

- 数据库名：wordpress；
- 用户名：root；
- 密码：创建的数据库密码；
- 数据库主机：填写数据库的内网地址和端口；
- 表前缀：采用默认设置。

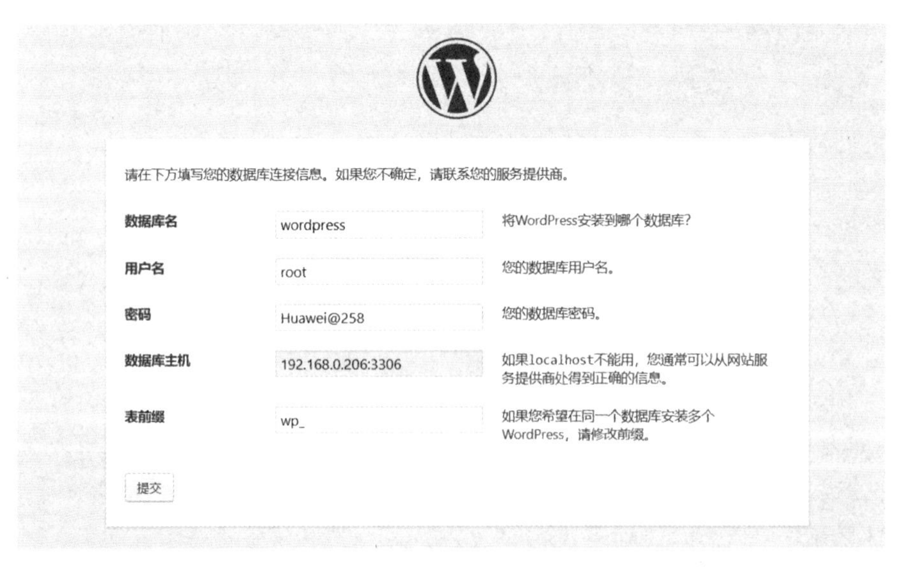

图 3-2-24　wordpress 数据库参数配置

说明：数据库的内网地址和端口可通过单击数据库实例列表中的数据库基本信息进行查看。

④ 数据库配置成功后，单击“提交”按钮，进入 WordPress 安装问询页面，如图 3-2-25 所示。

图 3-2-25　WordPress 安装问询页面

⑤ 单击“现在安装”按钮，进入欢迎页面，在这里设置站点标题、用户名、密码及电子邮件等，如图 3-2-26 所示。

⑥ 设置完成后，单击“安装 WordPress”按钮，WordPress 安装成功页面如图 3-2-27 所示。

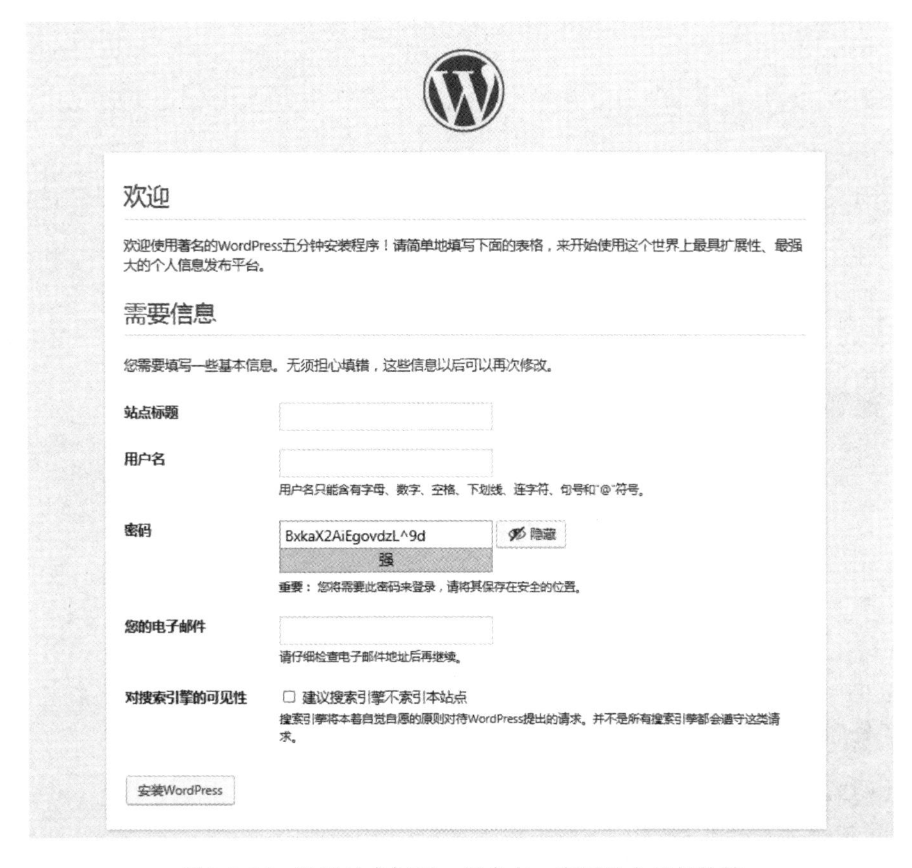

图 3-2-26　设置站点标题、用户名、密码及电子邮件等

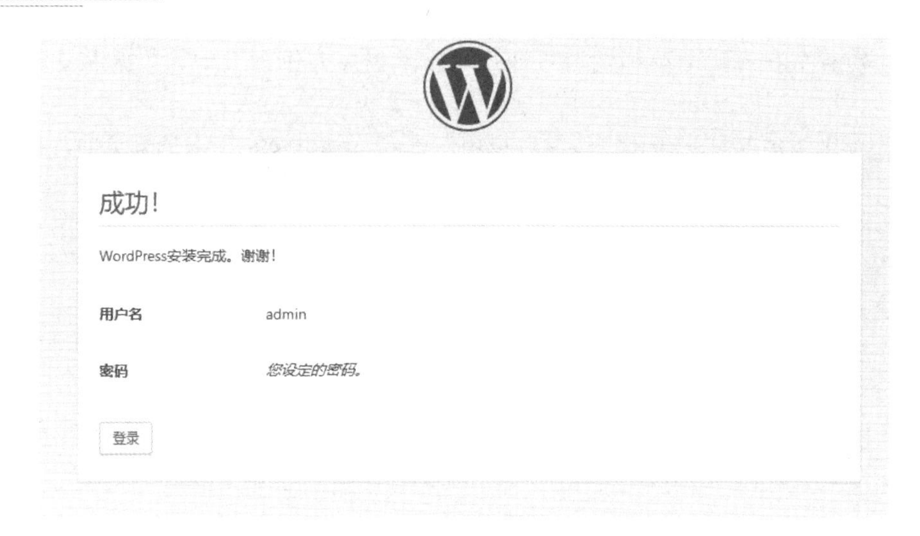

图 3-2-27　WordPress 安装成功

⑦ 单击“登录”按钮，填入在上一步中设置的用户名及密码，登录成功后，可以看见网站的仪表盘，如图 3-2-28 所示，此时就可以开始建设和运营您的网站了！

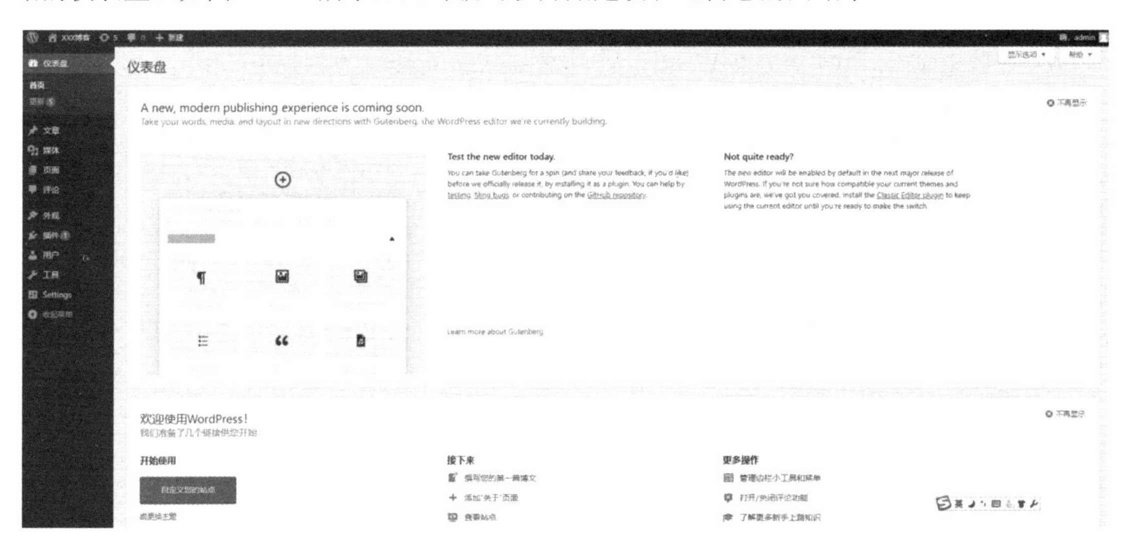

图 3-2-28　登录成功页面

任务 3.3　弹性伸缩

任务描述

1. 掌握弹性伸缩的概念
2. 掌握弹性伸缩的优势
3. 掌握如何配置弹性伸缩

知识学习

1. 什么是弹性伸缩

为了应对业务波峰和波谷对资源诉求落差较大的场景，用户需要考虑对资源的动态调整。弹性伸缩（Auto Scaling）是一种可以根据用户的业务需求，通过策略自动调整其业务资源的服务。用户可以根据业务需求自行定义伸缩策略，从而降低人为反复调整资源以应对业务变化和负载高峰的工作量，进而节约资源和人力运维成本。弹性伸缩支持自动调整弹性云服务器和带宽资源。弹性云服务器的扩展方式有垂直扩展和水平扩展两种，垂直扩展就是调整弹性云服务器的规格大小；水平扩展就是调整弹性云服务器的数量。在垂直扩展方式中，很多时候资源的调整需要重启弹性云服务器才能生效，因此会导致业务的中断，故推荐用户使用水平扩展方式。弹性伸缩的产品架构如图 3-3-1 所示。

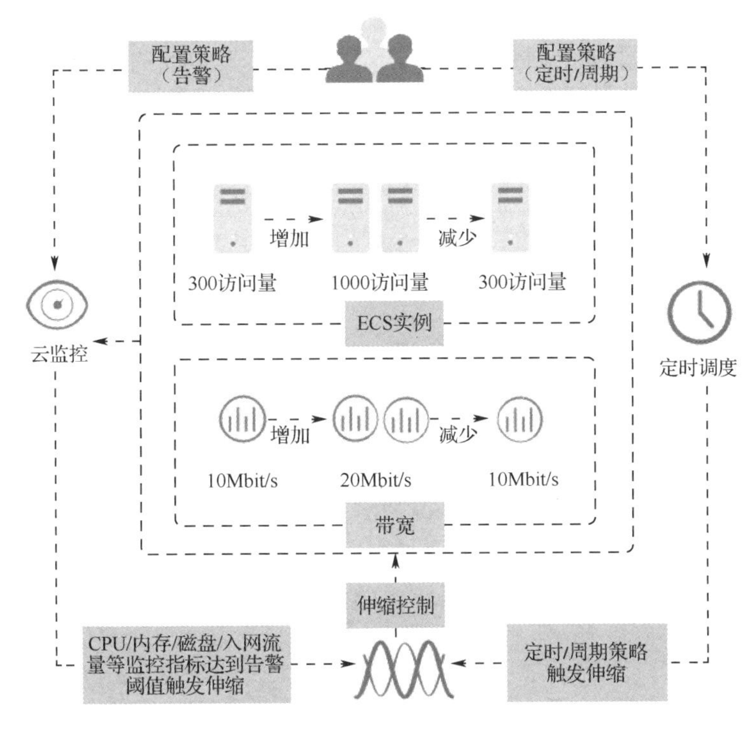

图 3-3-1 弹性伸缩的产品架构

通过伸缩控制可以实现弹性云服务器实例伸缩和带宽伸缩。

伸缩控制：设置配置策略、指标阈值/伸缩活动执行的时间，通过云监控监控指标是否达到阈值，通过定时调度实现伸缩控制。

配置策略：可以根据业务需求，配置告警策略、定时策略和周期策略。

配置告警策略：可配置 CPU、内存、磁盘、入网流量等监控指标。

配置定时策略：可配置触发时间。

配置周期策略：可配置重复周期、触发时间、生效时间。

当云监控监控到所配置的告警策略中的某些指标达到告警阈值时，触发伸缩活动，从而实现 ECS 实例的增加/减少或带宽的增大/减小。

当到达所配置的触发时间时，触发伸缩活动，从而实现 ECS 实例的增加/减少或带宽的增大/减小。

2. 弹性伸缩的优势

弹性伸缩可根据用户的业务需求，通过策略自动调整业务资源，具有自动调整资源、节约成本开支、提高可用性和容错能力的优势。弹性伸缩适用于以下场景。

（1）访问流量较大的论坛网站。

由于业务负载变化难以预测，需要根据实时监控到的云服务器 CPU 使用率、内存使用率等指标对云服务器数量进行动态调整。

（2）电商网站。

在进行大型促销活动时，需要定时增加云服务器数量，增大带宽，以保证促销活动顺利进行。

（3）视频直播网站。

在热门节目播放时段增加云服务器数量，增大带宽，以保证业务的平稳运行。

弹性伸缩能够实现应用系统自动按需调整资源，即在业务增长时应用系统自动增加实例数量和带宽大小，以满足业务需求，在业务下降时应用系统自动缩容，以保障业务平稳运行。按需调整云服务器资源主要有 3 种调整方式：动态调整资源、计划调整资源和手工调整资源。

3. 弹性伸缩的组成和基本操作

弹性伸缩由伸缩组、伸缩配置、伸缩策略、伸缩带宽等模块组成。

（1）伸缩组。

伸缩组是具有相同属性和应用场景的云服务器和伸缩策略的集合，是启停伸缩策略和进行伸缩活动的基本单位。可以使用伸缩策略设定的条件自动增加、减少伸缩组中的实例数量，或维持伸缩组中固定的实例数量。创建伸缩组时，需要配置最大实例数、最小实例数、期望实例数和负载均衡器等参数。租户管理员可以基于华为云界面完成伸缩组的管理，包括创建伸缩组、添加负载均衡到伸缩组、更换伸缩组的伸缩配置、启动伸缩组、停用伸缩组、修改伸缩组、删除伸缩组等操作。

（2）伸缩配置。

伸缩配置用于定义伸缩组资源扩展时云服务器的规格，包括云服务器的操作系统镜像、系统盘大小等。

当已有云服务器时，可以使用已有的弹性云服务器快速创建伸缩配置，创建配置时，vCPU、内存、镜像、磁盘和云服务器类型等参数信息将默认与选择的云服务器规格保持一致。

若对扩展的云服务器的规格有特殊要求，可使用新模板创建伸缩配置，按照用户需求配置新模板的规格参数。

（3）伸缩策略。

伸缩策略可以触发伸缩活动，是对伸缩组中实例数量或带宽进行调整的一种方式。伸缩策略规定了伸缩活动触发需要满足的条件及需要执行的操作，当满足伸缩条件时，系统会自动触发一次伸缩活动。目前，系统支持的 3 种伸缩策略如下。

① 告警策略。基于云监控系统告警数据（如 CPU 使用率），自动增加、减少或设置指定数量的云服务器。

② 定时策略。基于配置的某个时间点，自动增加、减少或设置指定数量的云服务器。

③ 周期策略。按照配置周期（按天、按周、按月），周期性地增加、减少或设置指定数量的云服务器。

（4）伸缩带宽。

用于定义 EIP 带宽的伸缩。

讲解视频：创建和配置弹性负载均衡

任务实施

1. 创建和配置弹性负载均衡

① 进入华为云管理控制台，依次选择“服务列表”→“网络”→“弹性负载均衡 ELB”，如图 3-3-2 所示。

图 3-3-2　选择“弹性负载均衡 ELB”

② 单击“购买弹性负载均衡”按钮，如图 3-3-3 所示。

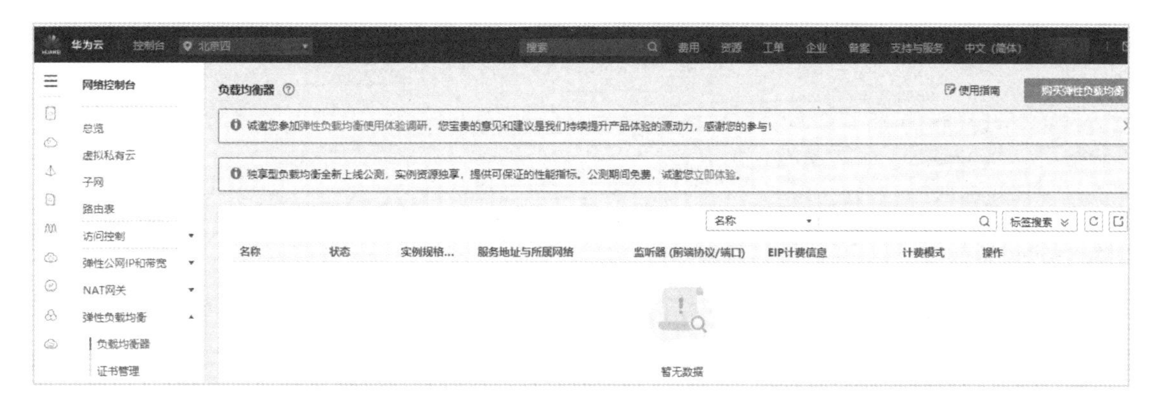

图 3-3-3　购买弹性负载均衡

选择“共享型负载均衡”，如图 3-3-4 所示。

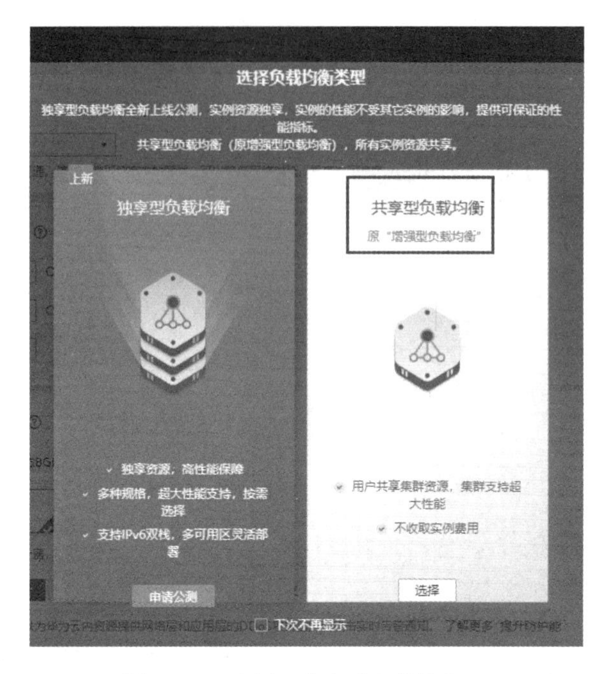

图 3-3-4　选择“共享型负载均衡”

③ 进行弹性负载均衡参数配置，如图 3-3-5 所示。

- 网络类型：IPv4 公网；
- 所属 VPC：自己创建的 VPC，本例为 vpc-whj；
- 弹性公网 IP：新创建；
- 弹性公网 IP 类型：全动态 BGP；
- 带宽：1Mbit/s；
- 名称：elb-name（自定义），本例为 elb-whj。

图 3-3-5　弹性负载均衡参数配置

④ 确认相关信息无误后，单击“提交”按钮立即购买，如图 3-3-6 所示。

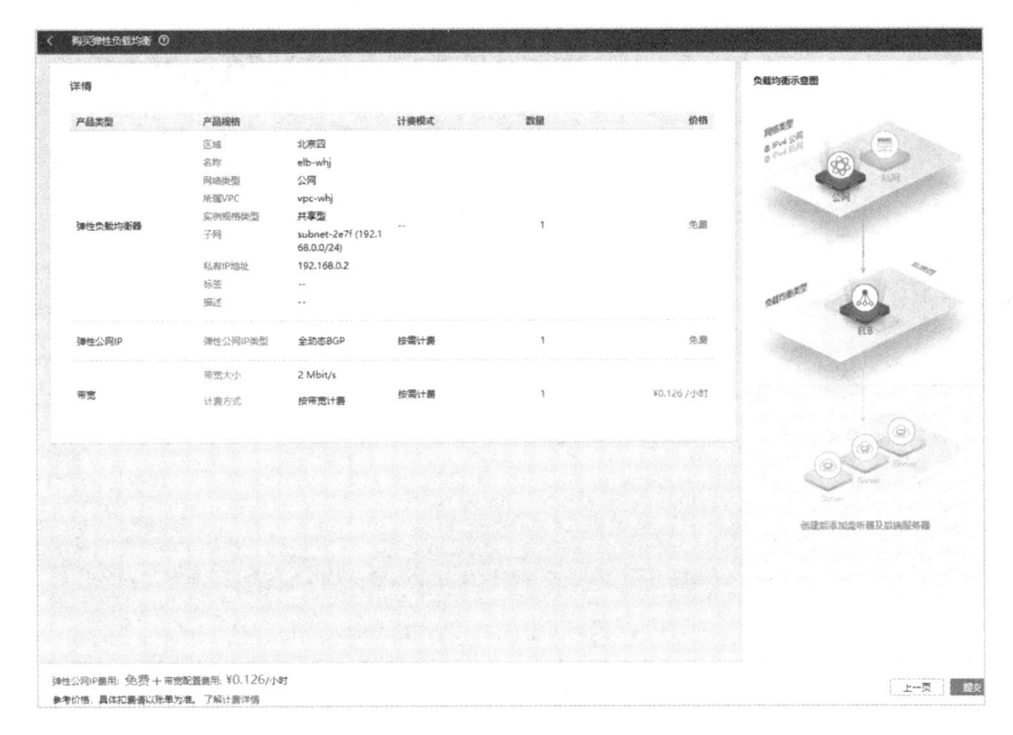

图 3-3-6　确认参数配置

⑤ 返回网络控制台，确认负载均衡实例的状态为“运行中”，如图 3-3-7 所示。

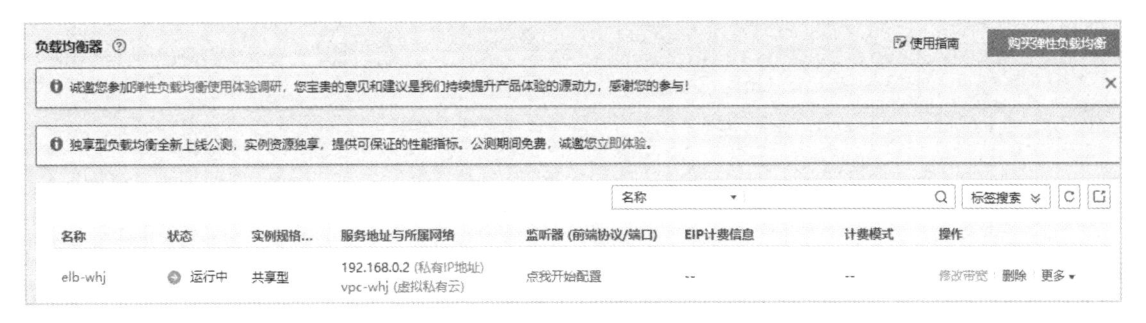

图 3-3-7　查看负载均衡运行状态

⑥ 单击负载均衡实例的名称，进入负载均衡控制台，在“监听器”标签下选择“添加监听器”，配置监听器的名称、前端协议/端口等，如图 3-3-8 所示。

⑦ 单击“下一步”按钮，配置后端服务器组，后端服务器组配置如图 3-3-9 所示。

- 名称：自定义，本例为 sever_group-whj；
- 健康检查配置：不开启；
- 其他：采用默认设置。

配置完成后，单击“完成”按钮，等待监听器配置成功，最后单击“确定”按钮。

2. 制作镜像

① 返回云服务器控制台，将云服务器关闭，如图 3-3-10 所示。

讲解视频：制作镜像

图 3-3-8　配置监听器的名称、前端协议/端口

图 3-3-9　配置后端服务器组

图 3-3-10　关闭云服务器

② 返回华为云控制台，选择“服务列表”→“计算”→“镜像服务 IMS”，如图 3-3-11 所示。

图 3-3-11　选择镜像服务 IMS

③ 在打开的“镜像服务”页面中单击“创建私有镜像”按钮，按如图 3-3-12 所示创建整机镜像。

- 区域：华北-北京四；
- 创建方式：整机镜像；
- 选择镜像源：云服务器，选择前面创建的云服务器 ecs-whj；
- 名称：ims-name（自定义），本例为 ims-whj。

图 3-3-12　创建整机镜像

④ 单击图 3-3-12 中的超链接“新建云服务器备份存储库”，在弹出的“购买云服务器备份存储库”页面中，勾选刚才创建的 ECS 云服务器，其他选项采用默认配置，单击“立即购买”按钮，如图 3-3-13 所示。

图 3-3-13　购买云服务器备份存储库

⑤ 返回“创建私有镜像”页面，选择新创建的云服务器备份存储库，单击“立即创建”按钮，确认规格配置后单击“提交申请”按钮，等待镜像的状态为正常。镜像创建完成后可将云服务器开机，如图 3-3-14 所示。

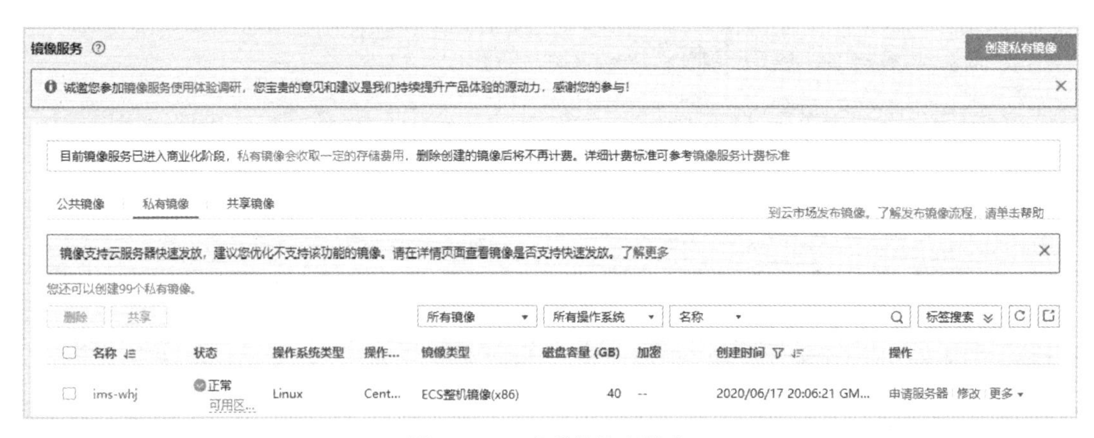

图 3-3-14　查看备份存储库

3．配置弹性伸缩

讲解视频：配置弹性伸缩

① 返回华为云管理控制台，选择“服务列表”→“计算”→“弹性伸缩 AS”，如图 3-3-15 所示。

图 3-3-15　选择“弹性伸缩 AS”

② 在弹出的“伸缩实例”页面中单击“创建伸缩配置”按钮，如图 3-3-16 所示。

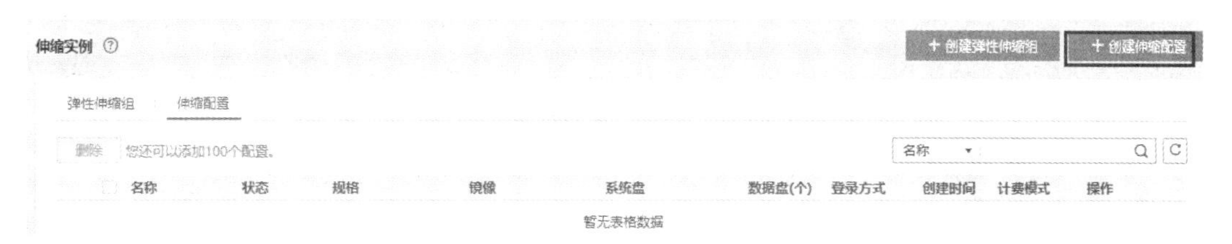

图 3-3-16　创建伸缩配置

伸缩配置信息如图 3-3-17 和图 3-3-18 所示，配置完成后，单击“立即创建”按钮。
注意：镜像选择刚创建的系统盘镜像，安全组选择前面自己创建的安全组，不使用公网 IP。

图 3-3-17　弹性伸缩配置信息（一）

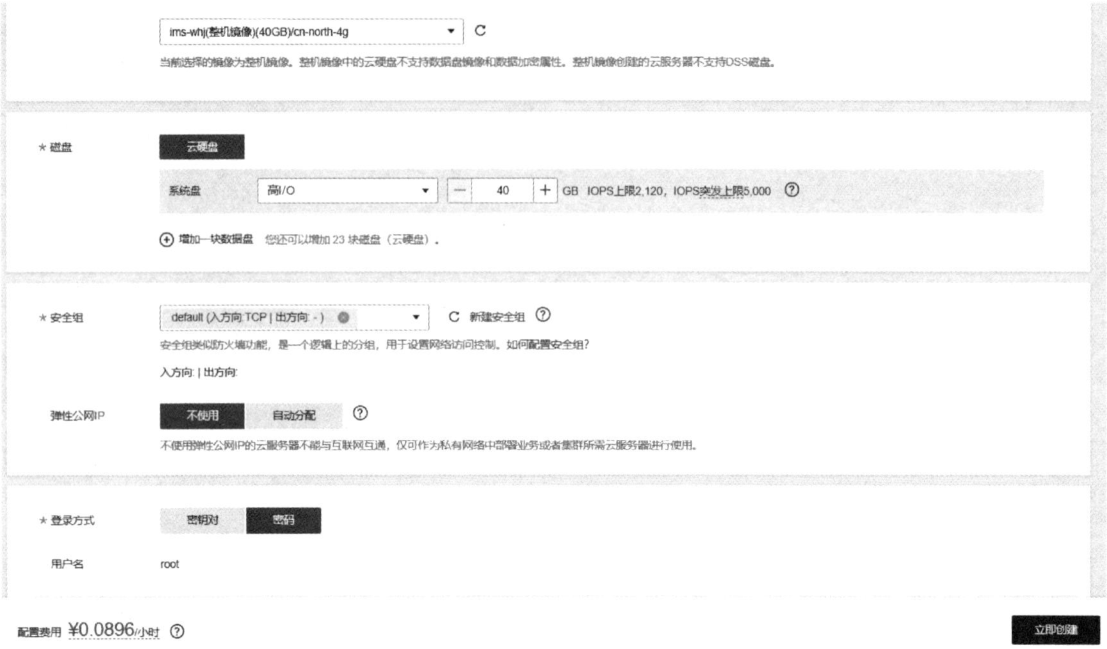

ims-whj(整机镜像)(40GB)/cn-north-4g
当前选择的镜像为整机镜像。整机镜像中的云硬盘不支持数据盘镜像和数据加密属性。整机镜像创建的云服务器不支持OSS磁盘。
* 磁盘
云硬盘
系统盘
高I/O
40
GB IOPS上限2,120，IOPS突发上限5,000
增加一块数据盘 您还可以增加 23 块磁盘（云硬盘）。
* 安全组
default (入方向:TCP | 出方向: -)
新建安全组
安全组类似防火墙功能，是一个逻辑上的分组，用于设置网络访问控制。如何配置安全组?
入方向: | 出方向:
弹性公网IP
不使用
自动分配
不使用弹性公网IP的云服务器不能与互联网互通，仅可作为私有网络中部署业务或者集群所需云服务器进行使用。
* 登录方式
密钥对
密码
用户名
root
配置费用 ¥0.0896/小时
立即创建

图 3-3-18　弹性伸缩配置信息（二）

③ 此时可在“伸缩配置”标签下查看伸缩配置信息，如图 3-3-19 所示。

伸缩实例
+ 创建弹性伸缩组
+ 创建伸缩配置
弹性伸缩组
伸缩配置
删除
您还可以添加99个配置。
名称
名称 状态 规格 镜像 系统盘 数据盘(个) 登录方式 创建时间 计费模式 操作
as-config-whj 未绑定 s6.small.1 | 1vCP... ims-whj 普通IO(可用区2... 0 密码 2020/0... 按需计费 复制 删除

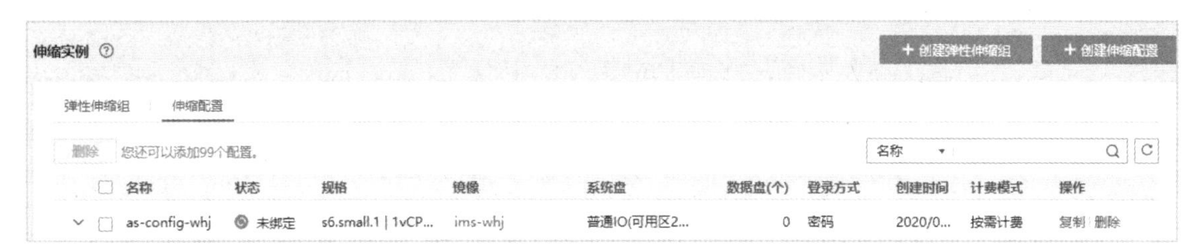

图 3-3-19　查看伸缩配置信息

④ 选择“弹性伸缩组”标签，单击“创建弹性伸缩组”按钮，如图 3-3-20 所示。

伸缩实例
+ 创建弹性伸缩组
+ 创建伸缩配置
弹性伸缩组
伸缩配置
您还可以创建10个弹性伸缩组。
所有状态
请输入名称
标签搜索
名称 状态 伸缩配置 当前实例数 期望实例数 最小实例数 最大实例数 操作
暂无表格数据

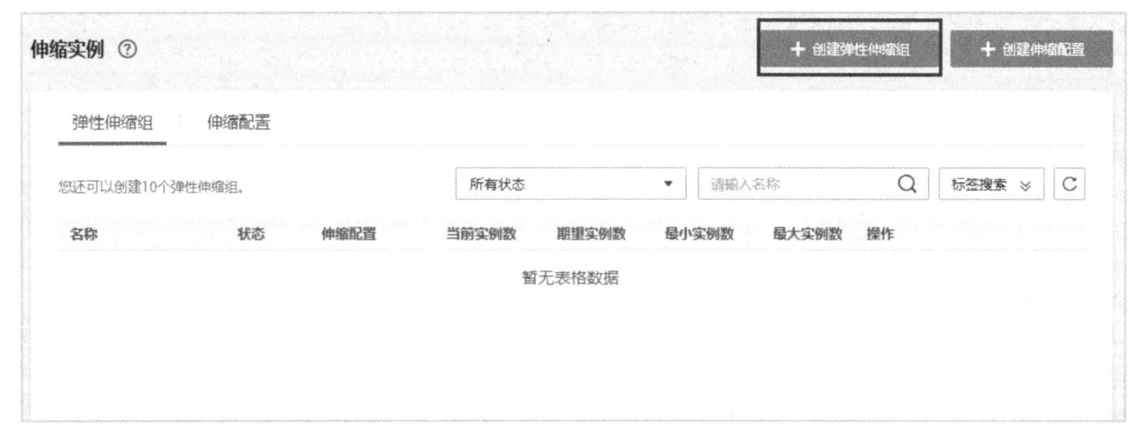

图 3-3-20　单击“创建弹性伸缩组”按钮

参照图 3-3-21 和图 3-3-22 配置弹性伸缩组信息，配置完成后，单击“立即创建”按钮。

创建弹性伸缩组

* 区域 华北-北京四
不同区域的资源之间内网不互通。请选择靠近您客户的区域，可以降低网络时延、提高访问速度。
* 可用区 可用区1 可用区2 可用区3
* 多可用区扩展策略 均衡分布 选择优先
* 名称 as-group-whj
* 最大实例数(台) 3
* 期望实例数(台) 2
* 最小实例数(台) 1

选择伸缩配置作为您创建的伸缩组内伸缩实例的模板；选择子网后将向伸缩组中的每个实例分配IP地址。
* 伸缩配置 as-config-whj
* 虚拟私有云 vpc-whj(192.168.0.0/16) 新建虚拟私有云
* 子网 subnet-2e7f(192.168.0.0/24) 本子网作为云服务器的主网卡
增加一个子网 您还可以增加 4 个子网 新建子网
负载均衡 不使用 使用弹性负载均衡 新建弹性负载均衡
伸缩组中的云服务器会自动挂载到您关联的负载均衡下。
负载均衡器 elb-whj(c002... 后端云服务器组 server_group...
后端端口 80 权重 1
新增一个负载均衡器 您还可以增加5个负载均衡器。

图 3-3-21　弹性伸缩组配置信息（一）

* 实例移除策略 根据较早创建的配置较早创建的实例
弹性公网IP 释放 不释放
若选择"释放"，在伸缩组进行缩的活动时，则会将云服务器上的弹性公网IP释放，否则仅做解绑定操作，保留弹性公网IP资源。
数据盘 删除 不删除
若选择"删除"，在伸缩组进行缩的活动时，则会将云服务器上的数据盘删除，否则仅做解绑定操作，保留数据盘资源。
* 健康检查方式 负载均衡健康检查
受保护的实例状态异常时，会被健康检查移除，并重新创建新的实例。
实例所在安全组规则需要配置放行100.125.0.0/16，并配置负载均衡用于健康检查的协议和端口，否则会导致健康检查失败。了解更多
* 健康检查间隔 5分钟
* 健康状况检查宽限期(秒) 600
标签 如果您需要使用同一标签标识多种云资源，即所有服务均可在标签输入框下拉选择同一标签，建议在TMS中创建预定义标签。 查看预定义标签
标签键 标签值
您还可以添加10个标签。
配置费用 ¥0.00/小时 立即创建

图 3-3-22　弹性伸缩组配置信息（二）

⑤ 在“伸缩实例”页面中单击“查看伸缩策略”选项，如图 3-3-23 所示。

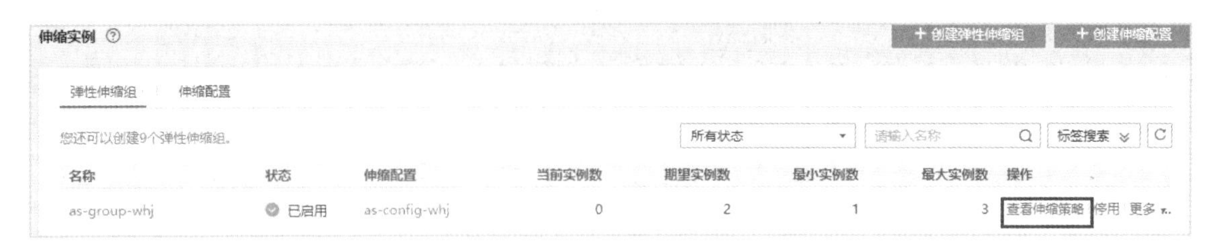

图 3-3-23　查看伸缩策略

⑥ 单击“添加伸缩策略”按钮，设置“CPU 使用率最大值>=60%”时，增加一台弹性云服务器；“CPU 使用率平均值<=20%”时，减少一台弹性云服务器，如图 3-3-24 和图 3-3-25 所示。

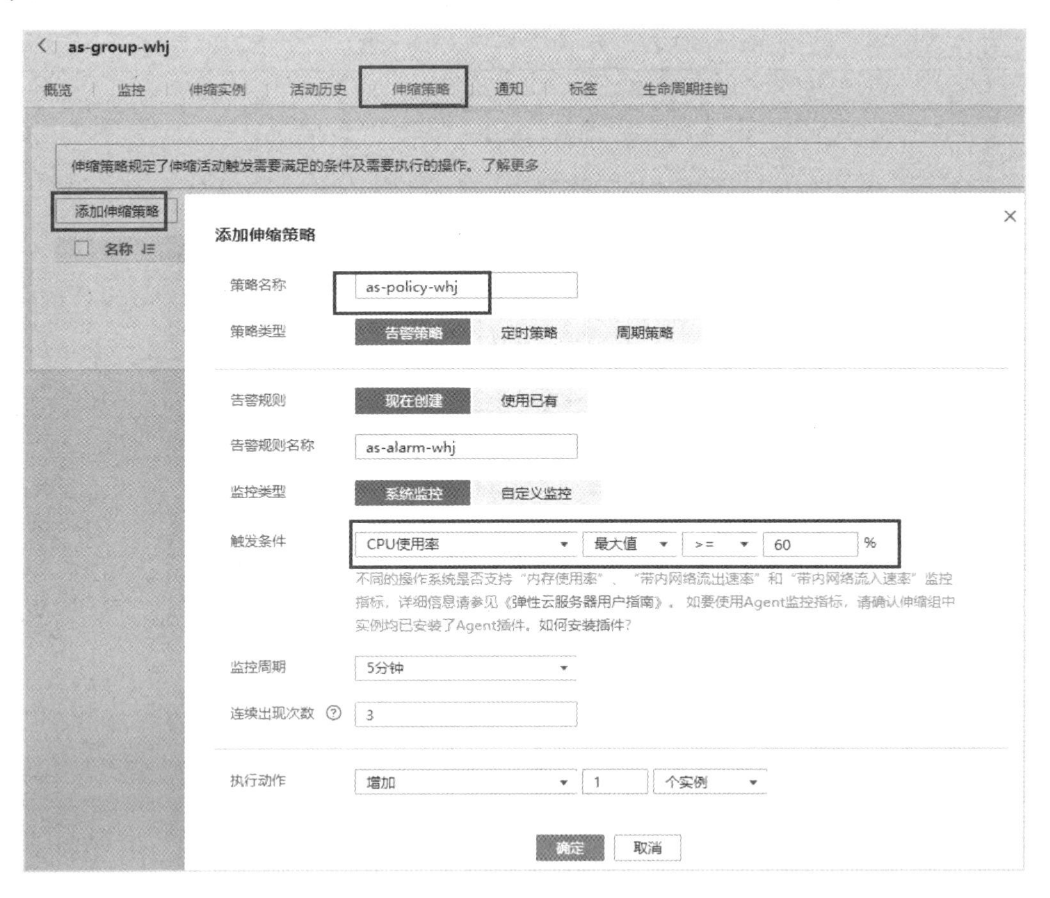

图 3-3-24　添加 CPU 最大值伸缩策略

⑦ 稍等一会儿，返回弹性伸缩组，观察伸缩实例变化情况，判断伸缩策略是否已启用，如图 3-3-26 所示。

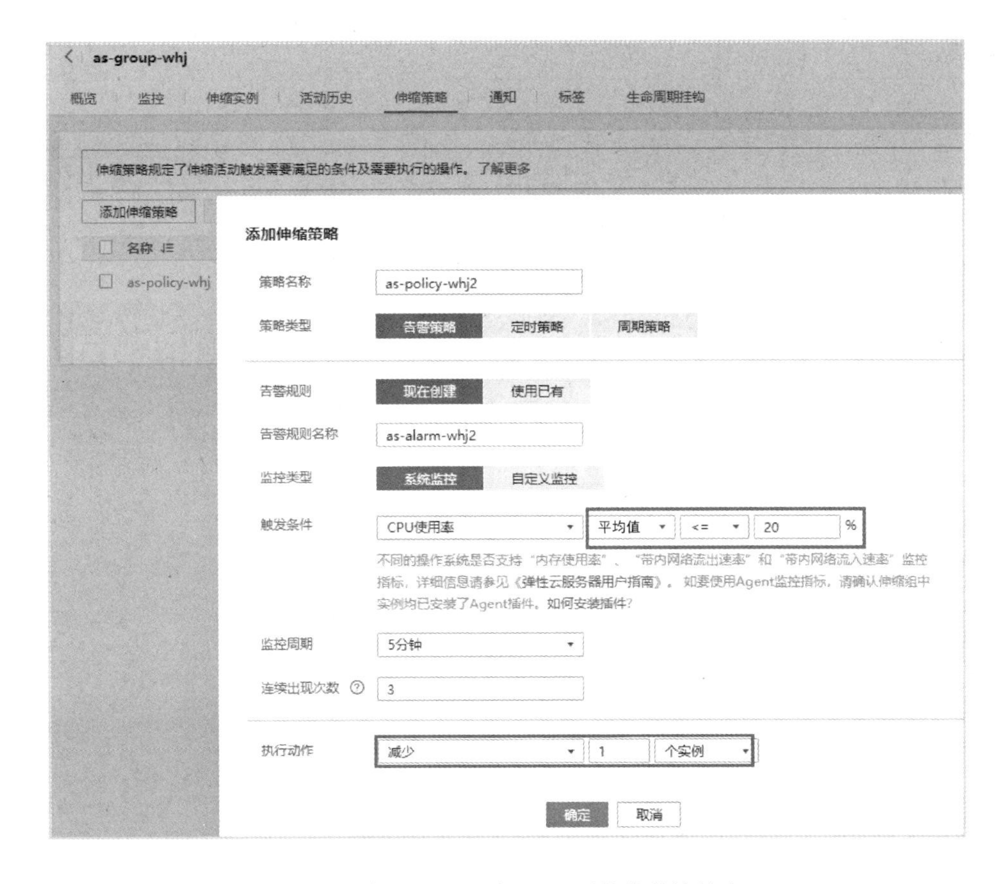

图 3-3-25　添加 CPU 平均值伸缩策略

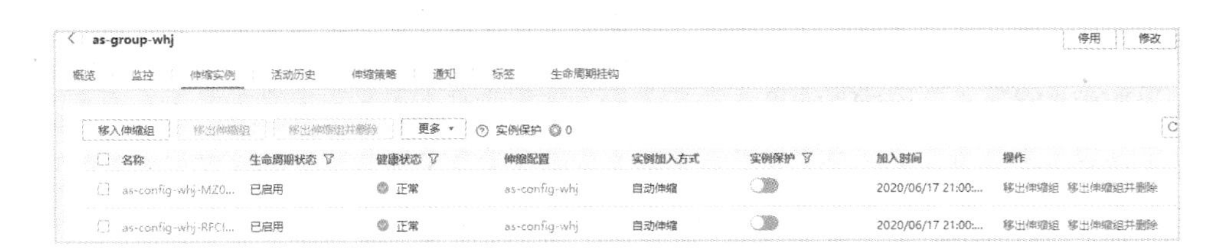

图 3-3-26　查看伸缩实例变化情况

项目 4

公有云容器化部署

知识目标

- 了解云原生技术栈相关技术的使用方法。

技能目标

- 掌握 Kubernetes 云平台部署。
- 掌握 Kubernetes 的基础知识。
- 掌握 Kubernetes 部署应用系统的流程。

任务 4.1 公有云上原生 Kubernetes 云平台部署

任务描述

1. 掌握容器技术的架构
2. 掌握 Kubernetes 的含义
3. 掌握容器的操作流程
4. 掌握 Kubernetes 搭建流程

知识学习

Kubernetes 已经成为云计算时代的一门技术，越来越多的云原生应用以 Kubernetes 为基础运行平台，这是一个属于 Kubernetes 的时代，掌握这门技术是云计算技术从业人员在这个时代需要具备的技能。

1. Docker 容器技术

Docker 是一个开源的应用容器引擎，基于 Go 语言并遵从 Apache2.0 开源协议。Docker 可以让开发者打包他们的应用及依赖包到一个轻量级、可移植的容器中，然后发布到任何流行的 Linux 机器上，也可以实现虚拟化。Docker 还提供了一种将应用程序安全、隔离运行的方式，能够将应用程序依赖和库文件打包在一个容器中，后续在任何地方运行均可，其包含了应用程序所依赖的环境，具有一次构建、任意运行（build once，run anywhere）的特点。Docker 的架构如图 4-1-1 所示。

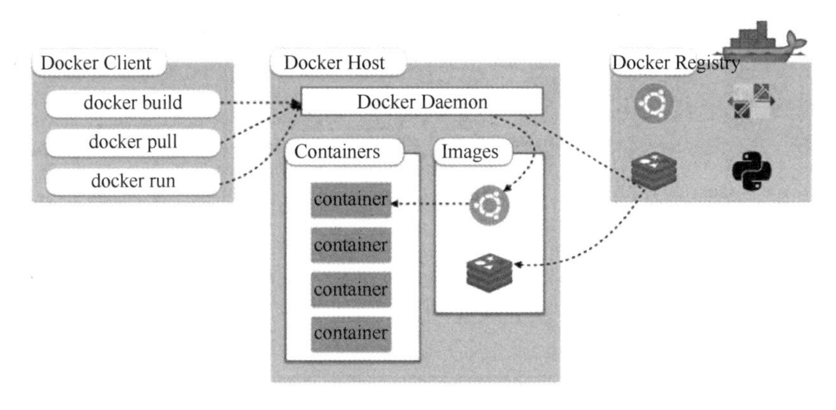

图 4-1-1 Docker 的架构

Docker 的组成如下。

① Docker Daemon：容器管理组件，是一个守护进程，负责管理容器、镜像、存储、网络等。

② Docker Client：容器客户端，负责和 Docker Daemon 交互，完成容器生命周期管理。

③ Docker Registry：容器镜像仓库，负责存储、分发、打包 Docker Object 容器对象，主要包含 Containers 和 Images。

容器给应用程序开发环境带来很大的便利，从根本上解决了应用的环境依赖、打包等问题，然而，Docker 在带来容器打包的便利的同时，也带来了以下的挑战。

① 容器如何调度和分发。

② 多台机器如何协同工作。

③ Docker 主机发生故障时应用如何恢复。

④ 如何保障应用高可用、横向扩展、动态伸缩，如图 4-1-2 所示。

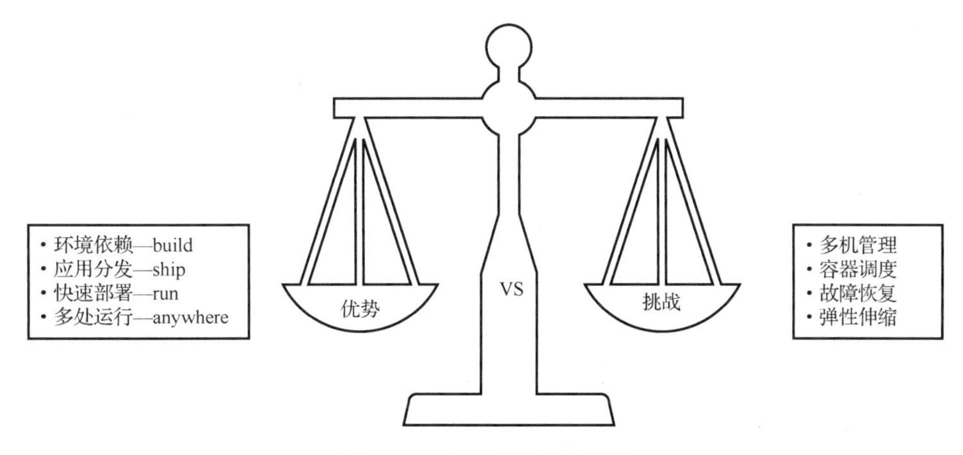

图 4-1-2 容器的优势与挑战

2. Kubernetes 的简介与功能

Kubernetes 是 Google 的一套开源微服务，是容器化的编排引擎，提供容器化应用的自动化部署、横向扩展和管理，是 Google 内部容器十多年实战沉淀的结晶，已战胜 Swarm、Mesos，成为容器编排的行业标准。

三大容器编排引擎对比如下。

① Swarm。Docker 原生提供的容器化编排引擎，随着 Docker 支持 Kubernetes 逐渐被废弃。

② Mesos。结合 Marathon 提供容器调度编排的能力，还能提供其他 Framework 的调度。

③ Kubernetes。已成为容器编排引擎的唯一标准，越来越多的程序支持 Kubernetes。

Kubernetes 具有优良的特性，使开发者可以专注于业务本身，其包含的功能如图 4-1-3 所示。

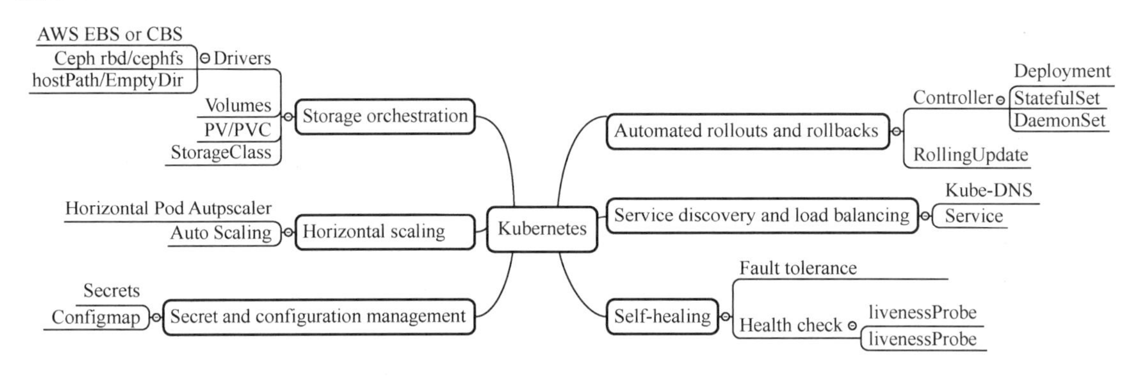

图 4-1-3　Kubernetes 的功能

Service discovery and load balancing：服务发现和负载均衡，通过 DNS 实现内部解析，Service 实现负载均衡。

Storage orchestration：存储编排，通过 plungin 的形式支持多种存储，如本地、nfs、ceph、公有云块存储等。

Automated rollouts and rollbacks：自动发布与回滚，通过匹配当前状态与目标状态一致，更新失败时可回滚。

Self-healing，内置的健康检查策略，可以自动发现和处理集群内的异常，更换需重启的 pod 节点。

Secret and configuration management：密钥和配置管理，对于敏感信息（如密码、账号）通过 Secrets 存储，应用的配置文件通过 Configmap 存储，避免将配置文件固定在镜像中，增加容器编排的灵活性。

Horizontal scaling：横向扩展功能，包含应用的基于 CPU 利用率的弹性伸缩和基于平台级的弹性伸缩，如自动增加/删除 node 节点。

3. Kubernetes 架构解析

Kubernetes 包含两种角色：master 节点和 node 节点。

（1）master 节点。

- 它是集群的控制管理节点，作为整个 k8s 集群的大脑，负责集群所有接入请求（kube-api-server），是整个集群的核心服务，如图 4-1-4 所示。

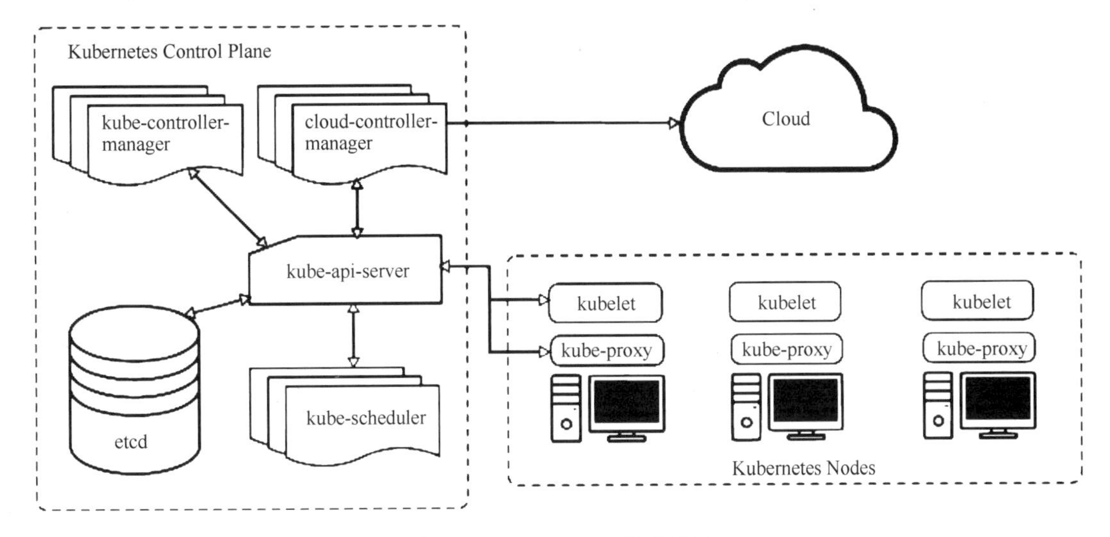

图 4-1-4　Kubernetes 整体架构

- 集群资源调度（kube-scheduler）：通过 watch 监视 pod 的创建，负责将 pod 调度到合适的 node 节点。
- 集群状态的一致性（kube-controller-manager）：通过多种控制器确保集群的一致性，包含 Node Controller、Replication Controller、Endpoints Controller 等。
- 元数据信息存储（etcd）：主要用于存储 Kubernetes 集群状态的数据；存储 node 节点和 4 个角色的状态数据。
- 云控制器管理器（cloud-controller-manager）：主要用于公有云的接入实现，提供节点管理、路由管理、服务管理（LoadBalancer 和 Ingress）、存储管理（Volume，如云盘、NAS 接入），需要由公有云厂商实现具体的细节，Kubernetes 提供实现接口的接入。

（2）node 节点。

它是实际的工作节点，负责集群负载的实际运行，即 pod 运行的载体，它通常包含 3 个组件：container runtime、kubelet 和 kube-proxy。

- container runtime：主要负责 container 生命周期管理，如 docker、containerd、rktlet。
- kubelet：负责镜像和 pod 的管理。
- kube-proxy：是 Service 实现的抽象，负责维护和转发 pod 的路由，实现集群内部和外部网络的访问。

其他组件还包括如下几个。

- DNS 组件由 kube-dns 或 coredns 实现集群内的名称解析。
- kubernetes-dashboard 用于图形界面管理。
- kubectl 命令行工具用于进行 API 交互。

- 服务外部接入，通过 ingress 实现七层接入，由多种 controller 控制器组成。
- traefik，包括 nginx ingress controller、haproxy ingress controller、公有云厂商 ingress controller。
- 监控系统，用于采集 node 和 pod 的监控数据，包括 metric-server 核心指标监控、prometheus 自定义指标监控（提供丰富功能）、heapster+influxdb+grafana 旧核心指标监控方案（现已废弃）。
- 日志采集系统，用于收集容器的业务数据，实现日志的采集、存储和展示，由 EFK 实现，包括 Fluentd 日志采集、ElasticSearch 日志存储+检索、Kibana 数据展示。

4．华为云公有云容器发展

作为容器最早的采用者之一，华为自 2013 年起就在内部多个产品中使用容器技术，2014 年开始广泛使用 Kubernetes。在此过程中，华为公司积累了丰富的实践经验，面向企业用户提供全栈容器服务。

华为云自上线之初就持续利用云原生技术为用户提供标准化、可移植、领先的云原生基础设施服务。

随着云原生技术的成熟和市场需求的升级，云计算的发展已步入新的阶段。云原生 2.0 时代已经到来。从技术角度看，以容器、微服务及动态编排为代表的云原生技术蓬勃发展，成为赋能业务创新的重要推动力，并已经应用到企业核心业务中。从市场角度看，云原生技术已在金融、制造、互联网等多个行业得到广泛验证，支持的业务场景也愈加丰富，行业生态日渐繁荣。

5．云原生基础设施

华为云通过“重定义基础设施、新赋能泛在应用、再升级应用架构”三大创新升级，为客户提供云原生基础设施，助力企业构建多云、云边协同的应用架构，并统一企业应用底座，加速业务创新。

（1）云容器引擎。

云容器引擎（Cloud Container Engine，简称 CCE）提供高度可扩展的、高性能的企业级 Kubernetes 集群，支持运行 Docker 容器，提供 Kubernetes 集群管理、容器应用全生命周期管理、应用服务网格、Helm 应用模板、插件管理、应用调度、监控与运维等容器全栈能力，为用户提供一站式容器平台服务。借助云容器引擎，用户可以在华为云上轻松部署、管理和扩展容器化应用程序。

（2）云容器实例。

云容器实例（Cloud Container Instance，简称 CCI）服务提供 Serverless Container（无服务器容器）引擎，让用户无须创建和管理服务器集群即可直接运行容器。通过 CCI 用户只需要管理运行在 Kubernetes 上的容器化业务，无须管理集群和服务器，即可在 CCI 上快速创建和运行容器负载，使容器应用零运维，使企业聚焦业务核心，为企业提供 Serverless 化的体验和选择。

（3）容器镜像服务。

容器镜像服务（Software Repository for Container，简称 SWR），是一种支持容器镜像全

生命周期管理的服务，提供简单易用、安全可靠的镜像管理功能，帮助用户快速部署容器化服务。

（4）容器安全服务。

容器安全服务（Container Guard Service，CGS）能够扫描镜像中的漏洞与配置信息，帮助企业解决传统安全软件无法感知容器环境的问题；同时提供容器进程白名单、文件只读保护和容器逃逸检测功能，有效防止容器运行时安全风险事件的发生。

（5）智能边缘平台。

智能边缘平台（Intelligent Edge Fabric，简称 IEF）通过纳管用户的边缘节点，提供将云上应用延伸到边缘的能力，联动边缘和云端的数据，满足客户对边缘计算资源的远程管控、数据处理、分析决策、智能化的诉求，同时，在云端提供统一的设备/应用监控、日志采集等运维能力，为企业提供完整的边缘和云协同的一体化服务的边缘计算解决方案。

（6）多云容器平台。

多云容器平台（Multi-Cloud Container Platform，简称 MCP）是华为云基于多年容器云领域实践经验和社区先进的集群联邦技术，提供的容器多云和混合云的解决方案，为用户提供跨云的多集群统一管理、应用在多集群的统一部署和流量分发，在为用户彻底解决多云灾备问题的同时，还可以在业务流量分担、业务与数据分离、开发与生产分离、计算与业务分离等多种场景下发挥价值。

（7）应用服务网格。

应用服务网格（Application Service Mesh，简称 ASM）是华为云基于开源 Istio 推出的服务网格平台，它深度无缝对接了华为云的企业级 Kubernetes 集群服务云容器引擎，在易用性、可靠性、可视化等方面进行了一系列增强，可为客户提供开箱即用的上手体验。应用服务网格提供非侵入式的微服务治理解决方案，支持完整的生命周期管理和流量治理，兼容 Kubernetes 和 Istio 生态，包括负载均衡、熔断、限流等功能。

6. 云原生应用赋能

华为将云原生的全栈能力赋能给客户，帮助客户应用敏捷开发方式，提升业务智能程度，增强软件的安全可信性，为企业面向未来的发展提供持续的技术支持。

（1）应用敏捷。

软件开发平台（DevCloud）是华为研发的一站式云端 DevOps 平台，面向开发者提供云服务，即开即用，开发者可以随时随地在云端进行项目管理、代码托管、流水线、代码检查、编译构建、部署、测试、发布等工作，快速而又轻松地开启云端开发之旅。

应用管理与运维平台（ServiceStage）是一个应用托管和微服务管理平台，可以帮助企业简化部署、监控、运维和治理等应用生命周期管理工作。ServiceStage 面向企业提供微服务、移动和 Web 类应用开发的全栈解决方案，帮助企业的各类应用轻松上云，聚焦业务创新，快速实现数字化转型。

应用与数据集成平台（ROMA Connect）是一个全栈式的应用与数据集成平台，源自华为数字化转型集成实践，聚焦应用和数据连接，适配多种企业常见的使用场景。ROMA Connect 提供轻量化消息、数据、API、设备、模型等集成能力，简化企业上云流程，支持云上云下、跨区域集成，帮助企业实现数字化转型。

分布式消息服务（Kafka）是一款基于开源社区版 Kafka 提供的消息队列服务，向用户提供计算、存储和带宽资源独占式的 Kafka 专享实例。使用华为云分布式消息服务 Kafka，资源按需申请，按需配置 Topic 的分区与副本数量，即买即用，用户将有更多精力专注于业务快速开发，不用考虑部署和运维。

函数工作流（FunctionGraph）是一项基于事件驱动的函数托管计算服务。使用 FunctionGraph 函数，只需编写业务函数代码并设置运行的条件，无须配置和管理服务器等基础设施，函数以弹性、免运维、高可靠的方式运行。

（2）业务智能。

知识计算解决方案是基于一站式 AI 开发平台（ModelArts）打造的业界首个全生命周期知识计算解决方案，助力企业打造自己的知识计算平台。企业可以灵活掌控流程配置，自主完成图谱更新，适合复杂多变的企业场景。

ModelArts 为机器学习与深度学习提供海量数据预处理及半自动化标注、大规模分布式 Training、自动化模型生成，及端-边-云模型按需部署能力，帮助用户快速创建和部署模型，管理全周期 AI 工作流。

云数据库（GaussDB）是华为自研的最新一代企业级高扩展海量存储分布式数据库，完全兼容 MySQL，基于华为最新一代 DFV 存储，采用计算存储分离架构，128TB 的海量存储，无须分库分表，数据零丢失，既拥有商业数据库的高可用性能，又具备开源低成本效益。

数据湖治理中心（DGC）是针对企业数字化运营诉求提供的具有智能数据管理能力的一站式治理运营平台，包含数据集成、规范设计、数据开发、数据质量监控、数据资产管理、数据服务等功能，支持行业知识库智能化建设，支持大数据存储、大数据计算分析引擎等数据底座，帮助企业快速构建从数据接入到数据分析的端到端智能数据系统，消除数据孤岛，统一数据标准，加快数据变现，实现数字化转型。

（3）安全可信。

数据安全中心服务（DSC）是新一代的云化数据安全平台，为用户提供数据分级分类、数据安全风险识别、数据水印溯源和数据静态脱敏等基础数据安全能力，通过数据安全总览整合数据安全生命周期各阶段状态，对外整体呈现云上数据安全态势。

企业主机安全服务（HSS）是提升主机整体安全性的服务，通过主机管理、风险预防、入侵检测、高级防御、安全运营、网页防篡改功能，全面识别并管理主机中的信息资产，实时监测主机中的风险并阻止非法入侵行为，帮助企业构建服务器安全体系，降低当前服务器面临的主要安全风险。

态势感知（SA）是华为云安全管理与态势分析平台，能够检测出超过 20 大类的云上安全风险，包括 DDoS 攻击、暴力破解、Web 攻击、后门木马、僵尸主机、异常行为、漏洞攻击、命令与控制等。利用大数据分析技术，态势感知可以对攻击事件、威胁告警和攻击源头进行分类统计和综合分析，为用户呈现全局安全攻击态势。

流量清洗服务（Anti-DDoS）为华为云内部资源（弹性云服务器、弹性负载均衡和裸金属服务器）提供四到七层的 DDoS 攻击防护和攻击实时告警通知。同时，Anti-DDoS 可以提升用户带宽利用率，确保用户业务稳定运行。

任务实施

1. 云主机部署 Kubernetes

讲解视频：k8s 平台搭建

（1）环境说明和准备。

软件版本如表 4-1-1 所示。

表 4-1-1　软件版本

软　件　名	软 件 版 本
OS	CentOS Linux release 7.6.1810 (Core)
Docker	docker-ce-19.03.8
Kubernetes	1.21.1
Kubeadm	kubeadm-1.21.1-0.x86_64
etcd	3.3.10
flannel	v0.11.0

三台机器均为华为云上购买的 ECS，机器配置是 2vCPU + 4GB Memory + 50GB Disk。

环境准备具体如下。

① 设置主机名，其他两个节点的设置与之类似。

```
[root@kubernetes-1-0001 ~]# hostnamectl set-hostname node-1
[root@kubernetes-1-0001 ~]# bash
[root@node-1 ~]#
```

② 设置 hosts 文件，并将文件远程复制到 node-2 和 node-3。

```
[root@node-1 ~]# vim /etc/hosts
192.168.0.128 node-1
192.168.0.192 node-2
192.168.0.243 node-3
[root@node-1 ~]# scp /etc/hosts node-2:/etc/
[root@node-1 ~]# scp /etc/hosts node-3:/etc/
```

③ 设置 SSH 无密码登录，并通过 ssh-copy-id 将公钥复制到 node-2 和 node-3。

```
[root@node-1 ~]# ssh-keygen
[root@node-1 ~]# ssh-copy-id node-2
[root@node-1 ~]# ssh-copy-id node-3
```

④ 三个节点均关闭防火墙并设置为开机不启用。

```
[root@node-1 ~]# systemctl stop firewalld
[root@node-1 ~]# systemctl disable firewalld
```

⑤ 三个节点修改 selinux。

```
[root@node-1 ~]# setenforce 0
```

```
[root@node-1 ~]# getenforce Disabled
[root@node-1 ~]#
```

⑥ 三个节点关闭交换分区 swap，提升性能。

```
[root@node-1 ~]# swapoff -a
[root@node-1 ~]# vi /etc/fstab
```

注释掉 swap 一行内容。

（2）三个节点安装 Docker 环境。

① 下载 docker 和 centos 的 yum 源文件。

```
[root@node-1 ~]# curl -o /etc/yum.repos.d/docker-ce.repo http://mirrors.aliyun.com/docker-ce/linux/centos/docker-ce.repo
[root@node-1 ~]# curl -o /etc/yum.repos.d/CentOS-Base.repo   http://mirrors.aliyun.com/repo/Centos-7.repo
```

② 将 docker 和 centos 的 yum 源文件远程复制到 node-2 和 node-3。

```
root@node-1 ~]# scp /etc/yum.repos.d/docker-ce.repo node-2:/etc/yum.repos.d/
[root@node-1 ~]# scp /etc/yum.repos.d/docker-ce.repo node-3:/etc/yum.repos.d/
[root@node-1 ~]# scp /etc/yum.repos.d/CentOS-Base.repo   node-2:/etc/yum.repos.d/
[root@node-1 ~]# scp /etc/yum.repos.d/CentOS-Base.repo   node-3:/etc/yum.repos.d/
[root@node-1 ~]#
```

③ 三个节点分别安装 docker。

```
[root@node-1 ~]# yum install docker-ce-18.06.0.ce-3.el7 -y
[root@node-1 ~]# systemctl restart docker && systemctl enable docker
[root@node-1 ~]# systemctl status docker
```

④ 查看 docker 的版本。

```
[root@node-1 ~]# docker version
```

⑤ 三个节点分别修改 docker 的 Cgroup Driver 为 systemd。

```
[root@node-1 ~]#vi /etc/docker/daemon.json <<EOF
{
"exec-opts": ["native.cgroupdriver=systemd"],
"log-driver": "json-file",
"log-opts": {"max-size": "100m"},
"storage-driver": "overlay2",
"storage-opts": ["overlay2.override_kernel_check=true"]
}
EOF
[root@node-1 ~]# scp   /etc/docker/daemon.json root@node-2:/etc/docker/daemon.json
[root@node-1 ~]# scp   /etc/docker/daemon.json root@node-3:/etc/docker/daemon.json
[root@node-1 ~]# systemctl restart docker
[root@node-1 ~]# docker info | grep Cgroup
Cgroup Driver: systemd
```

（3）三个节点安装 kubeadm 组件。

① 三个节点安装 Kubernetes 源，建议使用阿里巴巴公司的 Kubernetes 源，速度会快一点。

```
[root@node-1 ~]#vi /etc/yum.repos.d/kubernetes.repo
[kubernetes]
name=Kubernetes
baseurl=https://mirrors.aliyun.com/kubernetes/yum/repos/kubernetes-el7-x86_64/
enable=1
gpgcheck=0
repo_gpgcheck=0   #等于 1，一直报错
gpgkey=https://mirrors.aliyun.com/kubernetes/yum/doc/yum-key.gpg
https://mirrors.aliyun.com/kubernetes/yum/doc/rpm-package-key.gpg
EOF
[root@node-1 ~]# scp /etc/yum.repos.d/kubernetes.repo node-2:/etc/yum.repos.d/kubernetes.repo
[root@node-1 ~]# scp /etc/yum.repos.d/kubernetes.repo node-3:/etc/yum.repos.d/kubernetes.repo
```

② 三个节点安装 kubeadm、kubelet、kubectl，会自动安装几个重要的依赖包，包括 socat、cri-tools、cni 等包。

```
[root@node-1 ~]# yum info kubeadm kubectl kubelet -y
[root@node-1 ~]# yum install kubeadm-1.21.1 kubectl-1.21.1 kubelet-1.21.1 -y
```

③ 设置 iptables 网桥参数。

```
[root@node-1 ~]# vi /etc/sysctl.d/k8s.conf
net.bridge.bridge-nf-call-ip6tables = 1
net.bridge.bridge-nf-call-iptables = 1
EOF
[root@node-1 ~]# scp /etc/sysctl.d/k8s.conf node-2:/etc/sysctl.d/k8s.conf
                                                    100%    80    412.2KB/s    00:00
[root@node-1 ~]# scp /etc/sysctl.d/k8s.conf node-3:/etc/sysctl.d/k8s.conf
                                                    100%    80    345.5KB/s    00:00
[root@node-1 ~]#
```

④ 三个节点重新启动 kubelet 服务，使配置生效。

```
[root@node-1 ~]# sysctl --system，然后使用 sysctl -a|grep 参数的方式验证是否生效
[root@node-1 ~]# sysctl -a|grep net.bridge.bridge-nf
[root@node-1 ~]# systemctl restart kubelet
[root@node-1 ~]# systemctl enable kubelet
```

（4）kubeadm 初始化集群。

① kubeadm 初始化集群，需要设置初始参数。

② pod-network-cidr 指定 pod 使用的网段，设置值根据不同的网络 plugin 选择，本任务以 flannel 为例，设置值为 172.16.0.0/16。

```
[root@node-1 ~]#   kubeadm init --pod-network-cidr 172.16.0.0/16
[init] Using Kubernetes version: v1.21.1
[preflight] Running pre-flight checks
```

```
[preflight] Pulling images required for setting up a Kubernetes cluster
[preflight] This might take a minute or two, depending on the speed of your internet connection
[preflight] You can also perform this action in beforehand using 'kubeadm config images pull'
[certs] Using certificateDir folder "/etc/kubernetes/pki"
[certs] Generating "ca" certificate and key
[certs] Generating "apiserver" certificate and key
[certs] apiserver serving cert is signed for DNS names [kubernetes kubernetes.default kubernetes.default.svc kubernetes.default.svc.cluster.local node-1] and IPs [10.96.0.1 192.168.0.128]
[certs] Generating "apiserver-kubelet-client" certificate and key
[certs] Generating "front-proxy-ca" certificate and key
[certs] Generating "front-proxy-client" certificate and key
[certs] Generating "etcd/ca" certificate and key
[certs] Generating "etcd/server" certificate and key
[certs] etcd/server serving cert is signed for DNS names [localhost node-1] and IPs [192.168.0.128 127.0.0.1 ::1]
[certs] Generating "etcd/peer" certificate and key
[certs] etcd/peer serving cert is signed for DNS names [localhost node-1] and IPs [192.168.0.128 127.0.0.1 ::1]
[certs] Generating "etcd/healthcheck-client" certificate and key
[certs] Generating "apiserver-etcd-client" certificate and key
[certs] Generating "sa" key and public key
[kubeconfig] Using kubeconfig folder "/etc/kubernetes"
[kubeconfig] Writing "admin.conf" kubeconfig file
[kubeconfig] Writing "kubelet.conf" kubeconfig file
[kubeconfig] Writing "controller-manager.conf" kubeconfig file
[kubeconfig] Writing "scheduler.conf" kubeconfig file
[kubelet-start] Writing kubelet environment file with flags to file "/var/lib/kubelet/kubeadm-flags.env"
[kubelet-start] Writing kubelet configuration to file "/var/lib/kubelet/config.yaml"
[kubelet-start] Starting the kubelet
[control-plane] Using manifest folder "/etc/kubernetes/manifests"
[control-plane] Creating static Pod manifest for "kube-apiserver"
[control-plane] Creating static Pod manifest for "kube-controller-manager"
[control-plane] Creating static Pod manifest for "kube-scheduler"
[etcd] Creating static Pod manifest for local etcd in "/etc/kubernetes/manifests"
[wait-control-plane] Waiting for the kubelet to boot up the control plane as static Pods from directory "/etc/kubernetes/manifests". This can take up to 4m0s
[apiclient] All control plane components are healthy after 16.502450 seconds
[upload-config] Storing the configuration used in ConfigMap "kubeadm-config" in the "kube-system" Namespace
[kubelet] Creating a ConfigMap "kubelet-config-1.21" in namespace kube-system with the configuration for the kubelets in the cluster
[upload-certs] Skipping phase. Please see --upload-certs
[mark-control-plane] Marking the node node-1 as control-plane by adding the labels: [node-role.kubernetes.io/master(deprecated) node-role.kubernetes.io/control-plane node.kubernetes.io/exclude-from-external-load-balancers]
[mark-control-plane] Marking the node node-1 as control-plane by adding the taints [node-role.kubernetes.io/master:NoSchedule]
[bootstrap-token] Using token: milngu.olfu09ullq9zwvoh
[bootstrap-token] Configuring bootstrap tokens, cluster-info ConfigMap, RBAC Roles
[bootstrap-token] configured RBAC rules to allow Node Bootstrap tokens to get nodes
```

```
[bootstrap-token] configured RBAC rules to allow Node Bootstrap tokens to post CSRs in order for nodes to get long term certificate credentials
[bootstrap-token] configured RBAC rules to allow the csrapprover controller automatically approve CSRs from a Node Bootstrap Token
[bootstrap-token] configured RBAC rules to allow certificate rotation for all node client certificates in the cluster
[bootstrap-token] Creating the "cluster-info" ConfigMap in the "kube-public" namespace
[kubelet-finalize] Updating "/etc/kubernetes/kubelet.conf" to point to a rotatable kubelet client certificate and key
[addons] Applied essential addon: CoreDNS
[addons] Applied essential addon: kube-proxy
Your Kubernetes control-plane has initialized successfully!
To start using your cluster, you need to run the following as a regular user:
mkdir -p $HOME/.kube
sudo cp -i /etc/kubernetes/admin.conf $HOME/.kube/config
sudo chown $(id -u):$(id -g) $HOME/.kube/config
Alternatively, if you are the root user, you can run:
export KUBECONFIG=/etc/kubernetes/admin.conf
You should now deploy a pod network to the cluster.
Run "kubectl apply -f [podnetwork].yaml" with one of the options listed at:
https://kubernetes.io/docs/concepts/cluster-administration/addons/
Then you can join any number of worker nodes by running the following on each as root:
kubeadm join 192.168.0.128:6443 --token milngu.olfu09ullq9zwvoh \
--discovery-token-ca-cert-hash
sha256:d7ab8be5265984f2bca158d4005728669ed21d1664ec689c531fb87b45333544
```

（5）将三个节点添加到 Kubernetes 集群。

① 三个节点完成 kubectl 环境配置。

```
[root@node-1 ~]#  mkdir -p $HOME/.kube
[root@node-1 ~]# sudo cp -i /etc/kubernetes/admin.conf $HOME/.kube/config
[root@node-1 ~]# sudo chown $(id -u):$(id -g) $HOME/.kube/config
[root@node-1 ~]#  vi /root/.kube/config
[root@node-1 ~]# vi kubeinit.txt       （kubeadm init 初始化后自动生成）
kubeadm join 192.168.69.10:6443 --token uyubnf.5lkvfanjz1n4vtdm \
--discovery-token-ca-cert-hash sha256:ec56eb59b6f592aa076f71bf2dd18e6ede3c0201cfa2d12993c3babb1aa8f549
```

② 查看集群中的 node 节点。

```
[root@node-1 ~]# kubectl get nodes
```

③ 在 node-2 和 node-3 节点执行命令，将这两个 node 节点加入。

```
[root@node-2 ~]# kubeadm join 192.168.69.10:6443 --token uyubnf.5lkvfanjz1n4vtdm \
>--discovery-token-ca-cert-hash sha256:ec56eb59b6f592aa076f71bf2dd18e6ede3c0201cfa2d12993c3babb1aa8f549
[root@node-3 ~]# kubeadm join 192.168.69.10:6443 --token uyubnf.5lkvfanjz1n4vtdm \
>--discovery-token-ca-cert-hash sha256:ec56eb59b6f592aa076f71bf2dd18e6ede3c0201cfa2d12993c3babb1aa8f549
```

④ 在 node-1 节点查看 node 节点情况。

```
[root@node-1 ~]# kubectl get nodes
NAME      STATUS      ROLES      AGE    VERSION
```

```
node-1    NotReady    master    22m    v1.18.5
node-2    NotReady    <none>    68s    v1.18.5
node-3    NotReady    <none>    63s    v1.18.5
[root@node-1 ~]#
```

⑤ 安装网络 plugin。Kubernetes 支持多种类型网络插件，要求网络支持 CNI 插件即可。CNI 是 Container Network Interface 的简称，要求 Kubernetes 中 pod 的网络访问方式如下：

- node 和 node 之间网络互通；
- pod 和 pod 之间网络互通；
- node 和 pod 之间网络互通。

不同的 CNI plugin 支持的特性有所差别。Kubernetes 支持多种开源的网络 CNI 插件，常见的有 flannel、calico、canal、weave 等。flannel 是一种 overlay 的网络模型，通过 vxlan 隧道方式构建 tunnel 网络，实现 k8s 中网络的互联，后续再做介绍，以下是安装过程。

在 node-1 节点下载 calico 的 yaml 文件并执行：

```
[root@node-1 ~]# wget https://docs.projectcalico.org/v3.14/manifests/calico.yaml[root@node-1 ~]# kubectl apply -f calico.yaml
```

安装完 calico 插件以后，三个节点的状态变为 Ready 状态。

在 node-1 节点下载 calico 的 yaml 文件并执行：

```
[root@node-1 ~]# wget https://docs.projectcalico.org/v3.14/manifests/calico.yaml
[root@node-1 ~]# kubectl apply -f calico.yaml
```

安装完 calico 插件以后，三个节点的状态变为 Ready 状态。

```
[root@node-1 ~]# kubectl get nodes
NAME      STATUS    ROLES                    AGE      VERSION
node-1    Ready     control-plane,master     4m56s    v1.21.1
node-2    Ready     <none>                   2m30s    v1.21.1
node-3    Ready     <none>                   2m24s    v1.21.1
[root@node-1 ~]#
```

2. Kubernetes 容器云平台的基础使用

（1）Kubernetes 常用命令。

① 验证 node 状态。获取当前安装节点，可以查看状态，验证 Kubernetes 组件。

```
[root@node-1 ~]# kubectl get componentstatuses
Warning: v1 Component Status is deprecated in v1.19+
NAME                 STATUS      MESSAGE                                                                              ERROR
scheduler            Unhealthy   Get "http://127.0.0.1:10251/healthz": dial tcp 127.0.0.1:10251: connect: connection refused
controller-manager   Unhealthy   Get "http://127.0.0.1:10252/healthz": dial tcp 127.0.0.1:10252: connect: connection refused
etcd-0               Healthy     {"health":"true"}
[root@node-1 ~]# wget http://127.0.0.1:10251/healthz
--2021-05-14 16:37:56--  http://127.0.0.1:10251/healthz
```

```
Connecting to 127.0.0.1:10251... failed: Connection refused.
[root@node-1 ~]#
```

出现这种情况，是由/etc/kubernetes/manifests/下的 kube-controller-manager.yaml 和 kube-scheduler.yaml 设置的默认端口是 0 导致的，解决的方法是注释掉对应的 port，操作如下。

```
[root@node-1 ~]# cd /etc/kubernetes/manifests/
[root@node-1 manifests]# ls
etcd.yaml   kube-apiserver.yaml   kube-controller-manager.yaml   kube-scheduler.yaml
[root@node-1 manifests]# vim kube-controller-manager.yaml   (注释掉- --port=0)
26 #      - --port=0
[root@node-1 manifests]# vim kube-scheduler.yaml (注释掉- --port=0)
19 #      - --port=0
```

在 node-1 节点上重启 kubelet，然后重新查看就正常了。

```
[root@node-1 manifests]# systemctl restart kubelet
[root@node-1 manifests]# kubectl get componentstatuses
Warning: v1 Component Status is deprecated in v1.19+
NAME                 STATUS      MESSAGE               ERROR
scheduler            Healthy     ok
controller-manager   Healthy     ok
etcd-0               Healthy     {"health":"true"}
[root@node-1 manifests]#
```

② 查看 pod 的情况。master 中的组件包括 kube-apiserver、kube-scheduler、kube-controller-manager、etcd，coredns 以 pods 的形式部署在集群中，worker 节点的 kube-proxy 也以 pod 的形式部署。实际上，pod 是以其他控制器（如 daemonset）的形式控制的。

```
[root@node-1 ~]# kubectl get pods -n kube-system
NAME                                       READY   STATUS    RESTARTS   AGE
calico-kube-controllers-7676785684-pg7kj   1/1     Running   0          14m
calico-node-bhfbg                          1/1     Running   0          14m
calico-node-kl7mp                          1/1     Running   0          14m
calico-node-wspn6                          1/1     Running   0          14m
coredns-558bd4d5db-hx4q6                   1/1     Running   0          18m
coredns-558bd4d5db-xngqm                   1/1     Running   0          18m
etcd-node-1                                1/1     Running   0          18m
kube-apiserver-node-1                      1/1     Running   0          18m
kube-controller-manager-node-1             1/1     Running   0          18m
kube-proxy-cp26r                           1/1     Running   0          16m
kube-proxy-hp22c                           1/1     Running   0          18m
kube-proxy-xhcdn                           1/1     Running   0          16m
kube-scheduler-node-1                      1/1     Running   0          18m
[root@node-1 ~]#
```

查看 pod 的详细情况。

```
[root@node-1 ~]# kubectl get pods -n kube-system -o wide
NAME                                       READY   STATUS    RESTARTS   AGE     IP
NODE      NOMINATED NODE   READINESS GATES
```

```
    calico-kube-controllers-7676785684-pg7kj        1/1     Running    0          14m    172.16.247.1
node-2    <none>            <none>
    calico-node-bhfbg                               1/1     Running    0          14m    192.168.0.37
node-3    <none>            <none>
    calico-node-kl7mp                               1/1     Running    0          14m    192.168.0.77
node-1    <none>            <none>
    calico-node-wspn6                               1/1     Running    0          14m    192.168.0.82
node-2    <none>            <none>
    coredns-558bd4d5db-hx4q6                        1/1     Running    0          19m    172.16.247.2
node-2    <none>            <none>
    coredns-558bd4d5db-xngqm                        1/1     Running    0          19m    172.16.139.65
node-3    <none>            <none>
    etcd-node-1                                     1/1     Running    0          19m    192.168.0.77
node-1    <none>            <none>
    kube-apiserver-node-1                           1/1     Running    0          19m    192.168.0.77
node-1    <none>            <none>
    kube-controller-manager-node-1                  1/1     Running    0          19m    192.168.0.77
node-1    <none>            <none>
    kube-proxy-cp26r                                1/1     Running    0          16m    192.168.0.37
node-3    <none>            <none>
    kube-proxy-hp22c                                1/1     Running    0          19m    192.168.0.77
node-1    <none>            <none>
    kube-proxy-xhcdn                                1/1     Running    0          16m    192.168.0.82
node-2    <none>            <none>
    kube-scheduler-node-1                           1/1     Running    0          19m    192.168.0.77
node-1    <none>            <none>
    [root@node-1 ~]#
```

（2）配置 kubectl 命令补全。

使用 kubectl 和 Kubernetes 交互时可以使用缩写模式，也可以使用完整模式，如 kubectl get nodes 和 kubectl get no 能实现一样的效果。为了提高工作效率，可以使用命令补全的方式提高操作效率。

Daemonsets 可以简写为 ds。

```
[root@node-1 ~]# kubectl get daemonsets -n kube-system
NAME         DESIRED   CURRENT   READY   UP-TO-DATE   AVAILABLE   NODE SELECTOR            AGE
calico-node  3         3         3       3            3           kubernetes.io/os=linux   27m
kube-proxy   3         3         3       3            3           kubernetes.io/os=linux   32m
[root@node-1 ~]# kubectl get ds -n kube-system
NAME         DESIRED   CURRENT   READY   UP-TO-DATE   AVAILABLE   NODE SELECTOR            AGE
calico-node  3         3         3       3            3           kubernetes.io/os=linux   28m
kube-proxy   3         3         3       3            3           kubernetes.io/os=linux   32m
[root@node-1 ~]#
```

查看 Kubernetes 资源对象及其简写。

```
[root@node-1 ~]# kubectl api-resources
```

安装代码补全工具包。

```
[root@node-1 ~]# yum install -y bash-completion
```

配置命令自动补全。

```
[root@node-1 ~]# source /usr/share/bash-completion/bash_completion[root@node-1 ~]# kubectl completion bash > /etc/profile.d/kubectl.sh
[root@node-1 ~]# source /etc/profile.d/kubectl.sh
```

校验命令自动补全，在命令行中输入 kubectl get com，再按【TAB】键就能自动补全了。

```
[root@node-1~]# kubectl get co componentstatuses configmaps controllerrevisions.apps
[root@node-1~]# kubectl get componentstatuses
kubectl get apiservices.api 按 TAB 键就能自动补全了:
[root@node-1 ~]# kubectl get apiservices.apiregistration.k8s.io
```

开机自动使脚本文件生效。

```
[root@node-1 ~]# vi .bashrcsource /etc/profile.d/kubectl.sh
```

除了支持命令自动补全，kubectl 还支持命令简写，以下是一些常用的命令检测操作，更多命令可通过 kubectl api-resources 命令获取，SHORTNAMES 显示的是命令中的简短用法。

- kubectl get componentstatuses，简写为 kubectl get cs，用于获取组件状态；
- kubectl get nodes，简写为 kubectl get no，用于获取节点列表；
- kubectl get services，简写为 kubectl get svc，用于获取服务列表；
- kubectl get deployments，简写为 kubectl get deploy，用于获取 deployment 列表；
- kubectl get statefulsets，简写为 kubectl get sts，用于获取有状态服务列表。

任务 4.2 基于 Kubernetes 集群的博客系统部署与运维

任务描述

1. 掌握 Kubernetes 的架构
2. 掌握 Kubernetes 创建业务的流程

知识学习

1. Kubernetes 的定义

Kubernetes 是一个很容易部署和管理容器的应用软件系统，使用 Kubernetes 能够方便地对容器进行调度和编排。

对应用开发者而言，可以把 Kubernetes 看成一个集群操作系统。Kubernetes 提供服务发现、伸缩、负载均衡、自愈甚至选举等功能，使开发者从基础设施相关配置中解脱出来。

Kubernetes 可以把大量的服务器看作一台巨大的服务器，在一台大服务器上面运行应用程序。无论 Kubernetes 的集群有多少台服务器，在 Kubernetes 上部署应用程序的方法永远一样，如图 4-2-1 所示。

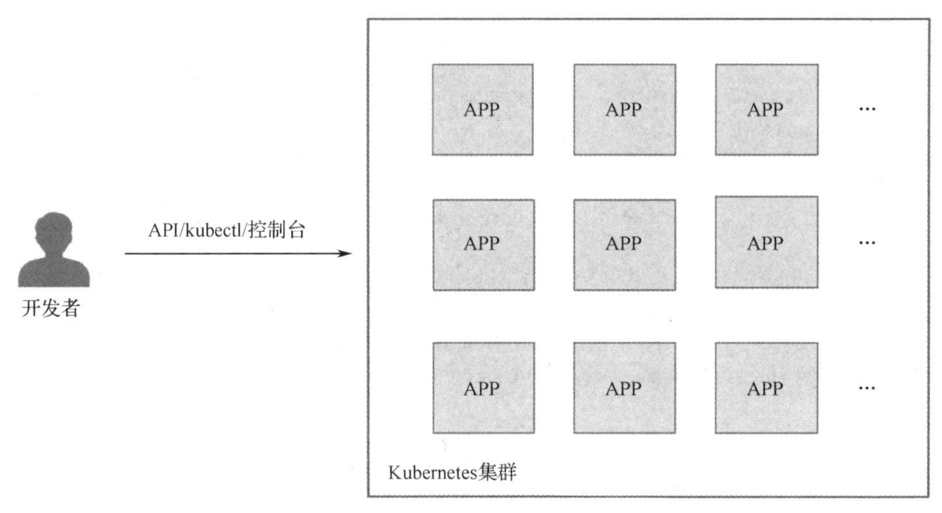

图 4-2-1　在 Kubernetes 集群上运行应用程序

2. Kubernetes 集群架构

Kubernetes 集群包含 master 节点和 node 节点，应用部署在 node 节点上，且可以通过配置选择将应用部署在某些特定的节点上。

Kubernetes 集群的架构如图 4-2-2 所示。

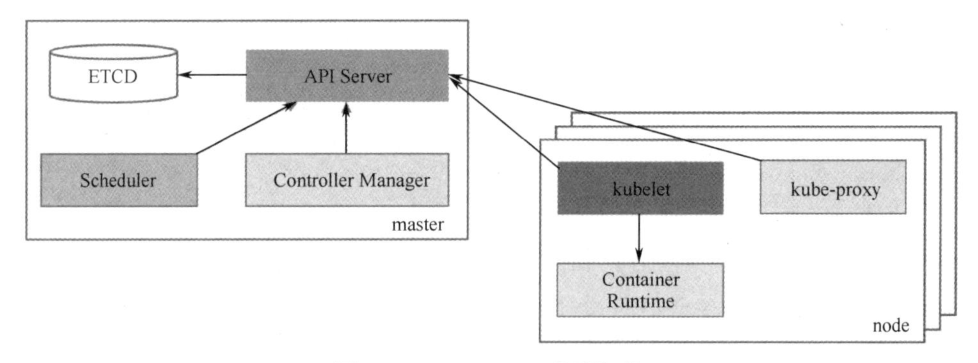

图 4-2-2　Kubernetes 集群架构

任务实施

讲解视频：k8s 集群博客系统的部署与运维

基于 Kubernetes 集群的博客系统部署与运维

在 Kubernetes 上运行 WordPress 的好处是显而易见的。第一，在已有集群的情况下安装非常简单；第二，可靠性高；第三，规模可以伸缩。此外，可以在多个云之间更为容易地迁移也是非常重要的一点。

在 Kubernetes 上运行 WordPress 是一个可伸缩性服务运行于云原生集群的典型案例。

（1）新建 namespace。

新建 blog namespace，将应用都部署到 blog 这个命名空间下面。

```
[root@master ~]# kubectl create namespace blog
namespace/blog created
```

（2）创建 MySQL 的 Deployment 对象。

创建一个 MySQL 的 Deployment 对象 wordpress-db.yaml。

```
[root@node-1 ~]# cat wordpress-db.yaml
apiVersion: apps/v1beta1
kind: Deployment
metadata:
  name: mysql-deploy
  namespace: blog
  labels:
    app: mysql
spec:
  template:
    metadata:
      labels:
        app: mysql
    spec:
      containers:
      - name: mysql
        image: mysql:5.6
        imagePullPolicy: IfNotPresent
        ports:
        - containerPort: 3306
          name: dbport
        env:
        - name: MYSQL_ROOT_PASSWORD
          value: rootPassW0rd
        - name: MYSQL_DATABASE
          value: wordpress
        - name: MYSQL_USER
          value: wordpress
        - name: MYSQL_PASSWORD
          value: wordpress
        volumeMounts:
        - name: db
          mountPath: /var/lib/mysql
      volumes:
      - name: db
        hostPath:
          path: /var/lib/mysql
---
apiVersion: v1
```

```
kind: Service
metadata:
  name: mysql
  namespace: blog
spec:
  selector:
    app: mysql
  ports:
  - name: mysqlport
    protocol: TCP
    port: 3306
    targetPort: dbport
```

创建上面的 wordpress-db.yaml 文件。

```
[root@node-1 ~]# kubectl create -f wordpress-db.yaml
deployment.apps/mysql-deploy createdservice/mysql created
```

查看 Service 的详细情况。

```
[root@node-1 ~]# kubectl describe svc mysql -n blog
Name:                   mysql
Namespace:              blog
Labels:                 <none>
Annotations:            <none>
Selector:               app=mysql
Type:                   ClusterIP
IP Family Policy:       Single
Stack IP Families:      IPv4
IP:                     10.107.33.181
IPs:                    10.107.33.181
Port:                   mysql port  3306/TCP
TargetPort:             dbport/TCP
Endpoints:              172.16.247.3:3306
Session Affinity:       None
Events:                 <none>
[root@node-1 ~]#
```

可以看到，Endpoints 部分匹配到了一个 Pod，生成了一个 clusterIP，为 10.107.33.181，现在就可以通过这个 clusterIP 加上定义的 3306 端口访问 MySQL 服务了。

（3）创建 WordPress 服务。

创建 WordPress 服务，将上面 wordpress 的 Pod 转换成 Deployment 对象 wordpress.yaml。

```
[root@node-1 ~]# cat wordpress.yaml
apiVersion: apps/v1beta1
kind: Deployment
metadata:
  name: wordpress-deploy
  namespace: blog
```

```
  labels:
    app: wordpress
spec:
  template:
    metadata:
      labels:
        app: wordpress
    spec:
      containers:
      - name: wordpress
        image: wordpress
        imagePullPolicy: IfNotPresent
        ports:
        - containerPort: 80
          name: wdport
        env:
        - name: WORDPRESS_DB_HOST
          value: 10.110.221.32:3306                    #此处的 IP 是 mysql svc 的 clusterIP
        - name: WORDPRESS_DB_USER
          value: wordpress
        - name: WORDPRESS_DB_PASSWORD
          value: wordpress
---
apiVersion: v1
kind: Service
metadata:
  name: wordpress
  namespace: blog
spec:
  type: NodePort
  selector:
    app: wordpress
  ports:
  - name: wordpressport
    protocol: TCP
    port: 80
    targetPort: wdport
```

注意：要添加属性 type: NodePort，然后创建 wordpress.yaml 文件。

```
[root@node-1 ~]# kubectl create -f wordpress.yaml
deployment.apps/wordpress-deploy createdservice/ wordpress created
```

编写 YAML 文件 wordpress-pod.yaml。

```
apiVersion: v1
kind: Pod
metadata:
```

```
    name: wordpress
    namespace: blog
spec:
  containers:
  - name: wordpress
    image: wordpress
    imagePullPolicy: IfNotPresent
    ports:
    - containerPort: 80
      name: wdport
    env:
    - name: WORDPRESS_DB_HOST
      value: localhost:3306
    - name: WORDPRESS_DB_USER
      value: wordpress
    - name: WORDPRESS_DB_PASSWORD
      value: wordpress
  - name: mysql
    image: mysql:5.6
    imagePullPolicy: IfNotPresent
    ports:
    - containerPort: 3306
      name: dbport
    env:
    - name: MYSQL_ROOT_PASSWORD
      value: rootPassW0rd
    - name: MYSQL_DATABASE
      value: wordpress
    - name: MYSQL_USER
      value: wordpress
    - name: MYSQL_PASSWORD
      value: wordpress
    volumeMounts:
    - name: db
      mountPath: /var/lib/mysql
  volumes:
  - name: db
    hostPath:
      path: /var/lib/mysql
```

这里针对 MySQL 这个容器做了一个数据卷的挂载，其目的是将 MySQL 的数据持久化到节点上，这样下次 MySQL 容器重启后数据不至于丢失。

创建 Pod。

```
[root@node-1 ~]# kubectl create -f wordpress-pod.yaml pod/wordpress created
```

访问服务，查看 svc。

```
[root@node-1 ~]# kubectl get svc -n blog
NAME        TYPE        CLUSTER-IP      EXTERNAL-IP   PORT(S)        AGE
mysql       ClusterIP   10.107.33.181   <none>        3306/TCP       72m
wordpress   NodePort    10.110.55.90    <none>        80:32377/TCP   68m
[root@node-1 ~]#
```

可以看到，WordPress 服务产生了一个 32377 的端口，现在通过任意节点的 NodeIP 加上 32377 端口，就可以访问 WordPress 应用了，如图 4-2-3 所示。

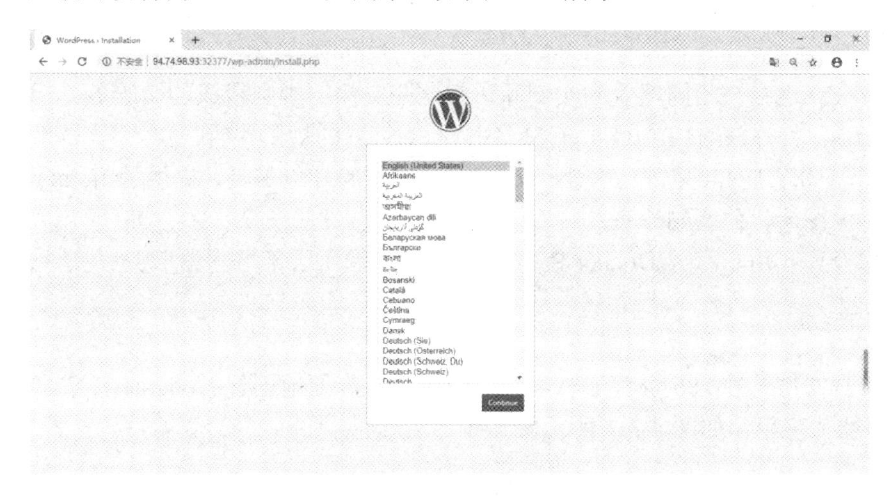

图 4-2-3　部署 WordPress

任务 4.3　基于公有云容器平台的博客系统部署与运维

任务描述

1. 掌握云容器引擎的定义
2. 掌握云容器引擎的部署流程

知识学习

1. 云容器引擎的定义

云容器引擎提供高度可扩展的、高性能的企业级 Kubernetes 集群，支持运行 Docker 容器。借助云容器引擎，用户可以在云上轻松部署、管理和扩展容器化应用程序。

云容器引擎深度整合高性能计算（ECS/BMS）、网络（VPC/EIP/ELB）、存储（EVS/OBS/SFS）等服务，并支持 GPU、ARM、FPGA 等异构计算架构，支持多可用区（Available Zone，简称 AZ）、多区域（Region）容灾等技术构建高可用 Kubernetes 集群，并提供高性能可伸缩的容器应用管理能力，简化集群的搭建和扩容等工作，让用户专注于容器化应用的开发与管理。

2. 基本概念

使用云容器引擎服务会涉及到以下几个基本概念。

- 集群：指容器运行所需云资源的集合，包括若干台云服务器、负载均衡器等。
- 实例（Pod）：由相关的一个或多个容器构成一个实例，这些容器共享相同的存储和网络空间。
- 工作负载：Kubernetes 资源对象，用于管理 Pod 副本的创建、调度及整个生命周期的自动控制。
- Service：由多个相同配置的实例和访问这些实例的规则组成的微服务。
- Ingress：将外部 HTTP（S）流量路由到 Service 的规则集合。
- Helm 应用：Helm 是管理 Kubernetes 应用程序的打包工具，提供了 Helm Chart 在指定集群内图形化的增删改查。
- 镜像仓库：用于存放 Docker 镜像，Docker 镜像用于部署容器服务。

3. 应用场景

CCE 集群支持管理 x86 资源池和鲲鹏资源池，能方便地创建 Kubernetes 集群，部署、管理和维护容器化应用，如图 4-3-1 所示。

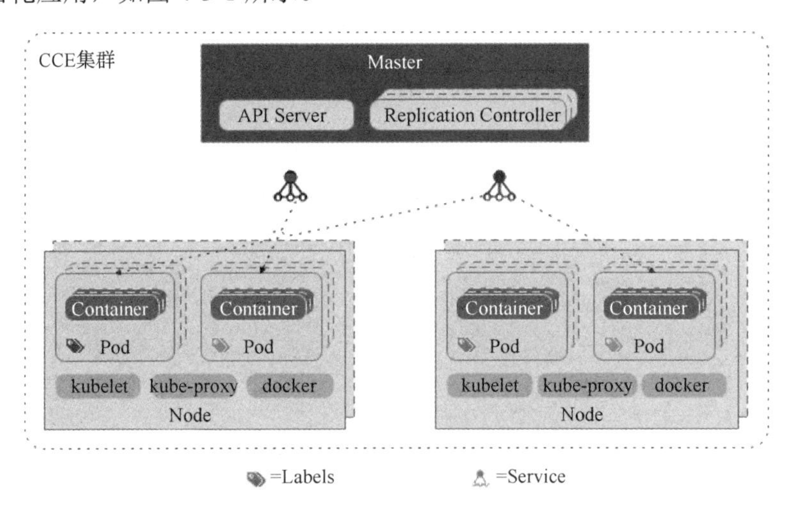

图 4-3-1　CCE 集群的应用

通过容器化改造，使应用部署资源成本降低，提升应用的部署效率和升级效率，可以实现升级时业务不中断以及统一的自动化运维。

4. 云容器引擎的优势

① 支持多种类型的容器部署。

② 支持部署无状态工作负载、有状态工作负载、守护进程集、普通任务、定时任务等。

③ 支持替换升级、滚动升级（按比例、实例个数进行滚动升级）；支持升级回滚。

④ 支持节点和工作负载的弹性伸缩。

任务实施

讲解视频：基于公有云容器平台的博客系统部署与运维

基于公有云容器平台的博客系统部署与运维

① 进入集群服务，将光标移至云桌面浏览器页面中的左侧菜单栏，单击“服务列表”→“容器服务”→“云容器引擎 CCE”，如图 4-3-2 所示。

图 4-3-2　选择云容器引擎 CCE

② 进入云容器引擎页面，单击“CCE 集群”卡片中的“创建”按钮，进入 CCE 集群创建界面。

● 第一步进行“服务选型”参数配置，如图 4-3-3 和图 4-3-4 所示。

计费模式：按需计费；

区域：华北-北京四；

集群名称：自定义；

版本：v1.17.17；

集群管理规模：50 节点；

控制节点数：3。

虚拟私有云：选择创建的 VPC；

所在子网：采用默认设置；

网络模型：容器隧道网络；

容器网段：172.16.0.0/16；

服务网段：采用默认设置。

设置完成后在页面右下角找到“下一步”按钮并单击，进入“创建节点”页面。

图 4-3-3 选择云容器版本信息

图 4-3-4 选择云容器虚拟私有云

- 第二步进行“创建节点”参数配置，如图 4-3-5～图 4-3-8 所示。

创建节点：现在添加；

计费模式：按需计费；

当前区域：华北-北京四；

可用区：任选一项。

节点类型：虚拟机节点；

节点名称：采用默认设置；

节点规格：通用型 c6.large.2 2 核|4GB；

操作系统：公共镜像 CentOS 7.6。

图 4-3-5　选择节点计费模式、当前区域、可用区

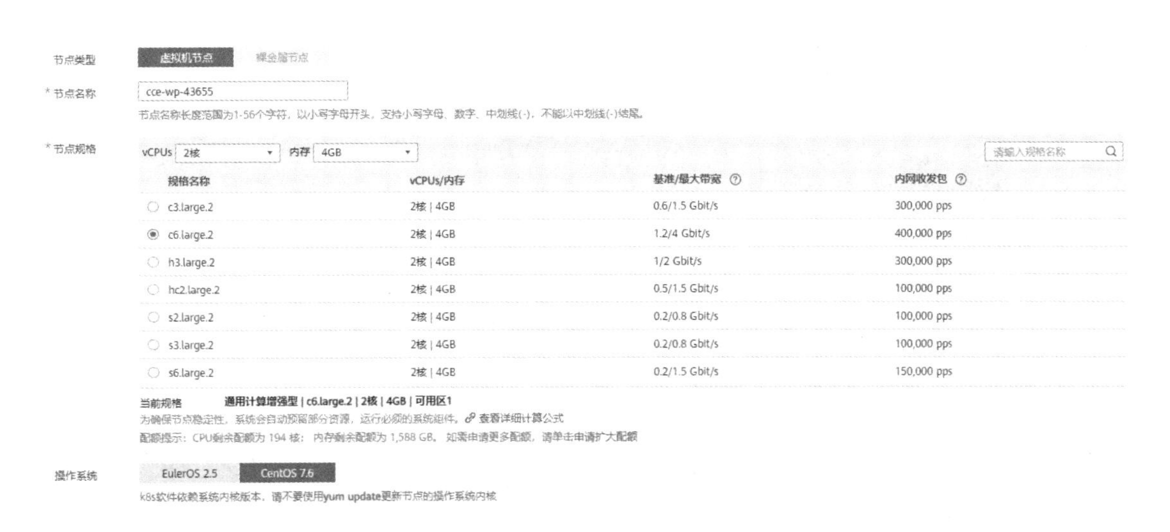

图 4-3-6　选择节点操作系统

虚拟私有云：采用默认设置；

所在子网：采用默认设置；

弹性 IP：自动创建；

规格：全动态 BGP；

计费模式：按带宽计费；

带宽类型：独享；

带宽大小：5Mbit/s。

登录方式：密码；

云服务器高级设置：采用默认设置；

Kubernetes 高级设置：采用默认设置；

节点购买数量：3。

设置完成后在页面右下角找到“下一步”按钮并单击，再选择“配置确认”按钮。

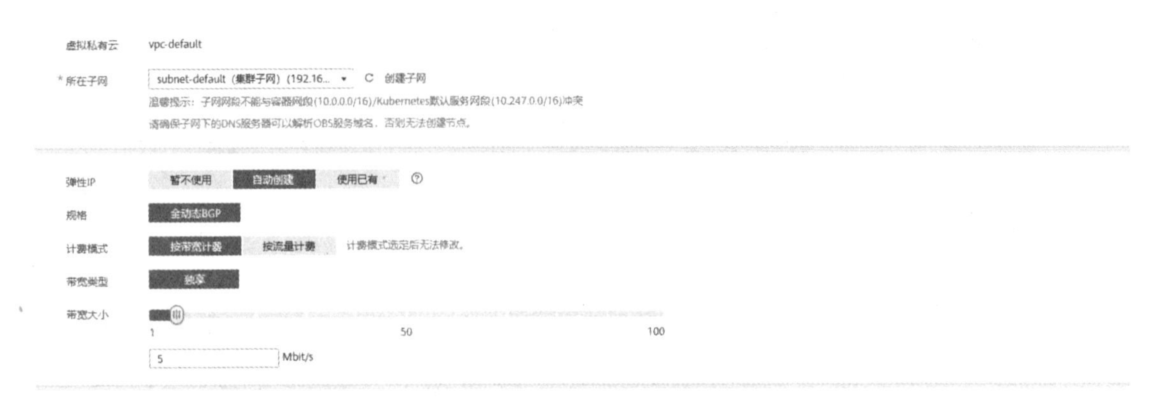

图 4-3-7　选择节点虚拟私有云

图 4-3-8　配置节点密码

● 第三步是默认安装插件，如图 4-3-9 所示。

图 4-3-9　选择系统资源插件

● 第四步勾选“我已知晓上述限制”，检查集群配置，确认无误后单击“提交”按钮，如图 4-3-10 所示。

● 提交后开始进行创建，大约需要 6 分钟创建完成。创建完成后，单击“返回集群管理”按钮，若“集群状态”显示为“正常”，则表示该集群创建成功，如图 4-3-11 所示。

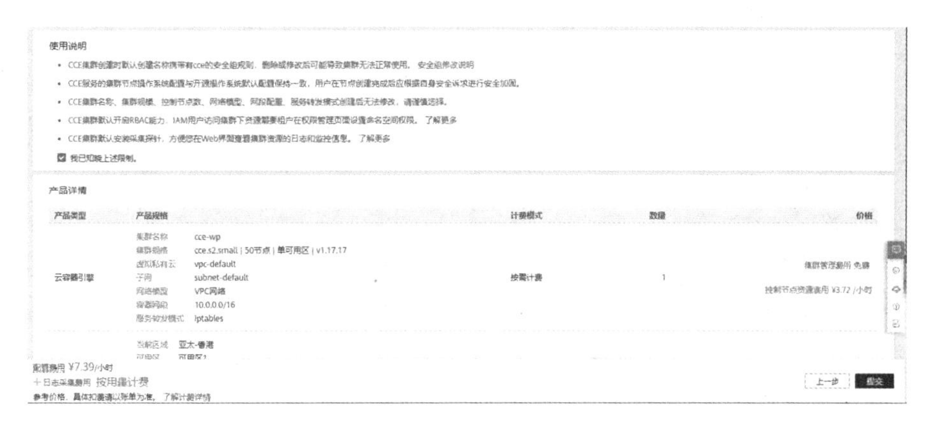

图 4-3-10　确认配置信息

图 4-3-11　查看集群

③ 购买华为云云数据库 RDS。单击右上角“购买数据库实例”按钮，并配置相关信息。

计费模式：按需计费；

区域：亚太-香港；

实例名称：自定义；

数据库引擎：MySQL；

数据库版本：5.7；

实例类型：单机；

存储类型：超高 I/O；

时区：UTC+08:00，如图 4-3-12 所示。

性能规格：通用增强 II 型 2vCPUs|4GB；

存储空间：默认为 40GB；

磁盘加密：不加密，如图 4-3-13 所示。

图 4-3-12 选择数据库版本、可用区、时区

图 4-3-13 选择数据库存储空间

确保数据库使用的 VPC、子网、内网安全组均使用之前创建的实例，数据库端口默认为 3306，设置并牢记数据库密码，如图 4-3-14 所示。

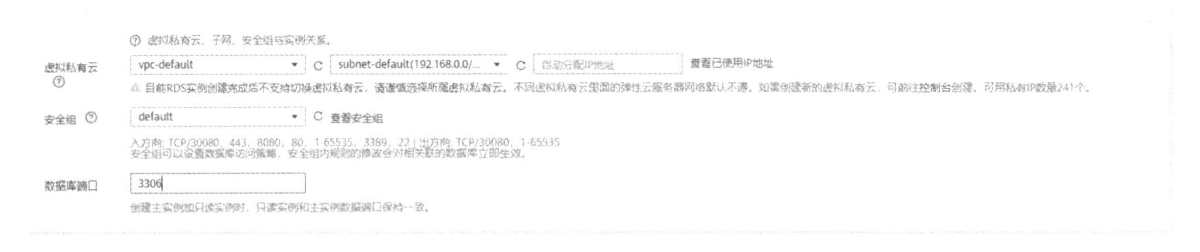

图 4-3-14 配置数据库虚拟私有云

单击“返回云数据库 RDS 列表”，返回数据库实例列表页面，此处需要等待一段时间（约 6 分钟），请耐心等待。数据库创建成功后，可在“控制台”→“云数据库 RDS”下查看，注意查看云数据库 RDS 的连接信息，如图 4-3-15 所示。

④ 公有云云容器引擎 CCE 集群创建无状态负载 Deployment。WordPress 是使用 PHP 语言和 MySQL 数据库开发的博客平台，并逐步演化成一款内容管理系统软件，用户可以在支持 PHP 和 MySQL 数据库的服务器上架设属于自己的博客网站。WordPress 官方支持中文版，同时有爱好者开发的第三方中文语言包，如 wopus 中文语言包。WordPress 拥有成千上万个插

件和不计其数的主题模板样式，安装方式简单易用。

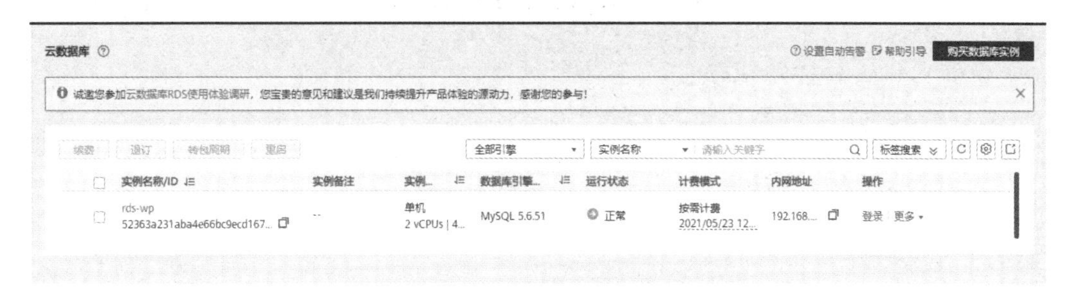

图 4-3-15　查看数据库信息

在 CCE 左侧导航栏中选择工作负载，单击“创建无状态工作负载”按钮，如图 4-3-16 所示。

图 4-3-16　创建无状态工作负载

输入工作负载基本信息，其他保持默认设置，如图 4-3-17 所示。

- 工作负载名称：deployment-wp；
- 集群名称：选择工作负载所要运行的集群。须与已部署的 MySQL 在同一个集群下；
- 实例数量：设置为 3。

在“容器设置”页面单击“添加容器”按钮，在弹出的“选择镜像”对话框中选择“开源镜像中心”，在搜索栏中输入“wordpress”，单击“确定”按钮完成添加，如图 4-3-18 所示。

镜像版本选择最新的版本，其余选项采用默认设置即可。设置环境变量，使 WordPress 可以访问 MySQL 数据库，如图 4-3-19 所示。

- WORDPRESS_DB_HOST：MySQL“访问地址”。
- WORDPRESS_DB_USER：数据库管理员名称。
- WORDPRESS_DB_PASSWORD：管理员权限密码。

图 4-3-17　配置负载无均衡信息

图 4-3-18　添加容器

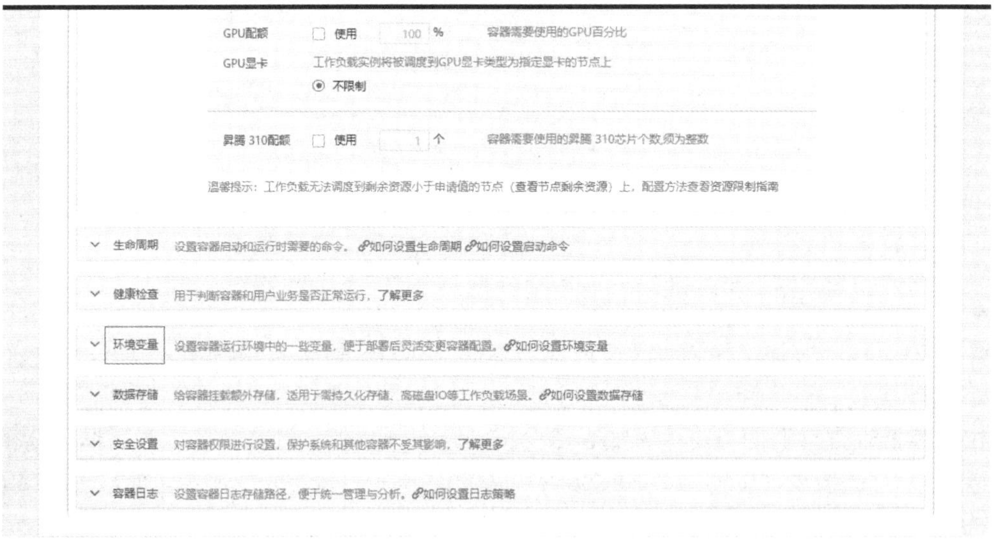

图 4-3-19　设置环境变量

配置信息如图 4-3-20 所示。

单击“下一步：工作负载访问设置”按钮，设置工作负载访问方式，将 WordPress 设置为通过弹性 IP 访问外网的方式。

单击“添加服务”，设置工作负载访问参数，设置完成后，单击“确定”按钮。

- 访问类型：选择“负载均衡（LoadBalancer）”，如图 4-3-21 所示。
- Service 名称：自定义名称，此处可设置为 deployment-wps。
- 服务亲和：选择“集群级别”。

“集群级别”和“节点级别”的含义如下。

- 集群级别：集群下所有节点的 IP+访问端口均可以访问到此服务关联的负载，服务访问会因路由跳转导致一定的性能损失，且无法获取到客户端源 IP。
- 节点级别：只有通过负载所在节点的 IP+访问端口才可以访问此服务关联的负载，服务访问没有因路由跳转导致的性能损失，且可以获取到客户端源 IP。

图 4-3-20 环境变量配置信息

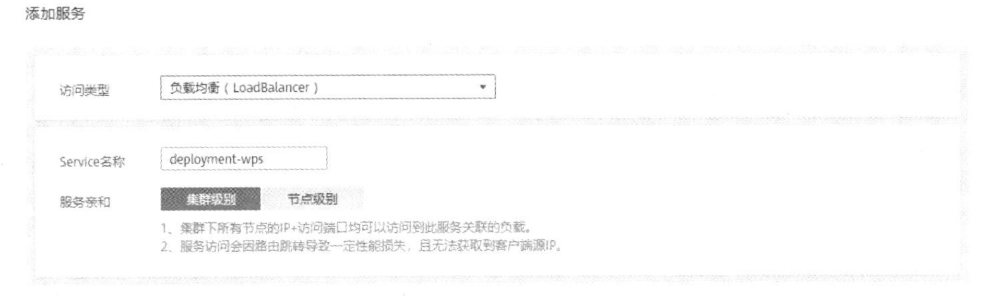

图 4-3-21 添加服务

负载均衡默认为“公网”和“自动创建”，其他参数保持默认设置。

端口配置如图 4-3-22 所示。

- 协议：TCP；
- 容器端口：80；
- 访问端口：8080。

高级设置此处可不配置，单击“创建”按钮。单击“返回工作负载列表”，可查看到运行中的 WordPress，如图 4-3-23 所示。

图 4-3-22　配置端口

图 4-3-23　查看 WordPress 服务

单击复制外部访问地址，将其复制到浏览器中，可访问 WordPress 应用，如图 4-3-24 所示。

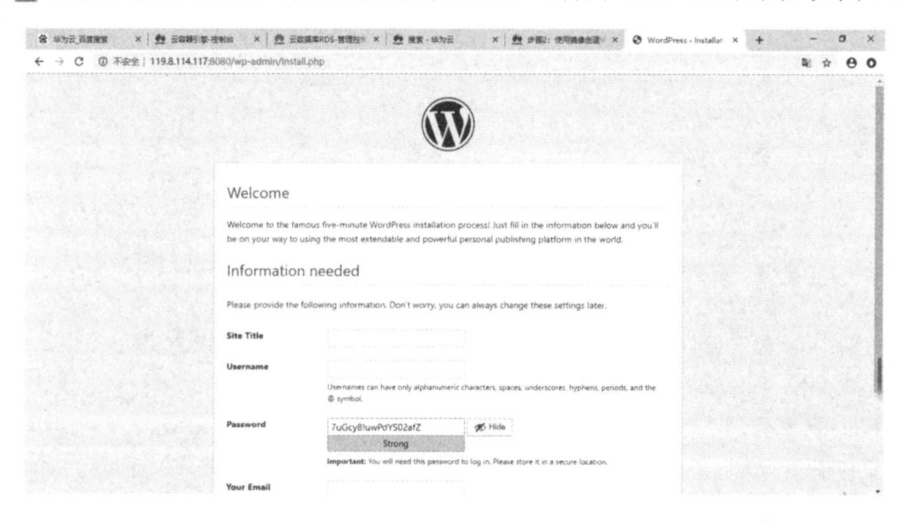

图 4-3-24　部署 WordPress 服务

项目 5

公有云大数据处理与分析

知识目标

- 认识 Hadoop 生态圈常用技术的使用场景。
- 认识公有云上大数据服务的内容及其使用。

技能目标

- 掌握在公有云平台申请使用 MRS 服务。
- 掌握在公有云平台构建大数据平台，实现日志数据的采集、存储和分析。

任务 5.1 走进大数据生态圈

任务描述

1. 掌握主流大数据技术
2. 掌握大数据生态圈

知识学习

1. Hadoop 简介

Apache Hadoop 软件库是一个框架，允许用户在集群服务器上使用简单的编程模型对大数据集进行分布式处理。Hadoop 能够从单台服务器扩展到数以千计的服务器，每台服务器都有本地的计算和存储资源。Hadoop 的高可用性并不依赖于硬件，其代码库自身就能在应用层侦测并处理硬件故障，因此能基于服务器集群提供高可用性的服务。经过多年的发展形成了 Hadoop 生态系统，其结构如图 5-1-1 所示。

① HDFS。Hadoop 生态圈的核心组件包括 Hadoop 分布式文件系统（HDFS）。HDFS 是一种分布式文件系统，数据被保存在计算机集群上，HDFS 为 HBase 等工具提供了底层存储支持。

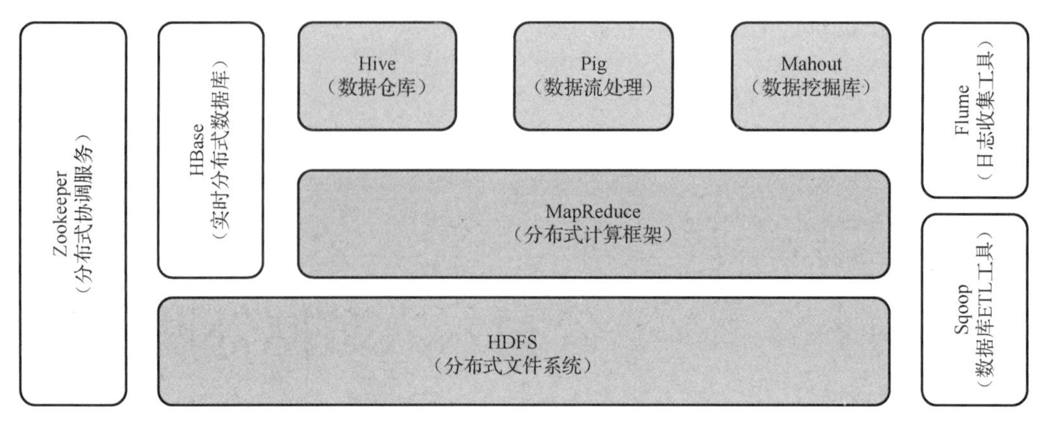

图 5-1-1 Hadoop 系统结构

② MapReduce。MapReduce 是 Hadoop 的又一核心模块，它是一个分布式、并行处理的编程模型，MapReduce 把任务分为 Map（映射）阶段和 Reduce（归约）阶段。由于 MapReduce 工作原理的特性，Hadoop 能以并行的方式访问数据，从而实现快速访问数据。

③ Zookeeper。Hadoop 的分布式协调服务。Hadoop 的许多组件依赖于 Zookeeper，它运行在计算机集群中，用于管理 Hadoop 集群。

④ HBase。HBase 是一个建立在 HDFS 之上，面向列的 NoSQL 数据库，用于快速读/写大量数据，HBase 使用 Zookeeper 进行管理。

⑤ Pig。Pig 是一种数据流语言和运行环境，用于检索非常大的数据集。Pig 平台包括运行环境和用于分析 Hadoop 数据集的脚本语言（Pig Latin），其编译器将 Pig Latin 翻译成 MapReduce 程序序列。

⑥ Hive。类似于 SQL 高级语言，用于运行存储在 Hadoop 上的查询语句，Hive 让不熟悉 MapReduce 的开发人员也能编写数据查询语句。这些语句被翻译为 Hadoop 上面的 MapReduce 任务。像 Pig 一样，Hive 作为一个抽象层工具，吸引了很多熟悉 SQL 而不会 Java 编程的数据分析师。

⑦ Sqoop。一个连接工具，用于在关系数据库、数据仓库和 Hadoop 之间转移数据。Sqoop 利用数据库技术描述架构，进行数据的导入/导出。

⑧ Flume。提供了分布式、可靠、高效的服务，用于收集、汇总大数据，并将单台计算机的大量数据转移到 HDFS。它基于一个简单而灵活的架构，利用简单的可扩展的数据模型，将企业中多台计算机上的数据转移到 Hadoop 中。

2. MapReduce 服务

大数据是人类进入互联网时代以来面临的一个巨大问题：社会生产生活产生的数据量越来越大，数据种类越来越多，数据产生的速度越来越快，传统的数据处理技术，如单机存储、关系数据库，已经无法解决这些新的大数据问题。为解决以上大数据处理问题，Apache 基金会推出了 Hadoop 大数据处理的开源解决方案。Hadoop 这个开源分布式计算平台，可以充分利用集群的计算和存储能力，完成对海量数据的处理。但是企业自行部署 Hadoop 系统存在成本高、周期长、运维难和不灵活等问题。针对这些问题，华为云提供了大数据 MapReduce 服务（MRS），MRS 是一个在华为云上部署和管理 Hadoop 系统的服务，一键即可部署 Hadoop

集群。MRS 为用户提供完全可控的一站式企业级大数据集群云服务，完全兼容开源接口，结合华为云计算、存储优势及大数据行业经验，为客户提供高性能、低成本、灵活易用的全栈大数据平台，轻松运行 Hadoop、Spark、HBase、Kafka、Storm 等大数据组件，并具备在后续根据业务需要进行定制开发的能力，帮助企业快速构建海量数据信息处理系统，并通过对海量数据信息实时与非实时的分析挖掘，发现全新价值点和企业商机。华为云 MRS 的逻辑架构如图 5-1-2 所示。

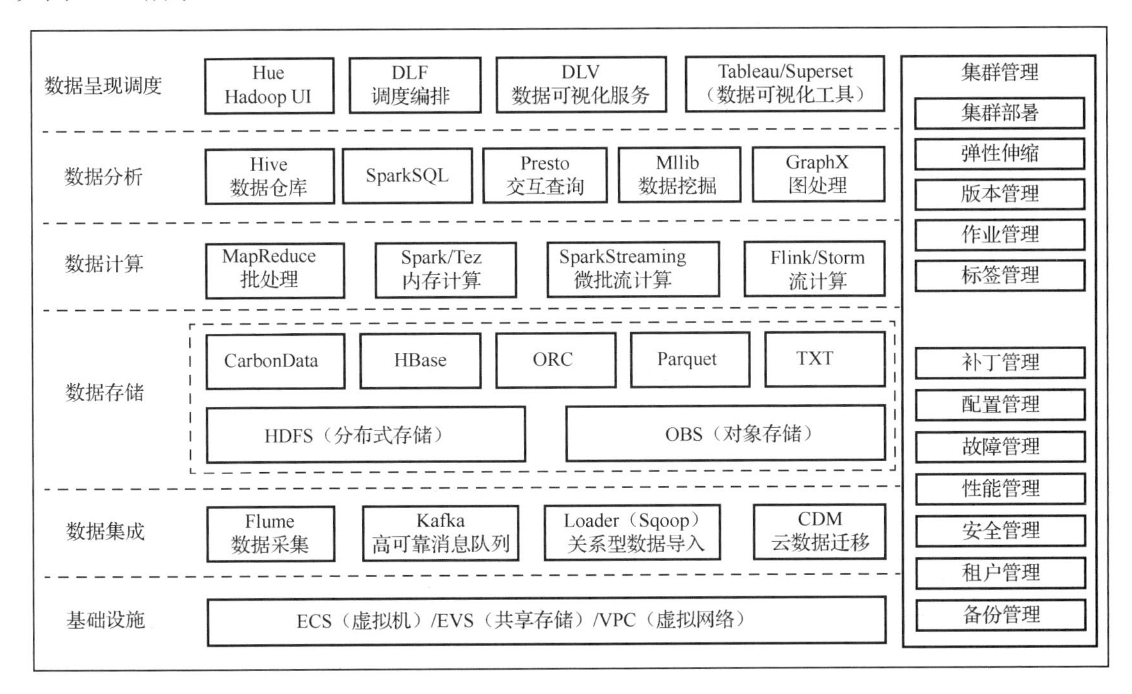

图 5-1-2　MRS 的逻辑架构

MRS 架构包括基础设施和大数据处理流程各个阶段的能力。

① 基础设施。MRS 是基于华为云弹性云服务器 ECS 构建的大数据集群，充分利用了其虚拟化层的高可靠、高安全的能力。虚拟私有云为每个租户提供虚拟的内部网络，默认与其他网络隔离。

云硬盘提供高可靠、高性能的存储。弹性云服务器提供弹性可扩展虚拟机，结合 VPC、安全组、EVS 数据多副本等能力打造一个高效、可靠、安全的计算环境。

② 数据集成。数据集成层提供了数据接入到 MRS 集群的能力，包括 Flume（数据采集）、Loader（关系型数据导入）、Kafka（高可靠消息队列），支持各种数据源导入数据到大数据集群中。

③ 数据存储。MRS 支持结构化和非结构化数据在集群中的存储，并且支持多种高效的格式来满足不同计算引擎的要求。HDFS 是大数据上通用的分布式文件系统。OBS 是对象存储服务，具有高可用、低成本的特点。HBase 支持带索引的数据存储，适合高性能基于索引查询的场景。

④ 数据计算。MRS 提供多种主流计算引擎：MapReduce（批处理）、Tez（DAG 模型）、Spark（内存计算）、SparkStreaming（微批流计算）、Storm（流计算）、Flink（流计

算），满足多种大数据应用场景，将数据进行结构和逻辑的转换，转换成满足业务目标的数据模型。

⑤ 数据分析。基于预设的数据模型，使用易用SQL的数据分析，用户可以选择Hive（数据仓库工具）、SparkSQL以及Presto（交互查询）引擎。

⑥ 数据呈现调度。用于数据分析结果的呈现，并与数据湖工厂（DLF）集成，提供一站式的大数据协同开发平台，帮助用户轻松完成数据建模、数据集成、脚本开发、作业调度、运维监控等多项任务，极大地降低用户使用大数据的门槛，帮助用户快速构建大数据处理中心。

⑦ 集群管理。以Hadoop为基础的大数据生态的各种组件均是以分布式的方式进行部署的，其部署、管理和运维复杂度较高。MRS集群管理提供了统一的运维管理平台，包括一键式部署集群能力，并提供多版本选择，支持运行过程中集群在无业务中断条件下进行扩缩容、弹性伸缩。同时，MRS集群管理还提供了作业管理、资源标签管理，以及对上述数据处理各层组件的运维，并提供监控、告警、配置、补丁升级等一站式运维能力。

任务 5.2 公有云大数据服务 MRS 的使用

任务描述

1. 掌握大数据服务MRS的基础知识
2. 掌握大数据服务MRS的使用

知识学习

MRS服务与自建Hadoop的对比

MapReduce服务为用户提供完全可控的企业级大数据集群云服务，可以轻松运行Hadoop、Spark、HBase、Kafka、Storm等大数据组件，用户无须关注硬件的购买和维护。MRS拥有强大的Hadoop内核团队，基于华为FusionInsight大数据企业级平台构筑，历经行业数万节点部署量的考验，提供多级用户SLA保障。与自建Hadoop集群相比，MRS具有以下优势。

（1）MRS支持一键式创建、删除、扩缩容集群，并通过弹性公网IP便携访问MRS集群管理系统，让大数据集群更加易于使用。

用户自建大数据集群面临成本高、周期长、运维难和不灵活等问题。针对这些问题，MRS提供一键式创建、删除、扩缩容集群的能力，用户可以自主定制集群的类型，组件范围，各类型的节点数、虚拟机规格、可用区、VPC网络、认证信息，MRS可为用户自动创建一个符合配置的集群，全程无须用户参与。同时支持用户快速创建多应用场景集群，如快速创建Hadoop分析集群、HBase集群、Kafka集群。MRS支持部署异构集群，允许在集群中存在不同规格的虚拟机，允许CPU类型、硬盘容量、硬盘类型、内存大小灵活组合。

MRS提供了基于弹性公网IP来便捷访问组件WebUI的安全通道，比用户自己绑定弹性公网 IP 更便捷，只需鼠标操作即可，简化了原先用户需要自己登录虚拟私有云添加安全组规则、获取公网 IP 等步骤，减少了用户的操作步骤。

MRS 提供了自定义引导操作，用户可以以此为入口灵活配置自己的集群，通过引导操作完成自动安装第三方软件、修改集群运行环境等自定义操作。

MRS 支持 WrapperFS 特性，提供 OBS 的翻译能力，兼容 HDFS 到 OBS 的平滑迁移，用户将 HDFS 中的数据迁移到 OBS 后，无须修改客户端的业务代码逻辑，就能访问存储到 OBS 的数据。

（2）MRS 支持自动弹性伸缩，比自建 Hadoop 集群的成本更低。

MRS 可以按业务峰谷自动弹性伸缩，在业务繁忙时申请额外资源，在业务不繁忙时释放闲置资源，让用户按需使用，帮助用户节省大数据平台闲时资源，尽可能地帮助用户降低使用成本，聚焦核心业务。

在大数据应用，尤其是周期性的数据分析处理场景中，常需要根据业务数据的周期变化，动态调整集群计算资源以满足业务需要。MRS 的弹性伸缩规则功能支持根据集群负载变化对集群进行弹性伸缩。此外，如果数据量变化存在周期性规律，并且希望在数据量变化前提前完成集群的扩缩容，可以使用 MRS 的资源计划特性。MRS 服务支持弹性伸缩规则和资源计划两种弹性伸缩策略。

- 弹性伸缩规则：根据集群实时负载变化对 Task 节点数量进行调整，数据量变化后触发扩缩容，有一定的延后性。
- 资源计划：若数据量变化存在周期性规律，则可通过资源计划在数据量变化前提前完成集群的扩缩容，避免出现增加或减少资源的延后。

弹性伸缩规则与资源计划均可触发弹性伸缩，两者既可同时配置也可单独配置。资源计划与基于负载的弹性伸缩规则叠加使用可以使集群节点的弹性更好，足以应对偶尔出现的超出预期的数据峰值。

（3）MRS 支持存算分离。

MRS 通过高性能的计算存储分离架构，打破存算一体架构并行计算的限制，最大化发挥对象存储的高带宽、高并发的特点，对数据访问效率和并行计算深度进行优化（元数据操作、写入算法优化等），实现性能提升。

（4）MRS 支持自研 CarbonData 和自研超级调度器 Superior Scheduler，性能更优。

MRS 支持自研的 CarbonData 存储技术。CarbonData 是一种高性能大数据存储方案，以一份数据同时支持多种应用场景，并通过多级索引、字典编码、预聚合、动态 Partition、准实时数据查询等特性提升 I/O 扫描和计算性能，实现万亿数据分析秒级响应。

MRS 支持自研超级调度器 Superior Scheduler，突破单集群规模瓶颈，单集群调度能力超 10000 节点。Superior Scheduler 是一个专门为 Hadoop YARN 分布式资源管理系统设计的调度引擎，是针对企业客户融合资源池、多租户的业务诉求而设计的高性能企业级调度器。Superior Scheduler 可实现开源调度器、Fair Scheduler 及 Capacity Scheduler 的所有功能。另外，相较于开源调度器，Superior Scheduler 在企业级多租户调度策略、租户内多用户资源隔离和共享、调度性能、系统资源利用率和支持大集群扩展性方面都做了有针对性的增强，让 Superior Scheduler 可直接替代开源调度器。

（5）MRS 基于鲲鹏处理器进行软硬件垂直优化，充分释放硬件算力，实现高性价比。

MRS 支持华为自研鲲鹏服务器，充分利用鲲鹏多核高并发能力，提供芯片级的全栈自主优化能力，使用华为自研的操作系统 EulerOS、华为 JDK 及数据加速层，充分释放硬件算力，为大数据计算提供高算力输出。在性能相当的情况下，端到端的大数据解决方案可使成本下降 30%。

（6）MRS 支持多种隔离模式及企业级的大数据多租户权限管理能力，安全性更高。

MRS 支持资源专属区内部署，专属区内物理资源隔离，用户可以在专属区内灵活地组合计算存储资源，包括专属计算资源+共享存储资源、共享计算资源+专属存储资源、专属计算资源+专属存储资源。MRS 集群内支持逻辑多租，通过权限隔离，对集群的计算、存储、表格等资源按租户划分。

MRS 支持 Kerberos 安全认证，实现了基于角色的安全控制及完善的审计功能。

MRS 支持对接华为云云审计服务（CTS），为用户提供 MRS 资源操作请求及请求结果的操作记录，供用户查询、审计和回溯使用。支持所有集群操作审计，所有用户行为可溯源。

MRS 支持与主机安全服务对接，针对主机安全服务进行过兼容性测试，保证在功能和性能不受影响的情况下，增强服务的安全能力。

MRS 支持基于 WebUI 的统一的用户登录能力，Manager 自带用户认证环节，用户只有通过 Manager 认证才能正常访问集群。

MRS 支持数据存储加密、所有用户账号和密码加密存储、数据通道加密传输、服务模块跨信任区的数据访问支持双向证书认证等能力。

MRS 大数据集群提供了完整的企业级大数据多租户解决方案。多租户是 MRS 大数据集群中的多个资源集合（每个资源集合是一个租户），具有分配和调度资源（资源包括计算资源和存储资源）的能力。多租户将大数据集群的资源隔离成一个个资源集合，彼此互不干扰，用户通过“租用”需要的资源集合来运行应用和作业，并存放数据。在大数据集群上可以存在多个资源集合来支持多个用户的不同需求。

MRS 支持细粒度权限管理，结合华为云 IAM 服务提供的一种细粒度授权的能力，可以精确到具体服务的操作、资源以及请求条件等。基于策略的授权是一种更加灵活的授权方式，能够满足企业对权限最小化的安全管控要求。同时 MRS 支持多租户对 OBS 存储的细粒度权限管理，根据多种用户角色来区分访问 OBS 桶及其内部对象的权限，实现 MRS 用户对 OBS 桶下的目录权限控制。

MRS 支持企业项目管理。企业项目是一种云资源管理方式，企业管理提供面向企业客户的云上资源管理、人员管理、权限管理、财务管理等综合管理服务。区别于管理控制台独立操控、配置云产品的方式，企业管理控制台以面向企业资源管理为出发点，帮助企业以公司、部门、项目等分级管理方式实现企业云上的人员、资源、权限、财务的管理。MRS 支持已开通企业项目服务的用户在创建集群时为集群配置对应的项目，然后使用企业项目管理对 MRS 上的资源进行分组管理。此特性适用于客户针对多个资源进行分组管理，并对相应的企业项目进行诸如权限控制、分项目费用查看等操作的场景。

（7）MRS 管理节点均实现 HA，支持完备的可靠性机制，让系统更加可靠。

MRS 在基于 Apache Hadoop 开源软件的基础上，在主要业务部件的可靠性方面进行了优化和提升。

① 管理节点均实现HA。Hadoop开源版本的数据、计算节点已经按照分布式系统进行设计，单节点故障不影响系统整体运行，而以集中模式运行的管理节点可能出现的单点故障，就成为整个系统可靠性的短板。

MRS对所有业务组件的管理节点都提供了双机机制，包括Manager、Presto、HDFS NameNode、Hive Server、HBase HMaster、YARN Resources Manager、Kerberos Server、Ldap Server等，全部采用主备或负荷分担配置，有效避免了单点故障场景对系统可靠性的影响。

② 完备的可靠性机制。通过可靠性分析方法，梳理软件、硬件异常场景下的处理措施，提升系统的可靠性。

保障意外断电时的数据可靠性，不论是单节点意外断电，还是整个集群意外断电，恢复供电后系统能够正常恢复业务，除非硬盘介质损坏，否则关键数据不会丢失。

硬盘亚健康检测和故障处理，对业务不造成实际影响。

自动处理文件系统的故障，自动恢复受影响的业务。

自动处理进程和节点的故障，自动恢复受影响的业务。

自动处理网络故障，自动恢复受影响的业务。

（8）MRS提供统一的可视化大数据集群管理界面，让运维人员更加轻松。

MRS提供统一的可视化大数据集群管理界面，包括服务启停、配置修改、健康检查等，并提供可视化、便捷的集群管理监控告警功能；支持一键式系统运行健康度巡检和审计，保障系统的正常运行，降低系统运维成本。

MRS联合消息通知服务（SMN），在配置消息通知后，可以实时给用户发送MRS集群健康状态，用户可以通过手机短信或邮箱实时接收到MRS集群变更及组件告警信息，帮助用户轻松运维。

MRS支持滚动补丁升级、可视化补丁发布信息、一键式补丁安装，无须人工干预和暂停业务，保障用户集群长期稳定。

MRS支持运维授权的功能，用户在使用MRS集群的过程中，发生问题可以在MRS页面发起运维授权，由运维人员帮助客户快速定位问题，用户可以随时收回该授权。同时，用户也可以在MRS页面发起日志共享，选择日志范围共享给运维人员，以便运维人员在不接触集群的情况下帮助定位问题。

MRS支持将创建集群失败的日志转存到OBS，便于运维人员获取日志进行分析。

（9）MRS具有开放的生态，支持无缝对接周边服务，快速构建统一大数据平台。

以全栈大数据MRS服务为基础，企业可以一键式构筑数据接入、数据存储、数据分析和价值挖掘的统一大数据平台，并且与数据湖治理中心DGC及数据可视化等服务对接，为客户轻松解决数据通道上云、大数据作业开发调度和数据展现的困难，使客户从复杂的大数据平台构建和专业的大数据调优与维护中解脱出来，更加专注于行业应用，为客户完成一份数据多业务场景使用的诉求。DGC是数据全生命周期一站式开发运营平台，提供数据集成、数据开发、数据治理、数据服务、数据可视化等功能。MRS数据支持连接DGC平台，并基于可视化的图形开发界面、丰富的数据开发类型（脚本开发和作业开发）、全托管的作业调度和运维监控能力，内置行业数据处理pipeline，一键式开发，全流程可视化，支持多人在线协同开发，极大地降低了用户使用大数据的门槛，帮助用户快速构建大数据处理中心，对数据进行治理及开发调度，快速实现数据变现。

MRS 兼容开源大数据生态，结合周边丰富的数据及应用迁移工具，能够帮助客户快速完成自建平台的平滑迁移，整个迁移过程可做到“代码零修改，业务零中断”。

任务实施

1. 公有云自建 Hadoop 实现单词计数

软件版本如表 5-2-1 所示。

表 5-2-1　软件版本

软　件　名	软 件 版 本
OS	CentOS Linux release 7.6.1810 (Core)
Hadoop	apache-hadoop-2.8.1
Flume	apache-flume-1.6.0
JDK	jdk-1.8.0_141
Nginx	nginx-1.16.1
Php	php-5.4.16
Mariadb	mariadb-5.5.44

三台机器均为华为云上购买的 ECS，机器配置是 2vCPU + 4GB Memory + 50GB Disk。

（1）开源 Hadoop 集群搭建。

① 设置主机名为 master，其他两个节点分别设置为 slave-1 和 slave-2。

讲解视频：hadoop 集群搭建（1）

```
[root@localhost ~]# hostnamectl set-hostname master
[root@localhost ~]# bash
[root@master ~]#
```

② 设置 hosts 文件，并将文件远程复制到 slave-1 和 slave-2。

```
[root@master ~]# vim /etc/hosts
192.168.0.128 master
192.168.0.192 slave-1
192.168.0.243 slave-2
[root@master ~]# scp /etc/hosts slave-1:/etc/
[root@master ~]# scp /etc/hosts slave-2:/etc/
```

③ 设置 SSH 无密码登录，并通过 ssh-copy-id 将公钥复制到 slave-1 和 slave-2。

```
[root@master ~]# ssh-keygen
[root@master ~]# ssh-copy-id slave-1
[root@master ~]# ssh-copy-id slave-2
```

④ 三个节点均关闭防火墙和设置为开机不启用。

```
[root@master ~]# systemctl stop firewalld
[root@master ~]# systemctl disable firewalld
```

⑤ 三个节点修改 selinux。

```
[root@master ~]# setenforce 0
[root@master ~]# getenforce Disabled
[root@master ~]#
```

⑥ 上传 hadoop-2.8.1.tar.gz 和 jdk-8u141-linux-x64.tar.gz 的资源包到 master 节点的/root 目录下，检查上传结果。

```
[root@master ~]# ls
anaconda-ks.cfg
data.res.2
hadoopdata
jdk-8u141-linux-x64.tar.gz
testdata.res.1
hadoop-2.8.1.tar.gz
hdfsclient.jar
res.data.1
[root@master ~]#
```

⑦ 分别配置三个节点的 JDK。

```
[root@master ~]#   tar-xvf jdk-8u141-linux-x64.tar.gz -C /usr/local/
[root@master ~]# vi /root/.bash_profileexport
JAVA_HOME=/usr/local/jdk1.8.0_141/export PATH=$JAVA_HOME/bin:$PATH
[root@master ~]#   source /root/.bash_profile
[root@master ~]#   java -version
java version "1.8.0_141"Java(TM) SE Runtime Environment (build 1.8.0_141-b15)Java HotSpot(TM) 64-Bit Server VM (build 25.141-b15, mixed mode)
[root@master ~]#   scp -r /usr/local/jdk1.8.0_141/ root@slave-1:/usr/local/
[root@master ~]#   scp /root/.bash_profile root@slave-1:/root
[root@master ~]#   scp -r /usr/local/jdk1.8.0_141/ root@slave-2:/usr/local/
[root@master ~]#   scp /root/.bash_profile root@slave-2:/root
[root@slave-1 ~]#   source /root/.bash_profile
[root@slave-1 ~]#   java -versionjava version "1.8.0_141"Java(TM) SE Runtime Environment (build 1.8.0_141-b15)Java HotSpot(TM) 64-Bit Server VM (build 25.141-b15, mixed mode)
[root@slave-2 ~]#   source /root/.bash_profile
[root@slave-2 ~]#   java -versionjava version "1.8.0_141"Java(TM) SE Runtime Environment (build 1.8.0_141-b15)Java HotSpot(TM) 64-Bit Server VM (build 25.141-b15, mixed mode)
```

⑧ 在 master 节点解压 Hadoop 的源码包及删除 doc 目录。

```
[root@master ~]# tar-xvf hadoop-2.8.1.tar.gz -C /usr/local/
[root@master ~]# cd /usr/local/hadoop-2.8.1/share/
[root@master share]# rm -rf doc/
```

讲解视频：hadoop 集群搭建（2）

⑨ 配置 Hadoop 的环境变量文件 hadoop-env.sh。

```
[root@master ~]# cd /usr/local/hadoop-2.8.1/etc/hadoop
[root@master hadoop]# vi hadoop-env.sh
```

```
25 export JAVA_HOME=/usr/local/jdk1.8.0_141        (25 表示行号)
```

⑩ 配置 yarn 的环境变量文件 yarn-site.sh。

```
[root@master hadoop]# vi yarn-env.sh
23 export JAVA_HOME=/usr/local/jdk1.8.0_141        (23 表示行号)
```

⑪ 配置 Hadoop 的核心配置文件 core-site.xml。

```
[root@master hadoop]# vi core-site.xml
<configuration>
<property>
<name>fs.defaultFS</name>
<value>hdfs://master:9000</value>
</property>
<property>
<name>hadoop.tmp.dir</name>
<value>/root/hadoopdata</value>
</property>
</configuration>
```

⑫ 配置 HDFS 配置文件 hdfs-site.xml。

```
[root@master hadoop]# vi hdfs-site.xml
<configuration>
<property>
<name>dfs.replication</name>
<value>2</value>
</property>
</configuration>
```

⑬ 配置 yarn 的配置文件 yarn-site.xml。

```
[root@master hadoop]# vi yarn-site.xml
<configuration>
<!-- Site specific YARN configuration properties -->
<property>
<name>yarn.nodemanager.aux-services</name>
<value>mapreduce_shuffle</value>
</property>
<property>
<name>yarn.resourcemanager.address</name>
<value>master:18040</value>
</property>
<property>
<name>yarn.resourcemanager.scheduler.address</name>
<value>master:18030</value>
</property>
<property>
<name>yarn.resourcemanager.resource-tracker.address</name>
<value>master:18025</value>
```

```
</property>
<property>
<name>yarn.resourcemanager.admin.address</name>
<value>master:18141</value>
</property>
<property>
<name>yarn.resourcemanager.webapp.address</name>
<value>master:18088</value>
</property>
</configuration>
```

⑭ 配置 mapreduce 计算框架 mapred-site.xml。

```
[root@master hadoop]# cp mapred-site.xml.template mapred-site.xml
[root@master ~]# vi mapred-site.xml
<configuration>
<property>
<name>mapreduce.framework.name</name>
<value>yarn</value>
</property>
</configuration>
```

⑮ 配置从节点配置文件 slaves。

```
[root@master hadoop]# vi slaves
slave-1
slave-2
```

⑯ 将 hadoop 的源码包复制到 slave-1 节点和 slave-2 节点。

```
[root@master ~]# scp -r /usr/local/hadoop-2.8.1 / root@slave-1:/usr/local/hadoop-2.8.1/
[root@master ~]# scp -r /usr/local/hadoop-2.8.1 / root@slave-2:/usr/local/hadoop-2.8.1/
```

⑰ 分别配置三个节点的环境变量文件。

```
[root@master ~]# vi /root/.bash_profile
export
export JAVA_HOME=/usr/local/jdk1.8.0_141/
export HADOOP_HOME=/usr/local/hadoop-2.8.1/
export PATH=$JAVA_HOME/bin:$HADOOP_HOME/bin:
$HADOOP_HOME/sbin:$PATH
[root@master ~]# source /root/.bash_profile
[root@master ~]# scp /root/.bash_profile root@slave-1:/root/
[root@master ~]# scp /root/.bash_profile root@slave-2:/root/
[root@slave-1 ~]# source /root/.bash_profile
[root@slave-2 ~]# source /root/.bash_profile
```

⑱ 分别在三个节点创建 Hadoop 临时数据目录。

```
[root@master ~]# mkdir /root/hadoopdata
[root@slave-1 ~]# mkdir /root/hadoopdata
[root@slave-2 ~]# mkdir /root/hadoopdata
```

⑲ 在 master 节点格式化 namenode。

```
[root@master ~]# hdfs namenode -format
```

⑳ 在 master 节点启动 Hadoop 集群。

```
[root@master ~]# start-all.sh
```

㉑ 分别在三个节点查看 Hadoop 的进程。

```
[root@master ~]# jps
18496 SecondaryNameNode
18310 NameNode
18649 ResourceManager
18910 Jps
[root@slave-1 ~]# jps
17984 NodeManager
18100 Jps
17883 DataNode
[root@slave-2 ~]# jps
17132 NodeManager
17125 Jps
17531 DataNode
```

㉒ 通过浏览器访问 HDFS 和 yarn 的 Web 管理项目。

访问 HDFS 文件系统的 Web 管理项目：http://masterIP:50070，如图 5-2-1 所示。

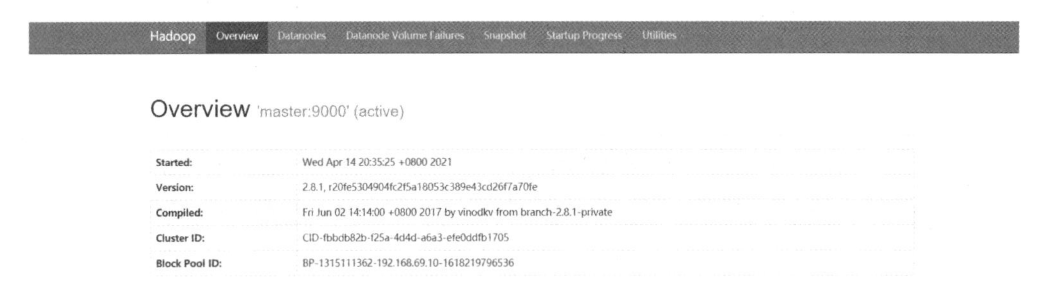

图 5-2-1　访问 HDFS 文件系统的 Web 管理项目

访问 yarn 资源调度平台的 Web 管理项目：http://masterIP:8088，如图 5-2-2 所示。

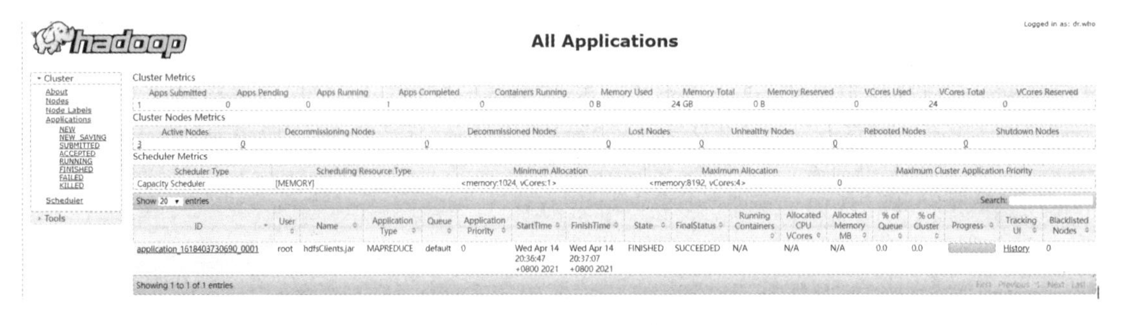

图 5-2-2　访问 yarn 资源调度平台的 Web 管理项目

㉓ 通过 mapreduce 任务检验 hadoop 集群。

```
[root@master ~]# cd /usr/local/hadoop-2.8.1/share/hadoop/mapreduce/
[root@master mapreduce]# hadoop jar hadoop-mapreduce-examples-2.8.1.jar pi 10 10
21/04/14 11:13:06 INFO mapreduce.Job: Running job: job_1618403730690_0003
21/04/14 11:13:12 INFO mapreduce.Job: Job job_1618403730690_0003 running in uber mode : false
21/04/14 11:13:12 INFO mapreduce.Job:  map 0% reduce 0%
21/04/14 11:13:19 INFO mapreduce.Job:  map 20% reduce 0%
21/04/14 11:13:38 INFO mapreduce.Job:  map 20% reduce 7%
21/04/14 11:15:03 INFO mapreduce.Job:  map 40% reduce 7%
21/04/14 11:15:04 INFO mapreduce.Job:  map 70% reduce 7%
21/04/14 11:15:14 INFO mapreduce.Job:  map 100% reduce 7%
21/04/14 11:15:45 INFO mapreduce.Job:  map 100% reduce 100%
21/04/14 11:15:46 INFO mapreduce.Job: Job job_1618403730690_0003 completed successfully
Job Finished in 161.318 seconds
Estimated value of Pi is 3.20000000000000000000
```

（2）用 Flume 采集 wordpress 日志数据。

在项目 4 中我们使用 LNMP 架构搭建 WordPress 开源博客系统。这里我们使用 Flume 数据采集工具采集 WordPress 产生的用户访问日志数据，将其存储到 HDFS 文件系统。

Hadoop 业务的整体开发流程如图 5-2-3 所示。

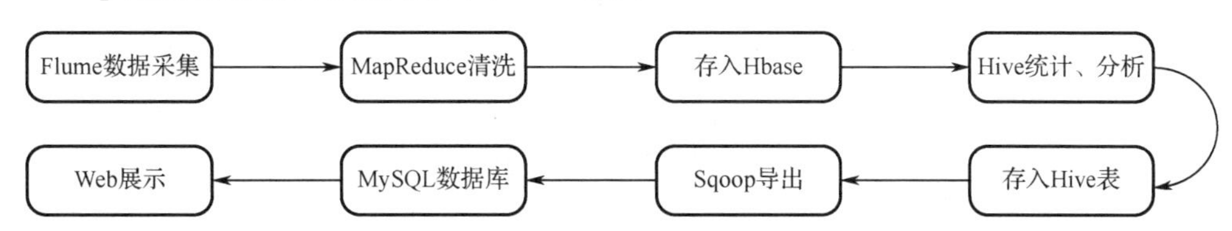

图 5-2-3　Hadoop 业务的整体开发流程

从 Hadoop 的业务开发流程可以看出，在大数据的业务处理过程中，对数据的采集是十分重要的一步，也是不可避免的一步。许多公司的平台每天会产生大量的日志（一般为流式数据，如搜索引擎的 pv、查询等），处理这些日志需要特定的日志系统，一般而言，这些系统需要具有以下特征。

- 构建应用系统和分析系统的桥梁，并将它们之间的关联解耦。
- 支持近实时的在线分析系统和类似于 Hadoop 之类的离线分析系统。
- 具有高可扩展性，当数据量增加时，可以通过增加节点进行水平扩展。

Flume 作为 cloudera 开发的实时日志收集系统，受到了业界的认可与广泛应用。Flume 初始的发行版本目前被统称为 Flume OG（Original Generation），属于 cloudera。但随着 FLume 功能的扩展，Flume OG 代码工程臃肿、核心组件设计不合理、核心配置不标准等缺点暴露出来，尤其是在 Flume OG 的最后一个发行版本 0.9.4 中，日志传输不稳定的现象尤为严重，为了解决这些问题，2011 年 10 月 22 号，cloudera 完成了 Flume-728，对 Flume 进行了里程碑式的改动：重构核心组件、核心配置及代码架构，重构后的版本统称为 Flume NG（Next Generation）。改动的另一个原因是将 Flume 纳入 apache 旗下，cloudera Flume 改名为 Apache Flume。

Flume 是一个分布式、可靠、高可用的海量日志采集、聚合和传输系统，支持在日志系统中定制各类数据发送方，用于收集数据；同时，Flume 提供对数据进行简单处理并写到各种数据接受方（如文本、HDFS、Hbase 等）的能力。

Flume 的数据流由事件（Event）贯穿始终。事件是 Flume 的基本数据单位，它携带日志数据（字节数组形式）并且有头信息，这些 Event 由 Agent 外部的 Source 生成，当 Source 捕获事件后会进行特定的格式化，然后 Source 会把事件推入（单个或多个）Channel 中。Channel 可以被看作一个缓冲区，它将保存事件直到 Sink 处理完该事件。Sink 负责持久化日志或者把事件推向另一个 Source。

Flume 运行的核心是 Agent。Flume 以 Agent 为最小的独立运行单位。一个 Agent 就是一个 JVM。它是一个完整的数据收集工具，含有三个核心组件，分别是 Source、Channel、Sink。通过这些组件，Event 可以从一个地方流向另一个地方。Flume 的运行模式如图 5-2-4 所示。

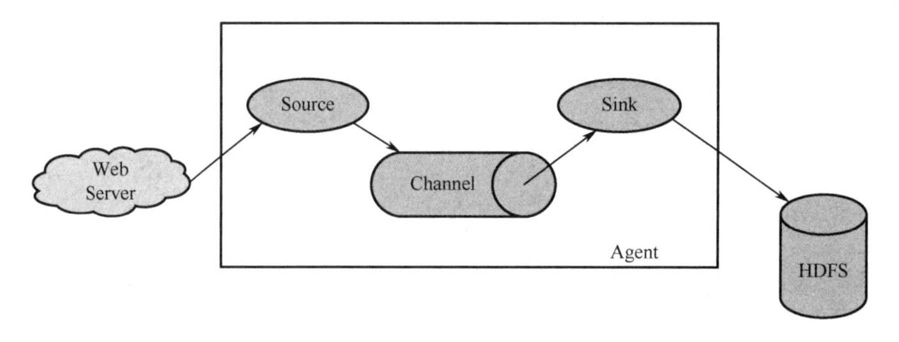

图 5-2-4　Flume 运行模式

① 查看 nginx 的日志数据。

```
[root@slave-1 ~]# cd /var/log/nginx/
[root@slave-1 nginx]# head -10 access.log
192.168.69.1 - - [13/Apr/2021:18:32:12 -0400] "GET /wp-includes/js/jquery/jquery.js?ver=1.12.4 HTTP/1.1" 200 97184 "http://192.168.69.20/wp-admin/install.php" "Mozilla/5.0 (Windows NT 10.0; WOW64) AppleWebKit/537.36 (KHTML, like Gecko) Chrome/72.0.3626.121 Safari/537.36" "-"
192.168.69.1 - - [13/Apr/2021:18:32:12 -0400] "GET /wp-includes/js/jquery/jquery-migrate.min.js?ver=1.4.1 HTTP/1.1" 200 10056 "http://192.168.69.20/wp-admin/install.php" "Mozilla/5.0 (Windows NT 10.0; WOW64) AppleWebKit/537.36 (KHTML, like Gecko) Chrome/72.0.3626.121 Safari/537.36" "-"
192.168.69.1 - - [13/Apr/2021:18:32:12 -0400] "GET /wp-includes/js/zxcvbn-async.min.js?ver=1.0 HTTP/1.1" 200 324 "http://192.168.69.20/wp-admin/install.php" "Mozilla/5.0 (Windows NT 10.0; WOW64) AppleWebKit/537.36 (KHTML, like Gecko) Chrome/72.0.3626.121 Safari/537.36" "-"
192.168.69.1 - - [13/Apr/2021:18:32:12 -0400] "GET /wp-admin/js/password-strength-meter.min.js?ver=4.7.3 HTTP/1.1" 200 784 "http://192.168.69.20/wp-admin/install.php" "Mozilla/5.0 (Windows NT 10.0; WOW64) AppleWebKit/537.36 (KHTML, like Gecko) Chrome/72.0.3626.121 Safari/537.36" "-"
192.168.69.1 - - [13/Apr/2021:18:32:12 -0400] "GET /wp-includes/js/underscore.min.js?ver=1.8.3 HTTP/1.1" 200 16410 "http://192.168.69.20/wp-admin/install.php" "Mozilla/5.0 (Windows NT 10.0; WOW64) AppleWebKit/537.36 (KHTML, like Gecko) Chrome/72.0.3626.121 Safari/537.36" "-"
```

② 将 Flume 的安装包上传到服务器并解压。

```
[root@slave-1 ~]# tar-xvf apache-flume-1.6.0-bin.tar.gz
```

③ 配置环境变量文件。

```
[root@slave-1 ~]# vi .bash_profile
export  PATH
export  JAVA_HOME=/usr/local/jdk1.8.0_141
export  HADOOP_HOME=/usr/local/hadoop-2.8.1
export  FLUME_HOME=/root/flume-1.6.0
export  PATH=$JAVA_HOME/bin:$HADOOP_HOME/bin:$HADOOP_HOME/sbin:$FLUME_HOME/bin:
$PATH
[root@slave-1 ~]# source  .bash_profile
```

④ 配置 Flume 的文件。

```
[root@slave-1 ~]# vi log-example.conf
#定义三大组件的名称
ag1.sources = source1
ag1.sinks = sink1
ag1.channels = channel1
# 配置 source 组件
ag1.sources.source1.type = exec
ag1.sources.source1.command = tail -F /var/log/nginx/access.log
ag1.sources.source1.fileSuffix=xiandian-sec
ag1.sources.source1.deserializer.maxLineLength=5120
# 配置 sink 组件
ag1.sinks.sink1.type = hdfs
ag1.sinks.sink1.hdfs.path =hdfs://master:9000/yunjisuan2/file/
ag1.sinks.sink1.hdfs.filePrefix = xiandian-sec
ag1.sinks.sink1.hdfs.fileSuffix = .log
ag1.sinks.sink1.hdfs.batchSize= 100
ag1.sinks.sink1.hdfs.fileType = DataStream
ag1.sinks.sink1.hdfs.writeFormat =Text
## roll：滚动切换：控制写文件的切换规则
ag1.sinks.sink1.hdfs.rollSize = 512000
ag1.sinks.sink1.hdfs.rollCount = 1000000
ag1.sinks.sink1.hdfs.rollInterval = 60
## 控制生成目录的规则
ag1.sinks.sink1.hdfs.round = true
ag1.sinks.sink1.hdfs.roundValue = 10
ag1.sinks.sink1.hdfs.roundUnit = minute
ag1.sinks.sink1.hdfs.useLocalTimeStamp = true
# channel 组件配置
ag1.channels.channel1.type = memory
ag1.channels.channel1.capacity = 500000
ag1.channels.channel1.transactionCapacity = 100
# 绑定 source、channel 和 sink 之间的连接
```

```
ag1.sources.source1.channels = channel1
ag1.sinks.sink1.channel = channel1
```

⑤ 启动 Flume，采集 nginx 的日志数据到 HDFS 文件系统的/yunjisuan2/file/目录下。

```
[root@slave-1 ~]# flume-ng agent -c flume-1.6.0/conf/ -f log-example.conf -n ag1
```

⑥ 查看 HDFS 文件系统上的日志数据。

```
[root@slave-1 ~]# hdfs dfs -cat /yunjisuan1/file/xiandian-sec.1618364563193.log
192.168.69.1 - - [13/Apr/2021:20:41:39 -0400] "POST /wp-admin/admin-ajax.php HTTP/1.1" 200 58 "http://192.168.69.30/wp-admin/options-media.php" "Mozilla/5.0 (Windows NT 10.0; WOW64) AppleWebKit/537.36 (KHTML, like Gecko) Chrome/72.0.3626.121 Safari/537.36" "-"
192.168.69.1 - - [13/Apr/2021:20:43:39 -0400] "POST /wp-admin/admin-ajax.php HTTP/1.1" 200 58 "http://192.168.69.30/wp-admin/options-media.php" "Mozilla/5.0 (Windows NT 10.0; WOW64) AppleWebKit/537.36 (KHTML, like Gecko) Chrome/72.0.3626.121 Safari/537.36" "-"
192.168.69.1 - - [13/Apr/2021:20:45:39 -0400] "POST /wp-admin/admin-ajax.php HTTP/1.1" 200 58 "http://192.168.69.30/wp-admin/options-media.php" "Mozilla/5.0 (Windows NT 10.0; WOW64) AppleWebKit/537.36 (KHTML, like Gecko) Chrome/72.0.3626.121 Safari/537.36" "-"
192.168.69.1 - - [13/Apr/2021:20:47:39 -0400] "POST /wp-admin/admin-ajax.php HTTP/1.1" 200 58 "http://192.168.69.30/wp-admin/options-media.php" "Mozilla/5.0 (Windows NT 10.0; WOW64) AppleWebKit/537.36 (KHTML, like Gecko) Chrome/72.0.3626.121 Safari/537.36" "-"
```

（3）用 MapReduce 实现单词计数。

对 HDFS 上存储的日志数据进行分析，统计每个用户访问 WordPress 博客的次数。

① 首先将 MapReduce 的 jar 包及其依赖包导入 idea 项目下，如图 5-2-5 所示。

hadoop-mapreduce-client-app-2.8.1...	2017/6/2 14:24	Executable Jar File	550 KB
hadoop-mapreduce-client-common-...	2017/6/2 14:24	Executable Jar File	765 KB
hadoop-mapreduce-client-core-2.8....	2017/6/2 14:24	Executable Jar File	1,535 KB
hadoop-mapreduce-client-hs-2.8.1.jar	2017/6/2 14:24	Executable Jar File	191 KB
hadoop-mapreduce-client-hs-plugin...	2017/6/2 14:24	Executable Jar File	31 KB
hadoop-mapreduce-client-jobclient-...	2017/6/2 14:24	Executable Jar File	66 KB
hadoop-mapreduce-client-jobclient-...	2017/6/2 14:24	Executable Jar File	1,550 KB
hadoop-mapreduce-client-shuffle-2....	2017/6/2 14:24	Executable Jar File	74 KB

图 5-2-5　上传 jar 包及其依赖包

② 编写 MapReduce 程序，统计每个用户访问博客系统的次数。

```
package com.data;
import org.apache.hadoop.conf.Configuration;
import org.apache.hadoop.fs.Path;
import org.apache.hadoop.io.IntWritable;
import org.apache.hadoop.io.LongWritable;
import org.apache.hadoop.io.Text;
import org.apache.hadoop.mapreduce.Mapper;
import org.apache.hadoop.mapreduce.Reducer;
import org.apache.hadoop.mapreduce.Job;
import org.apache.hadoop.mapreduce.lib.input.FileInputFormat;
import org.apache.hadoop.mapreduce.lib.output.FileOutputFormat;
```

```
import java.io.IOException;
public class WordCountDriver {
public static class WordCountMapper    extends Mapper<LongWritable, Text,Text, IntWritable> {
@Override
protected void map(LongWritable key, Text value, Context context) throws IOException, InterruptedException {
String line = value.toString();
String[] words = line.split(" ");
context.write(new Text(words[0]),new IntWritable(1));
}
}
public static class WordCountReducer extends Reducer<Text, IntWritable,Text,IntWritable> {
@Override
protected void reduce(Text key, Iterable<IntWritable> values, Context context) throws IOException,
InterruptedException {
int sum = 0 ;
for (IntWritable value : values) {
sum+= value.get() ;
}
context.write(key,new IntWritable(sum));
}
}
public static void main(String[] args) throws Exception {
Job job = Job.getInstance(new Configuration());
job.setJarByClass(WordCountDriver.class);
job.setMapperClass(WordCountMapper.class);
job.setReducerClass(WordCountReducer.class);
job.setMapOutputKeyClass(Text.class);
job.setMapOutputValueClass(IntWritable.class);
job.setOutputKeyClass(Text.class);
job.setOutputValueClass(IntWritable.class);
job.setNumReduceTasks(1);
FileInputFormat.setInputPaths(job,new Path("/access.log"));
FileOutputFormat.setOutputPath(job,new Path("/output"));
boolean b = job.waitForCompletion(true);
System.exit(b?0:1);
}
}
```

③ 生成 jar 包，提交到 yarn 集群并查看结果。

```
[root@slave-1 ~]# hadoop jar hdfsClients.jar com.huawei.DriverFlow
```

2. 公有云 MRS 实现单词计数

讲解视频：公有云 MRS 实现单词计数（1）

（1）上传 MapReduce 程序文件与 wordcount 计数文档到 OBS。

① 准备两个数据文件 wordcount1.txt 和 wordcount2.txt。

② 进入华为云管理控制台，在“服务列表”中选择“存储”→“对

象存储服务”菜单命令，单击“创建桶”按钮，设置桶名为 mrs-wordcount0401，其他选项采用默认设置，最后单击“立即创建”按钮。

③ 单击桶 mrs-wordcount0401，在对象中新建文件夹 input 和 program。

④ 将数据文件 wordcount1.txt 和 wordcount2.txt 上传到 input 文件夹，将 MapReduce 程序文件 hadoop-mapreduce-examples-2.7.3.2.6.1.0-129.jar 上传到 program 文件夹，完成结果如图 5-2-6 所示。

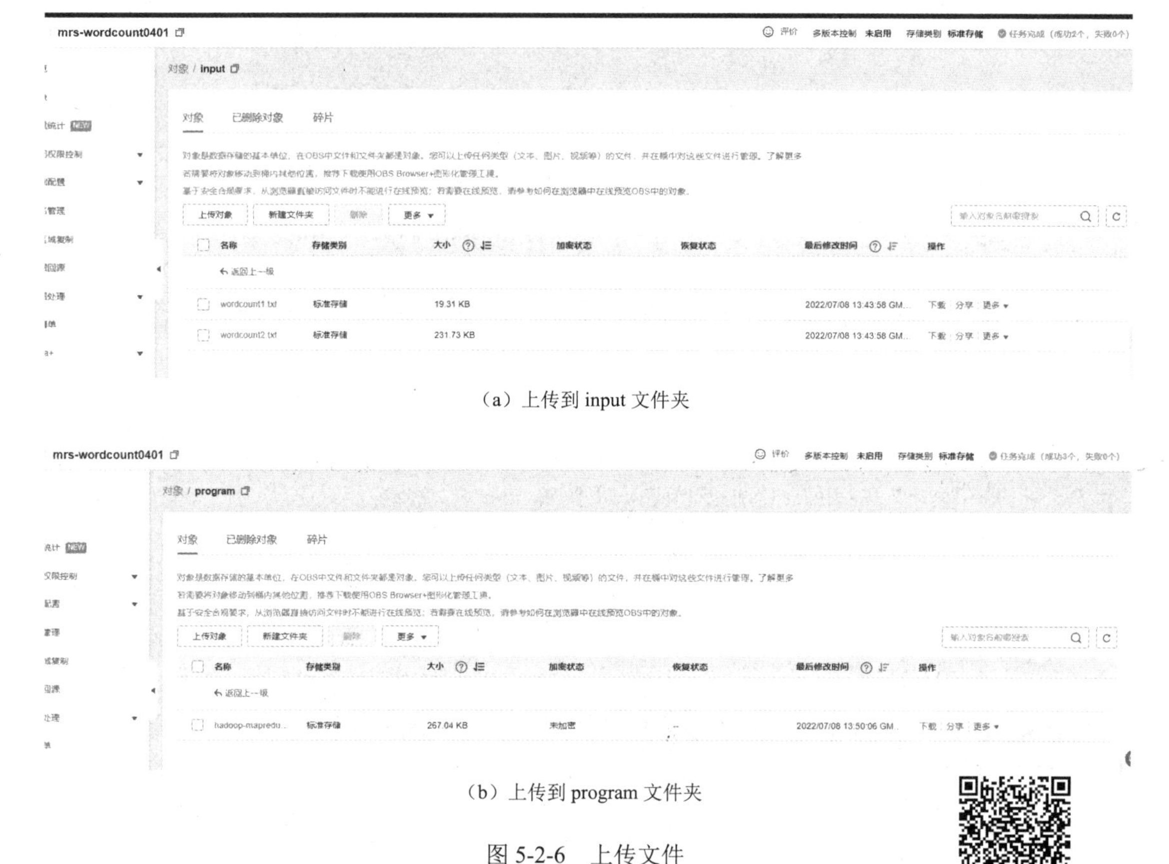

（a）上传到 input 文件夹

（b）上传到 program 文件夹

图 5-2-6　上传文件

讲解视频：公有云 MRS 实现单词计数（2）

（2）购买 MRS 集群。

① 进入华为云管理控制台，在“服务列表”中选择“MapReduce 服务 MRS”菜单命令，单击“购买集群”按钮，选择自定义购买，配置集群名称为 mrs-demo，其他选项采用默认设置。

② 单击“下一步”按钮，计费模式选择“按需计费”，其他选项采用默认设置，如图 5-2-8 所示。

③ 单击“下一步”按钮，创建主题，关闭 Kerberos 认证，配置 admin 用户的密码，配置 root 用户的密码，其他选项采用默认设置，如图 5-2-9 所示。

④ 配置完成后，单击“立即购买”按钮，配置集群过程需要几十分钟时间，创建成功后集群状态将会更新为“运行中”。

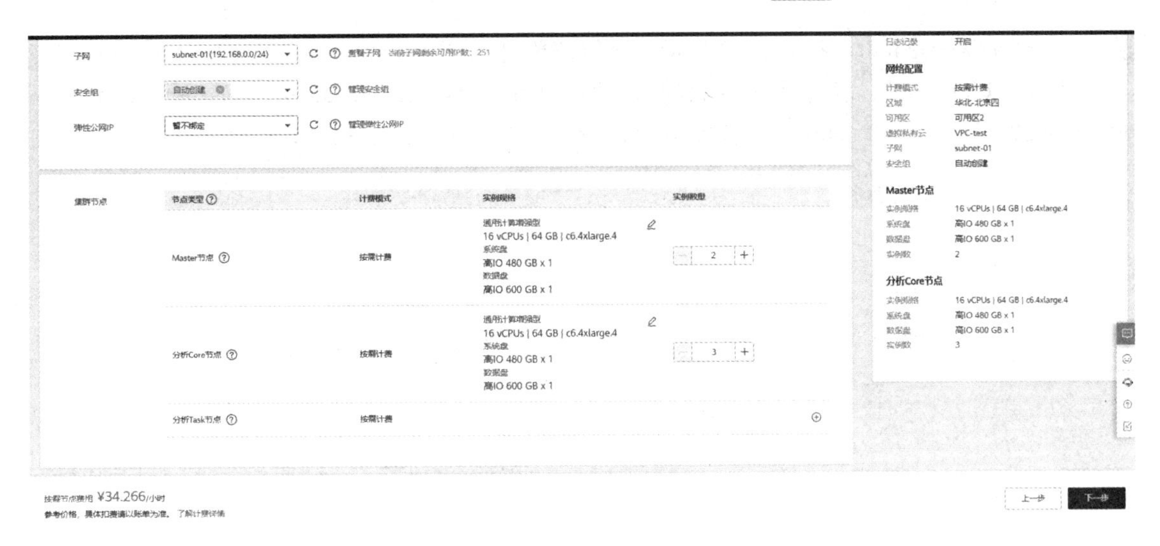

图 5-2-8 配置集群

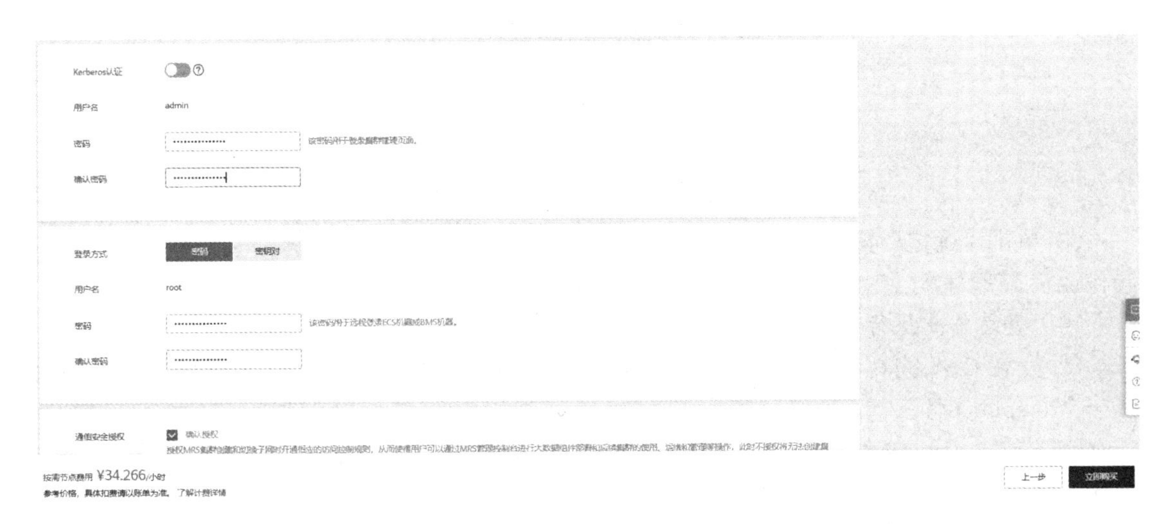

图 5-2-9 创建主题

（3）提交 wordcount 作业。

① 在 MRS 控制台左侧导航栏选择“集群列表”→“现有集群”菜单命令，单击名称为 mrs_demo 的集群。

② 在概览界面，查看基本信息中的 IAM 用户同步是否同步，如果未同步，单击按钮同步用户，如图 5-2-10 所示。

图 5-2-10 同步 IAM 用户

③ 在页面左侧菜单栏选择“作业管理”，单击“添加作业”按钮，作业类型选择 MapReduce，

作业名称为 wordcount，执行程序路径选择 OBS 中上传的 hadoop-mapreduceexamples-2.7.3.2.6.1.0-129.jar 文件，执行程序参数输入 wordcount obs://mrswordcount0401/input/obs://mrs-wordcount0401/output/，output 为作业输出目录（不存在），如图 5-2-11 所示。

图 5-2-11　添加 wordcount 作业

④ 单击“确定”按钮提交作业，作业提交成功需要等待几分钟，程序会自动完成作业，当作业状态变为“已完成”时 wordcount 作业执行完成。

（4）查看作业执行结果。

① 登录 OBS 控制台，进入 mrs-wordcount0401 桶，会发现 mrs-wordcount0401 桶中多出了一个 output 文件夹。

② 进入 output 文件夹，能够看到作业执行结果单词计数文件 part-r-00000，单击“下载”按钮，将文件夹中的 part-r-00000 文件下载到本地。

③ 用写字板打开 part-r-00000 文件，可以看到 MapReduce 程序已经完成数据文件中的单词计数，如图 5-2-12 所示。

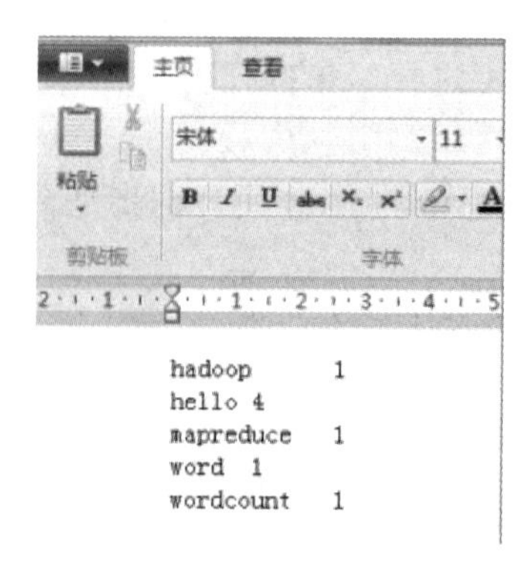

图 5-2-12　单词计数

任务 5.3 公有云大数据服务 DWS 的使用

任务描述

1. 掌握大数据服务 DWS 的基础知识
2. 掌握大数据服务 DWS 的使用方法

知识学习

1. 数据仓库服务 DWS 相关概念

数据仓库服务 GaussDB（DWS）是一种基于公有云基础架构和平台的在线数据处理数据库，提供即开即用、可扩展且完全托管的分析型数据库服务。GaussDB（DWS）是基于华为融合数据仓库 GaussDB 产品的云原生服务，兼容标准 ANSI SQL 99 和 SQL 2003，同时兼容 PostgreSQL/Oracle 数据库生态，为各行业 PB 级海量大数据分析提供有竞争力的解决方案。

GaussDB（DWS）可广泛应用于金融、车联网、政企、电商、能源、电信等多个领域，相比于传统数据仓库，性价比提升数倍，具备大规模扩展能力和企业级可靠性。

2. 数据仓库服务 DWS 产品架构

GaussDB（DWS）基于 Shared-nothing 分布式架构，具备 MPP 大规模并行处理引擎，由众多拥有独立且互不共享的 CPU、内存、存储等系统资源的逻辑节点组成。在这样的系统架构中，业务数据被分散存储在多个节点上，数据分析任务被推送到数据所在位置就近执行，并行地完成大规模的数据处理工作，实现对数据处理的快速响应，如图 5-3-1 所示。

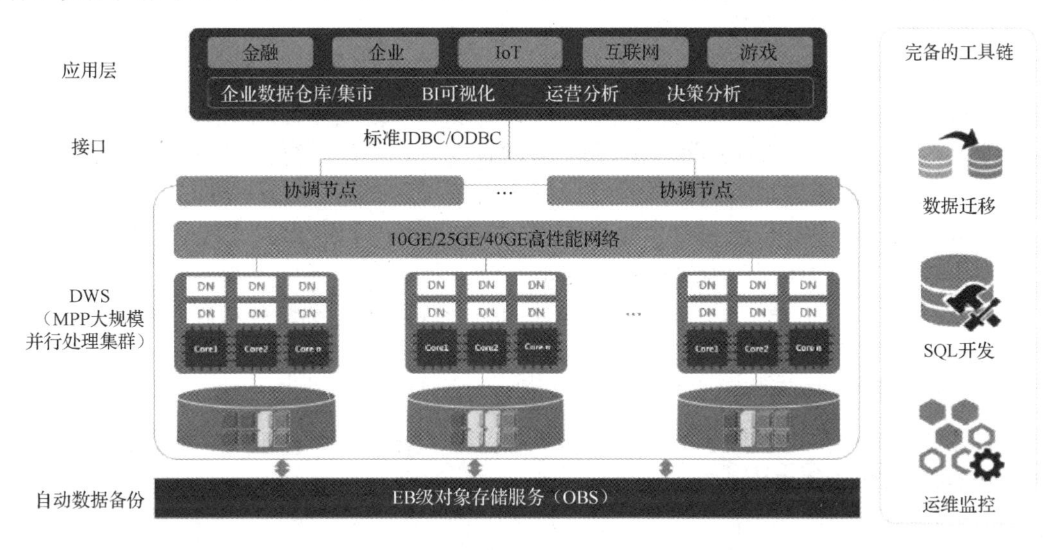

图 5-3-1 DWS 产品架构

3．数据仓库服务 DWS 应用场景

（1）数据仓库迁移。

数据仓库是企业的重要数据分析系统，随着业务量的增长，自建数据仓库的性能逐渐不能满足实际要求，同时扩展性差、成本高，也使扩容极为困难。GaussDB（DWS）作为云上企业级数据仓库，具备高性能、低成本、易扩展等特性，可以满足大数据时代企业数据仓库业务诉求。

（2）大数据融合分析。

随着 IT、信息技术的发展和进步，数据资源已经成为企业的核心资源。整合数据资源，构建大数据平台，发现数据价值，成为企业经营的新趋势和迫切诉求。GaussDB（DWS）可以从海量数据中快速挖掘“价值”，助力客户实现预测性分析。

（3）增强型 ETL 和实时 BI 分析。

数据仓库在整个 BI 系统中扮演着支柱角色，更是海量数据收集、存储、分析的核心，为 IoT、金融、教育、移动互联网、O2O（Online to Offline）等行业提供强大的商业决策分析支持。

（4）实时数据分析。

在移动互联网、IoT 场景下会产生大量的实时数据，为了快速获取数据价值，需要对数据进行实时分析。GaussDB（DWS）的快速入库和查询能力可支持实时数据分析。

4．数据仓库服务 DWS 产品优势

GaussDB（DWS）数据库内核使用华为自主研发的 GaussDB 数据库，兼容 PostgreSQL 9.2.4 的数据库内核引擎，从单机 OLTP 数据库改造为企业级 MPP（大规模并行处理）架构的 OLAP 分布式数据库，主要面向海量数据分析场景。

GaussDB（DWS）与传统数据仓库相比，主要有以下特点与显著优势，可解决多行业超大规模数据处理与通用平台管理问题。

（1）易使用。

① 一站式可视化便捷管理。GaussDB（DWS）让用户能够轻松完成从项目概念到生产部署的整个过程。通过使用 GaussDB（DWS）管理控制台，用户不需要安装数据仓库软件，也不需要部署数据仓库服务器，就可以在几分钟之内获得高性能、高可靠的企业级数据仓库集群。用户只需点击几下鼠标，就可以轻松完成应用程序与数据仓库的连接、数据备份、数据恢复、数据仓库资源和性能监控等运维管理工作。

② 与大数据无缝集成。用户可以使用标准 SQL 查询 HDFS、对象存储服务上的数据，无须搬迁数据。

③ 提供一键式异构数据库迁移工具。

GaussDB（DWS）提供配套的迁移工具，可支持 MySQL、Oracle 和 Teradata 的 SQL 脚本迁移到 GaussDB（DWS）。

（2）高性能。

① 云化分布式架构。GaussDB（DWS）采用全并行的 MPP 架构数据库，业务数据被分散存储在多个节点上，数据分析任务被推送到数据所在位置就近执行，能够并行地完成大规

模的数据处理工作，实现对数据处理的快速响应。

② 查询高性能，万亿数据秒级响应。GaussDB（DWS）后台通过算子多线程并行执行、向量化计算引擎实现指令在寄存器中并行执行，以及 LLVM 动态编译减少查询时冗余的条件逻辑判断，助力数据查询性能的提升。GaussDB（DWS）支持行列混合存储，可以同时为用户提供更优的数据压缩比（列存）、更好的索引性能（列存）、更好的点更新和点查询（行存）性能。

③ 数据加载快。GaussDB（DWS）提供了 GDS 极速并行大规模数据加载工具。

（3）易扩展。

① 按需扩展。GaussDB（DWS）采用 Shared-Nothing 开放式架构，可随时根据业务情况增加节点，扩展系统的数据存储能力，提升查询分析性能。

② 扩容后性能线性提升。容量和性能随集群规模线性提升，线性比为 0.8。

③ 扩容不中断业务。在扩容过程中支持数据增、删、改、查及 DDL 操作（Drop/Truncate/Alter table），支持表级别在线扩容技术，扩容期间业务不中断、无感知。

（4）高可靠。

① ACID。支持分布式事务 ACID（Atomicity，Consistency，Isolation，Durability），保证数据强一致。GaussDB（DWS）所有的软件进程均有主备保证，集群的协调节点（CN）、数据节点（DN）等逻辑组件全部有主备保证，能够保证在任意单点发生物理故障的情况下系统依然能够保证数据可靠、一致，同时还能对外提供服务。

② 安全。GaussDB（DWS）支持数据透明加密，同时可与数据库安全服务（DBSS）对接，基于网络隔离及安全组规则，保护系统和用户隐私及数据安全。GaussDB（DWS）还支持自动数据全量、增量备份，提升数据可靠性。

（5）低成本。

① 按需付费。GaussDB（DWS）按实际使用量和使用时长计费。用户需要支付的费用很低，只需为实际消耗的资源付费。

② 门槛低。用户无须前期投入较多固定成本，可以从低规格的数据仓库实例起步，以后随时根据业务情况弹性伸缩所需资源，按需开支。

数据仓库服务 DWS 产品优势如图 5-3-2 所示。

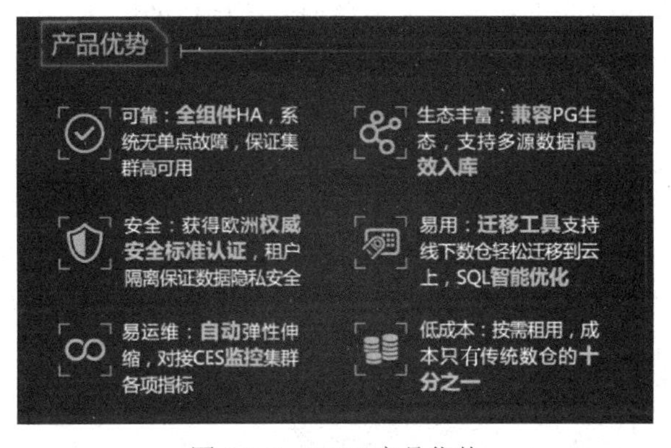

图 5-3-2 DWS 产品优势

5. DWS 与其他云服务的关系

（1）与统一身份认证服务的关系。

数据仓库服务使用统一身份认证服务（Identity and Access Management，简称 IAM）实现认证和鉴权功能。只有拥有 DWS Administrator 权限的用户才能完整使用数据仓库服务。如需开通该权限，可以联系拥有 Security Administrator 权限的用户或者申请新的具有 DWS Administrator 权限的用户。拥有 DWS Database Access 权限的用户，可以基于 IAM 用户生成临时数据库用户凭证以连接 GaussDB（DWS）集群数据库。

（2）与弹性云服务器的关系。

数据仓库服务使用弹性云服务器作为集群的节点，每个弹性云服务器是集群中的一个节点。

（3）与虚拟私有云的关系。

数据仓库服务使用虚拟私有云为集群提供网络拓扑，实现多个不同集群互相隔离并控制访问。

（4）与对象存储服务的关系。

数据仓库服务使用对象存储服务作为集群数据与外部数据相互转化的一个方法，满足安全、高可靠和低成本的存储需求。

（5）与 MapReduce 服务的关系。

数据仓库服务使用 MapReduce 服务将数据从 MRS 迁移到 GaussDB（DWS）集群，实现海量数据通过 Hadoop 处理后使用 GaussDB（DWS）进行分析查询。

（6）与云监控的关系。

数据仓库服务使用云监控（Cloud Eye）监控集群中的多项性能指标，从而集中高效地呈现状态信息。云监控支持发送自定义告警，用户可以即时获取异常通知。

6. 数据仓库服务 DWS 成功案例

［案例 1］中国工商银行新一代融合数仓。

工商银行在转型大数据云服务的过程中，与华为进行 GaussDB 联合创新，实现 PB 级数据的迁移，率先完成金融行业大数据平台的转型。由传统的一体机模式升级为开放、可扩展的分布式架构，性能大幅提升，助力全行数据服务向智能时代跃进。

［案例 2］广联达一站式存储和分析平台。

广联达是全国领先的数字建筑平台服务商，旨在用科技让每一个工程项目获得成功。广联达采用华为云数据仓库服务 GaussDB（DWS）全面替换了线下传统关系型数据库（MySQL、Oracle、PostgreSQL），构筑了以数据仓库服务为核心、统一免运维、高可靠的数据存储和分析平台，实现一站式数据存储、加工、分析。该平台能够基于 TB 级历史数据实现秒级查询，性能大幅提升，在有效支撑业务数据查询及多维分析、BI 报表、精准推荐等应用的同时节省了大量的管理和运维成本。

任务实施

讲解视频：快速创建 DWS 集群

快速创建 DWS 集群并导入数据

本任务主要介绍创建集群、连接集群并从 OBS 导入样例数据的操作，帮助学生快速上手数据仓库服务。

① 创建数据仓库集群，如图 5-3-3 所示。

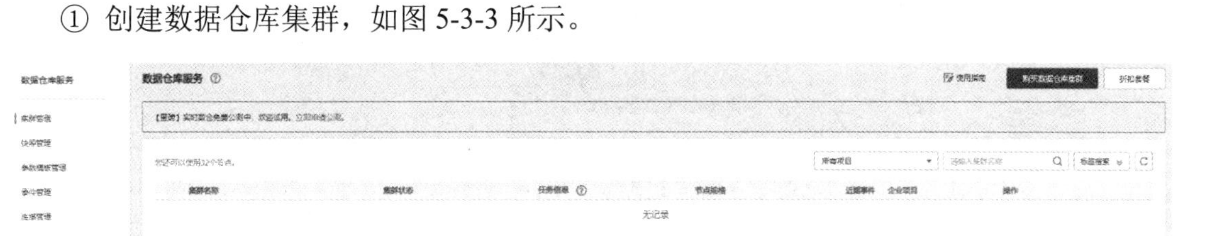

图 5-3-3 创建数据仓库集群

② 配置集群的基本参数。选择节点规格和节点数量，如图 5-3-4 所示。

图 5-3-4 选择节点规格和节点数量

配置集群参数，如图 5-3-5 所示。

集群名称

集群版本 8.1.0.100

默认数据库 gaussdb

管理员用户 dbadmin

管理员密码 ••••••••••••

确认密码

数据库端口 8000

图 5-3-5 配置集群参数

③ 配置网络参数，如图 5-3-6 所示。

虚拟私有云 vpc-dws 查看虚拟私有云
子网 subnet-dws (192.168.0.0/24)
安全组 自动创建安全组
自动在入规则中打开集群端口的访问权限。
公网访问 暂不使用 现在购买 使用已有
自动为集群分配独享带宽的弹性IP，通过弹性IP可以从互联网对集群进行访问。
带宽 50 Mbit/s 1 50 100 50 Mbit/s

图 5-3-6 配置网络参数

完成高级配置，如图 5-3-7 所示。

图 5-3-7 高级配置

查看集群状态，如图 5-3-8 所示。

图 5-3-8 查看集群状态

④ 下载客户端并连接集群。下载客户端，如图 5-3-9 所示。

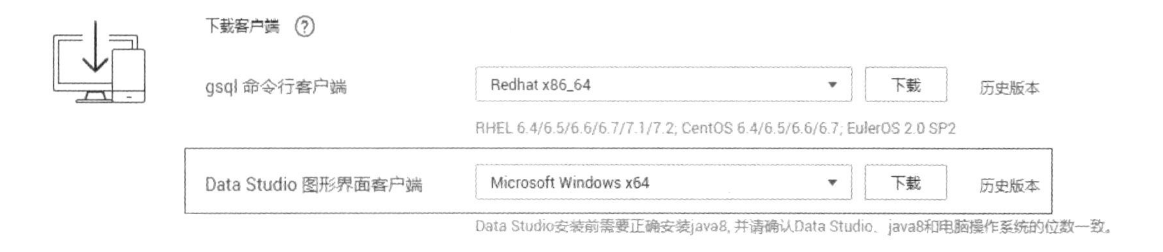

图 5-3-9 下载客户端

连接集群，如图 5-3-10 所示。

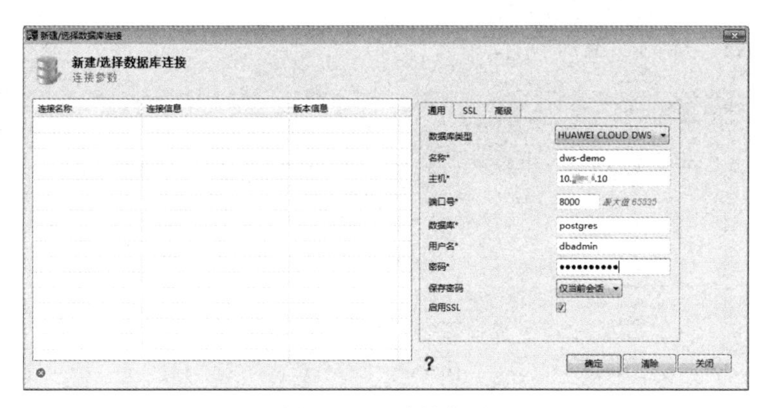

图 5-3-10 连接集群

获取集群公网地址，如图 5-3-11 所示。

集群名称	集群状态	任务信息	节点规格	近期...	企业项目	操作
dws-demo	可用	--	dws.m3.xl...	2	default	查看监控指标 重启 更多

内网访问地址 .com

公网访问地址 .com

区域	上海二	虚拟私有云	vpc-dws
可用区	可用区1	安全组	dws-dws-demo-8000
子网	subnet-dws(10.0.0.0/24)	创建时间	2020/01/21 09:37:04 GMT+08:00
集群版本	1.5.600	上次创建快照时间	--
节点数量	3		

标签 --

图 5-3-11 获取集群公网地址

⑤ 创建导入数据的目标数据库和表。创建数据库，如图 5-3-12 所示。

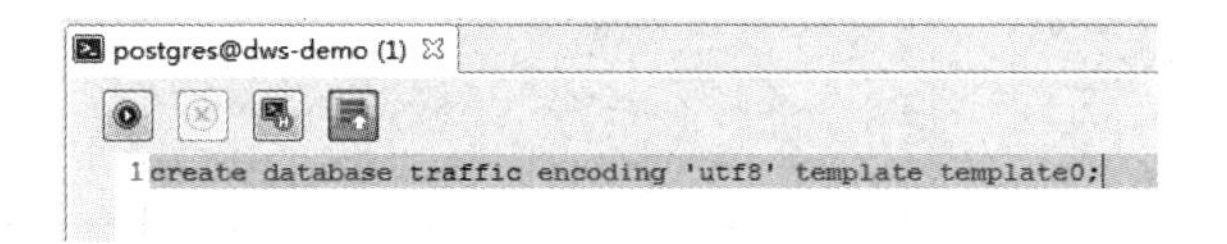

图 5-3-12 创建数据库

连接数据库，如图 5-3-13 所示。

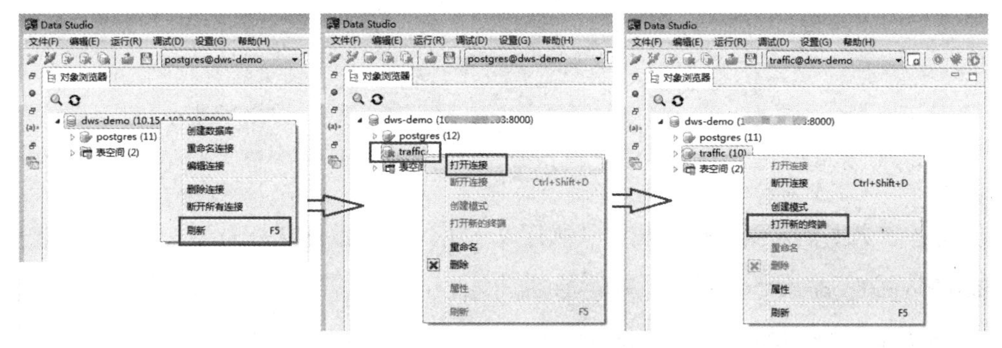

图 5-3-13 连接数据库

创建数据库表，如图 5-3-14 所示。

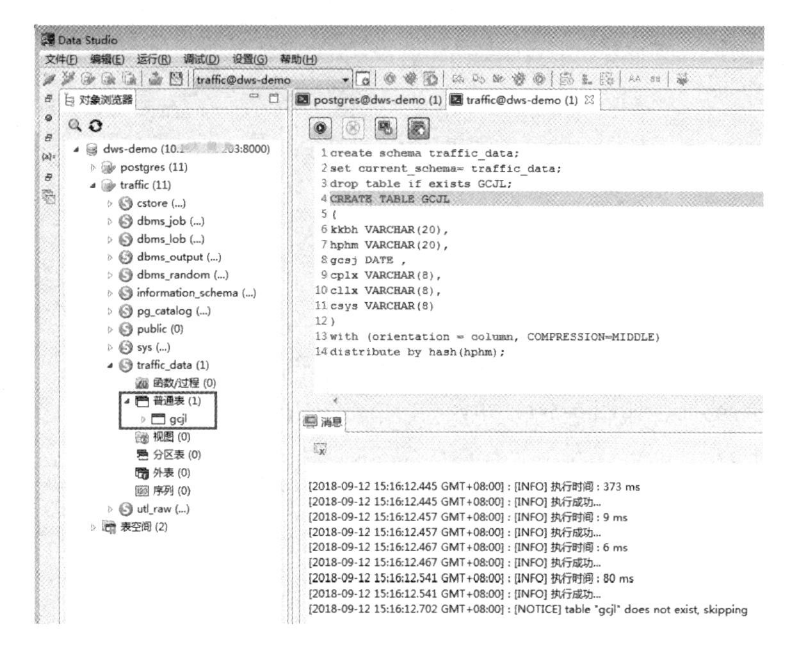

图 5-3-14　创建数据库表

⑥ 创建 OBS 外表，如图 5-3-15 所示。

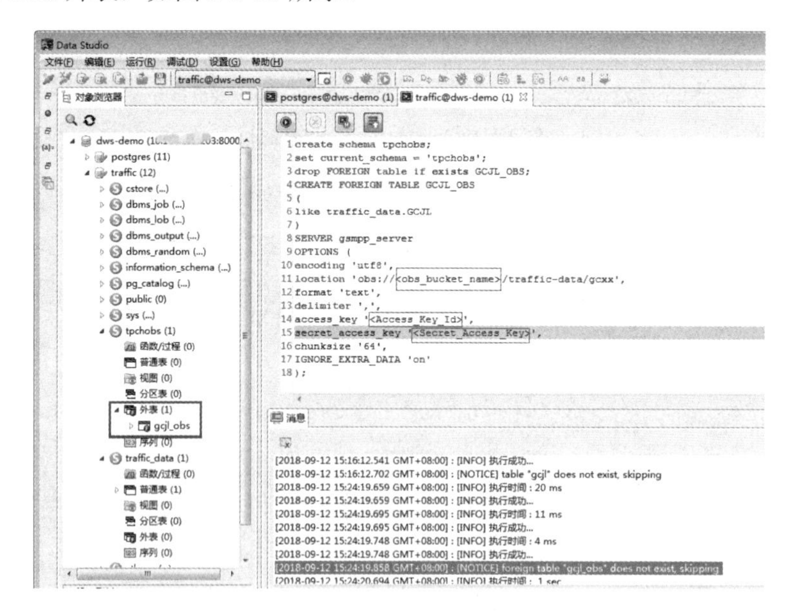

图 5-3-15　创建 OBS 外表

⑦ 将外表数据插入到数据库表中。执行以下语句，将数据从外表导入到数据库表中。

```
insert into traffic_data.GCJL select * from    tpchobs.GCJL_OBS;
```

导入数据将耗费一些时间，请耐心等待，如图 5-3-16 所示。

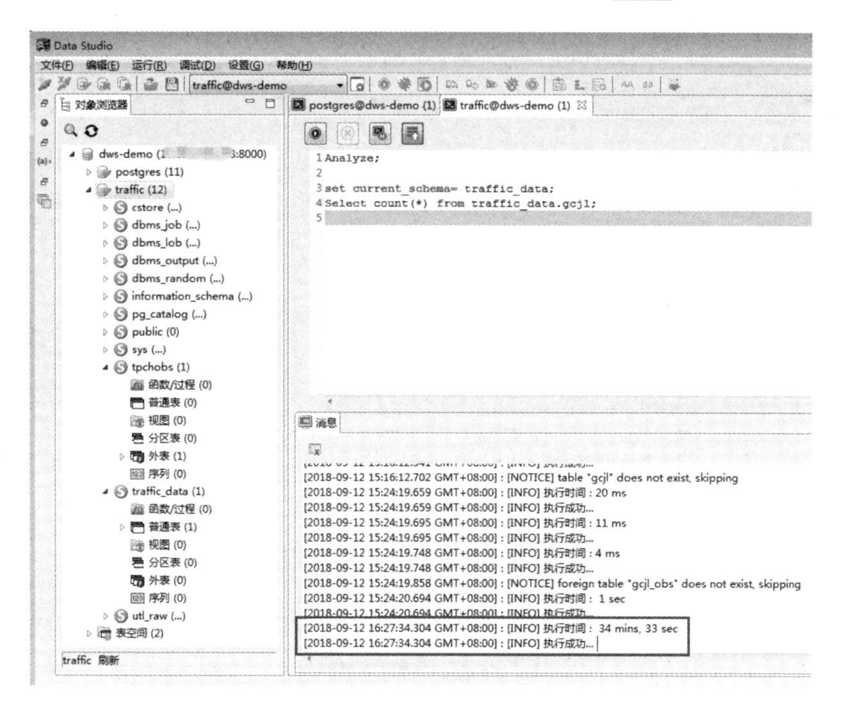

图 5-3-16　导入数据

⑧ 查询并分析样例数据。执行 Analyze 命令，查询并分析数据，如图 5-3-17 所示。

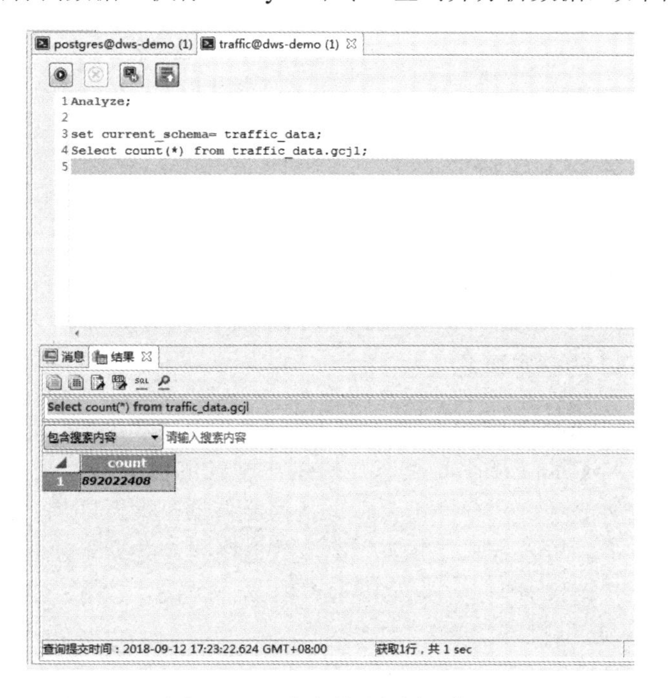

图 5-3-17　查询并分析样例数据

车辆模糊查询，如图 5-3-18 所示。

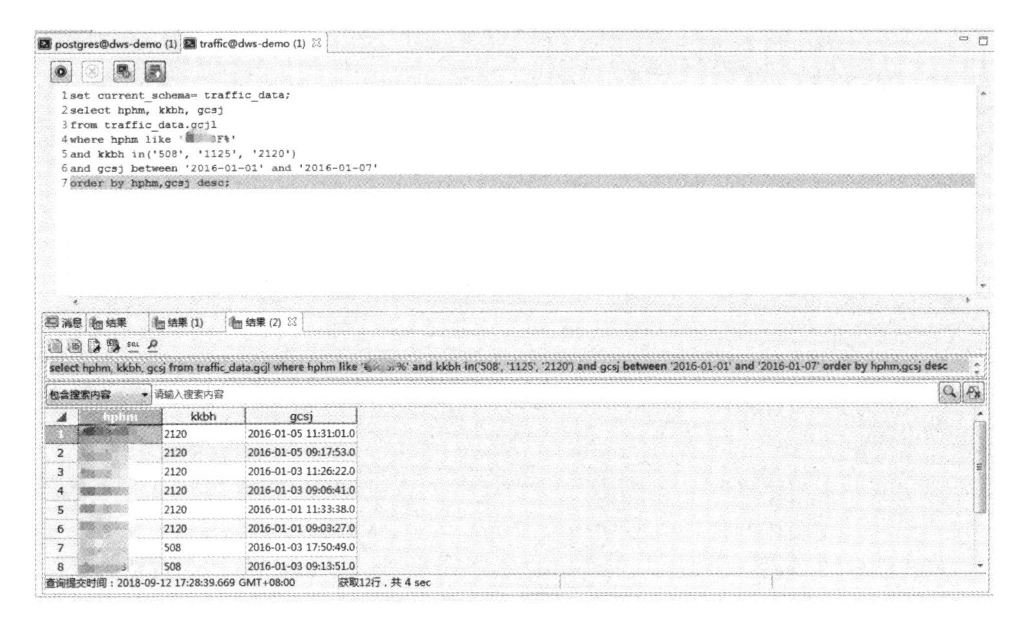

图 5-3-18　车辆模糊查询

任务 5.4　公有云大数据服务 DLI 的使用

任务描述

1. 掌握大数据服务 DLI 的基础知识
2. 掌握大数据服务 DLI 的使用方法

知识学习

1. 数据湖探索 DLI 的基本概念

数据湖探索（Data Lake Insight，简称 DLI）是完全兼容 Apache Spark、Apache Flink、openLooKeng（基于 Apache Presto）生态，提供一站式的流处理、批处理、交互式分析的 Serverless 融合处理分析服务。用户不需要管理任何服务器，即开即用。支持标准 SQL/Spark SQL/Flink SQL，支持多种接入方式，并兼容主流数据格式。数据无须复杂的抽取、转换、加载，使用 SQL 或程序就可以对云上 CloudTable、RDS、DWS、CSS、OBS、ECS 自建数据库以及线下数据库的异构数据进行探索。

2. 数据湖探索 DLI 的功能

DLI 用户可以通过可视化界面、Restful API、JDBC、ODBC、Beeline 等多种接入方式对云上 CloudTable、RDS 和 DWS 等异构数据源进行查询和分析，兼容 CSV、JSON、Parquet、Carbon 和 ORC 五种主流数据格式。

（1）三大基本功能。

① SQL 作业支持 SQL 查询功能：可为用户提供标准的 SQL 语句。

② Flink 作业支持 Flink SQL 在线分析功能：支持 Window、Join 等聚合函数、地理函数、CEP 函数等，用 SQL 表达业务逻辑，简便快捷地实现业务。

③ Spark 作业提供全托管式 Spark 计算特性：用户可通过交互式会话和批处理方式提交计算任务，在全托管 Spark 队列上进行数据分析。

（2）多数据源分析。

① Spark 跨源连接：可通过 DLI 访问 CloudTable、DWS、RDS 和 CSS 等数据源。

② Flink 跨源支持与多种云服务连通：可形成丰富的流生态圈。数据湖探索的流生态分为云服务生态和开源生态。

- 云服务生态：数据湖探索在 Flink SQL 中支持与其他服务的连通。用户可以直接使用 SQL 从这些服务中读写数据，如 DIS、OBS、CloudTable、MRS、RDS、SMN、DCS 等。
- 开源生态：通过增强型跨源连接建立与其他 VPC 的网络连接后，用户可以在数据湖探索的租户独享队列中访问所有 Flink 和 Spark 支持的数据源与输出源，如 Kafka、Hbase。

（3）BI 工具。

① 对接永洪 BI：与永洪 BI 对接实现数据分析。

② 对接 Tableau Desktop：与 Tableau Desktop 对接实现数据分析。

3．数据湖探索服务 DLI 的访问方式

华为云提供了 Web 化的服务管理平台，既可以通过管理控制台和基于 HTTPS 请求的 API 方式来访问 DLI，又可以通过 JDBC 或 ODBC 等客户端连接 DLI 服务端。

① 管理控制台方式：提交 SQL 作业、Spark 作业或 Flink 作业，均可以使用管理控制台方式访问 DLI 服务。用户注册华为云后，可直接登录管理控制台，从主页上选择“EI 企业智能”→“EI 大数据”→“数据湖探索”即可。

② API 方式：如果用户需要将华为云平台上的 DLI 服务集成到第三方系统，用于二次开发，可以使用 API 方式访问 DLI 服务。

③ JDBC 或 ODBC：DLI 支持使用 JDBC 或 ODBC 连接服务端进行数据查询操作。

④ Beeline：DLI 支持通过 Beeline 提交作业。

⑤ Spark-submit：DLI 支持通过 Spark-submit 提交作业。

⑥ 数据湖治理中心 DGC：数据湖治理中心 DGC 是具有数据全生命周期管理、智能数据管理能力的一站式治理运营平台，支持行业知识库智能化建设，支持大数据存储、大数据计算分析引擎等数据底座。

4．数据湖探索服务 DLI 与自建 Hadoop 对比

DLI 完全兼容 Apache Spark、Apache Flink 生态和接口，是集实时分析、离线分析、交互式分析于一体的 Serverless 大数据计算分析服务。线下应用可无缝平滑迁移上云，减少迁移工作量。采用批流融合高扩展性框架，为 TB～EB 级数据提供更实时高效的多样性算力，可支

撑更丰富的大数据处理需求。对产品内核及架构进行深度优化，综合性能远超传统的MapReduce模型，SLA保障99.95%可用性。采用存算分离架构，存储资源和计算资源可按需灵活配置，提高了资源利用率，降低了成本。DLI Serverless架构如图5-4-1所示。

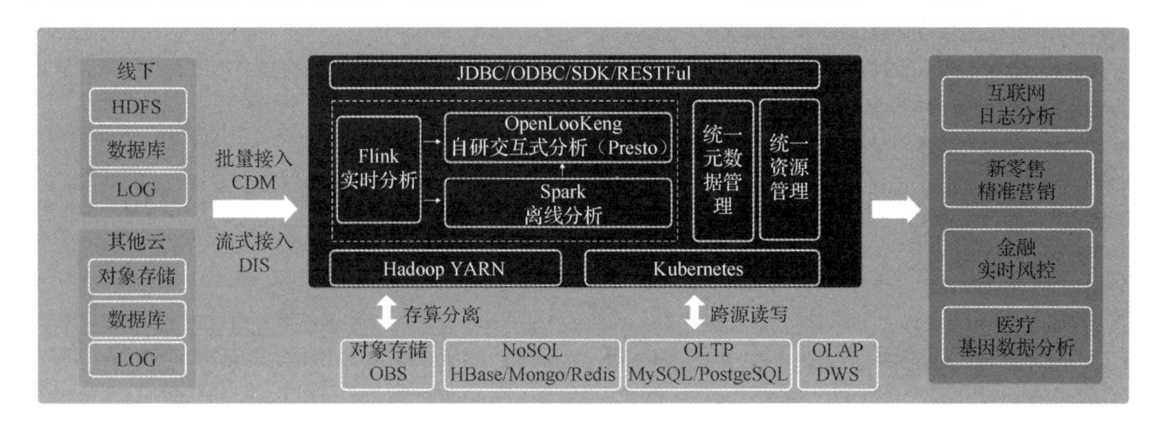

图5-4-1　DLI Serverless架构

与传统自建Hadoop集群相比，Serverless架构的DLI具有以下优势（见表5-4-1）。

表5-4-1　传统自建Hadoop与数据湖探索DLI的对比

优　势	维　度	数据湖探索 DLI	自建 Hadoop 系统
低成本	资金成本	按照实际扫描数据量或者CU时收费，成本可节约50%	长期占用资源，资源浪费严重，成本高
	弹性扩缩容能力	基于容器化Kubernetes，具有极致的弹性伸缩能力	无
免运维	运维成本	即开即用，采用Serverless架构	需要较强的技术能力进行搭建、配置、运维
	高可用	具有跨AZ容灾能力	无
高易用	学习成本	学习成本低，包含上千个项目经验固化的调优参数，同时提供可视化智能调优界面	学习成本高，需要了解上百个调优参数
	支持数据源	云上：OBS、RDS、DWS、CSS、MongoDB、Redis； 云下：自建数据库、MongoDB、Redis	云上：OBS； 云下：HDFS
	生态兼容	DLV、Tableau、Superset、永洪BI、帆软	大数据生态工具
	自定义镜像	支持，满足业务多样性	无
	工作流调度	DGC-DLF调度	自建大数据生态的调度工具，如Airflow
	企业级多租户	基于表的权限管理，可以精细化到列权限	基于文件的权限管理
高性能	性能	基于软硬件一体化的深度垂直优化	大数据开源版本性能

任务实施

讲解视频：快速使用SQL语句查询数据

快速使用SQL语句查询数据

（1）登录华为云。

根据页面提示，登录系统，选择“大数据”→“数据湖探索DLI”，如图 5-4-2 所示，在弹出的页面单击“进入控制台”按钮，进入数据湖探索控制台。

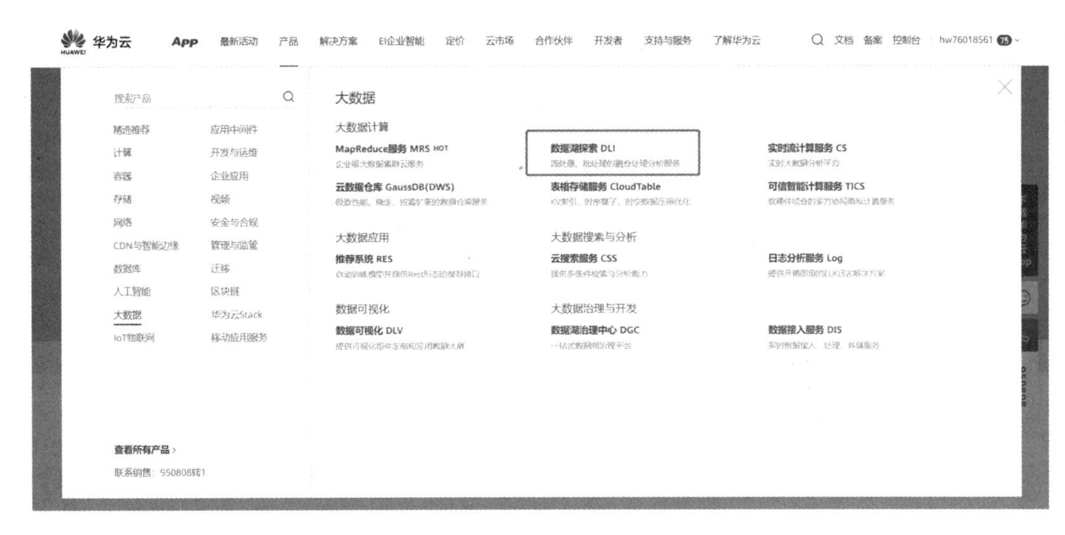

图 5-4-2　选择数据湖探索

（2）选择队列。

① 在总览页面，单击左侧导航栏中的“SQL 编辑器”按钮或 SQL 作业简介右上角的“创建作业”按钮，可进入 SQL 编辑器页面。

② 在 SQL 编辑器页面，选择默认的队列“default”，如图 5-4-3 所示。该队列为服务默认的共享队列，队列大小按需分配，自动扩展。用户在不确定所需队列大小或没有可创建队列空间的情况下，可以使用该队列执行作业。如果需要创建队列，可按照页面提示执行创建队列相关操作。

图 5-4-3　选择队列

（3）创建数据库。

① 在 SQL 语句编辑区域中，输入 SQL 语句创建数据库。以创建名称为 DB1 的数据库为例，语句如下：

```
CREATE DATABASE DB1
```

② 单击“更多”中的“语法校验”选项，校验成功后，再单击“执行”按钮。在 SQL 语句编辑区域的下方将显示执行结果，如图 5-4-4 所示。

图 5-4-4　创建数据库

（4）创建表。

① 在数据库下拉列表中，选择新创建的数据库 DB1。

② 在 SQL 语句编辑区域中，输入 SQL 语句创建数据表。以创建名称为 Table1 的数据表为例，数据文件在 OBS 上的路径为“obs://dli/dli/data.csv”。

```
create table table1 (id int, name string) using csv options (path 'obs://dli/dli/data.csv')
```

说明：所使用的数据需先上传至 OBS 中。假设所使用的数据如下所示：

```
id name
1  Michael
2  Andy
3  Justin
```

③ 语法校验成功后，单击“执行”按钮，在 SQL 语句编辑区域的下方会显示执行结果，如图 5-4-5 所示。

图 5-4-5　创建表

（5）执行 SQL 查询语句。

① 在 SQL 语句编辑区域中，输入查询语句对数据进行分析。以查询 DB1 数据库的 Table1 数据表中的 1000 条数据为例，语句如下：

```
SELECT * FROM db1.table1 LIMIT 1000
```

② 语法校验成功后，单击“执行”按钮，在 SQL 语句编辑区域的下方会显示执行结果，如图 5-4-6 所示。

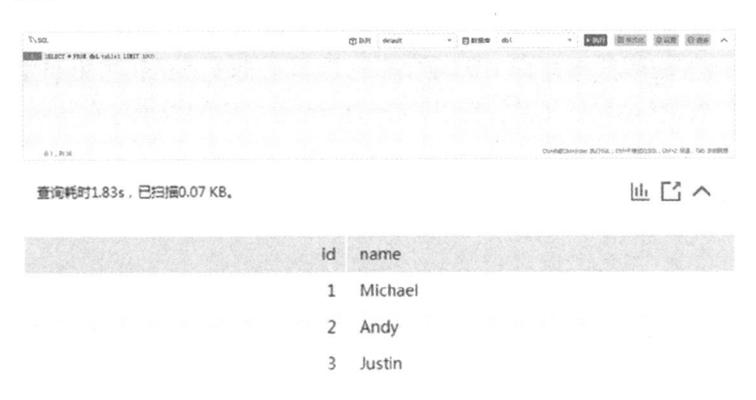

图 5-4-6　执行 SQL 查询语句

任务 5.5　公有云云搜索服务 CSS 的使用

任务描述

1. 掌握云搜索服务 CSS 的基础知识
2. 掌握云搜索服务 CSS 的使用方法

知识学习

1. 云搜索服务 CSS 基本概念

云搜索服务（Cloud Search Service，简称 CSS），是华为云 ELK 生态的一系列软件集合，为用户提供全方位托管的 ELK 生态云服务，兼容 Elasticsearch、Logstash、Kibana、Cerebro 等软件。云搜索服务中 Elasticsearch 搜索引擎目前支持 5.5.1、6.2.3、6.5.4、7.1.1、7.6.2 和 7.9.3 版本；Kibana 目前支持 5.5.1、6.2.3、6.5.4、7.1.1、7.6.2 和 7.9.3 版本；Logstash 数据收集引擎目前支持 5.6.16 和 7.10.0 版本。

Elasticsearch 是一个开源的搜索引擎，它可以非常方便地实现单机和集群部署，为用户提供托管的分布式搜索引擎服务。在 ELK 整个生态中，Elasticsearch 集群支持结构化、非结构化文本的多条件检索、统计和报表。云搜索服务会自动部署、快速创建 Elasticsearch 集群；免运维，内置搜索调优实践；拥有完善的监控体系，提供一系列系统、集群以及查询性能等关键指标，让用户更专注于业务逻辑的实现。

Logstash 是一个开源数据收集引擎，具有实时管道功能。在 ELK 整个生态中，Logstash 承担着数据接入的重要功能，可以动态地将来自不同数据源的数据统一起来，进行标准化转换，然后将数据发送到指定位置。华为云 Logstash 服务是一款全托管的数据接入处理服务，100%兼容开源 Logstash。在生产系统中，数据往往以各种各样的形式或分散或集中地存在于很多系统中。华为云 Logstash 的出现，能够帮助用户处理各种来源的数据并将数据转存到华为云 Elasticsearch 云服务中，从而更加方便地发现其中的价值。同时，用户也可以单独使用 Logstash 云服务处理数据，并将数据发送到其他的系统中。

Kibana 是一个开源的数据分析与可视化平台，与 Elasticsearch 搜索引擎一起使用。用户可以用 Kibana 搜索、查看、交互存放在 Elasticsearch 索引中的数据，也可以使用 Kibana 以图表、表格、地图等方式展示数据。

2．Elasticsearch 集群应用场景

搜索服务 Elasticsearch 集群适用于日志分析、站内搜索等场景。

（1）日志分析。

对 IT 设备进行运维分析与故障定位，对业务指标进行运营效果分析。

① 统计分析：提供 20 余种统计分析方法、近 10 种划分维度。

② 实时高效：从入库到能够被检索到，时间差在数秒到数分钟之间。

③ 可视化：提供表格、折线图、热图、云图等多种图表呈现方式。

（2）站内搜索。

对网站内容进行关键字检索，对电商网站商品进行检索与推荐。

① 实时检索：站内资料或商品信息更新数秒至数分钟后即可被检索。

② 分类统计：在检索的同时可以将符合条件的商品进行分类统计。

③ 高亮提示：提供高亮能力，页面可自定义高亮显示方式。

3．Logstash 集群应用场景

华为云 Logstash 服务支持创建单节点和多节点集群，每个节点上面将会启动一个 Logstash 进程。一个集群可以配置多个 conf 文件，用户可以勾选要运行的 conf，5.6.16 版本只支持勾选一个 conf，7.10.0 版本支持勾选多个 conf。对于多节点的 Logstash 集群，每个节点的 conf 配置都是相同的。

Logstash 的使用场景如下所述，用户可根据具体的需求灵活选择。

（1）单节点单 conf 场景。

适合单一输入源、单一输出源的场景，如从一个 Elasticsearch 集群批量导入所有数据到另一个 Elasticsearch 集群的场景。

（2）单节点多 conf 的场景。

适合多个输入源或多个输出源的场景。每个 conf 可以配置不同的操作流，方便管理。也适用于将单一复杂的 conf 文件拆分成多个简单 conf 的场景，简化逻辑。

（3）多节点场景。

对于多节点的 Logstash 集群，各个节点将会共用一套 conf 配置，可以理解为每个节点都是一个克隆体，比较适合消费数据类型的场景，如从 kafka 队列里面消费数据，多个节点又能够很好地提高消费能力。

此外，华为云 Logstash 服务还提供了一个 keepalive 参数，如果开启该参数，将会在每个节点上面配置一个守护进程，当 Logstash 进程出现故障的时候，会主动拉起并修复进程，适合需要长期运行的业务。

4. 云搜索服务 CSS 产品功能

云搜索服务具备如下功能。

（1）专业的集群管理平台。

管理控制台提供了丰富的功能菜单，用户通过浏览器即可安全、方便地进行集群管理和维护，包括集群管理、运行监控等。

（2）完善的监控体系。

通过管理控制台提供的仪表盘（Dashboard）和集群列表，用户可以直观地看到已创建集群的各种不同状态，可通过指标监控视图了解集群当前运行状况。

（3）支持 Elasticsearch 搜索引擎。

提供 Elasticsearch 搜索引擎，Elasticsearch 是基于 Lucene 的流行的企业级搜索服务器，具备分布式多用户的能力。其主要功能包括全文检索、结构化搜索、分析、聚合、高亮显示等，能为用户提供稳定可靠的实时搜索服务。

（4）支持 Logstash 数据收集引擎。

提供 Logstash 数据收集引擎，Logstash 具有实时管道功能，可以动态地将来自不同数据源的数据统一起来，进行标准化转换，然后将数据发送到指定的位置。

5. 云搜索服务 CSS 产品优势

（1）高效易用。

支持 TB 级数据毫秒级返回检索结果，提供可视化平台，方便数据展示和分析。

（2）弹性灵活。

支持按需申请、在线扩容、零业务中断，能够快速应对业务增长。

（3）自主词库。

支持用户自定义行业词库和修改词库，无须重启实例。

（4）无忧运维。

提供全托管服务，开箱即用，主要操作一键可达。

（5）高可靠性。

支持用户手动触发和定时触发快照备份，支持恢复到本集群以及其他集群的能力，通过快照恢复支持集群的数据迁移。

① 自动备份（数据快照）。云搜索服务提供备份功能，可以在控制台的备份恢复界面开启自动备份功能，并根据实际业务需要设置备份周期。

自动备份是将集群的索引数据进行备份。索引的备份是通过创建集群快照实现的，第一次备份时，建议将所有索引数据进行备份。

云搜索服务支持将 ES 实例的快照数据保存到对象存储服务中，借助 OBS 的跨 region 复制功能，可实现数据的跨 region 备份。

② 恢复数据（恢复快照）。当数据发生丢失或者想找回某一时间段的数据时，可以在“集群快照”界面上单击“恢复”功能，选择已有的快照，通过恢复快照功能，将备份的索引数据恢复到指定的集群中，可以快速获得数据。

③ 规格变更业务不中断。云搜索服务支持节点扩容、磁盘扩容以及词库更新，并且在变

更过程中业务不中断。

（6）高安全性。

云搜索服务主要从以下几个方面保障数据和业务运行安全。

① 网络隔离。整个网络被划分为 2 个平面，即业务平面和管理平面。两个平面采用物理隔离的方式进行部署，保证各自网络的安全性。在业务平面，主要是集群的网络平面，支持为用户提供业务通道，对外提供数据定义、索引、搜索能力。在管理平面，主要是管理控制台，用于管理云搜索服务，通过 VPC 或安全组专有网络来确保主机的安全。

② 访问控制。通过网络访问控制列表（ACL）可以允许或拒绝进入和退出各个子网的网络流量。内部安全基础设施（包括网络防火墙、入侵检测和防护系统）可以监视通过 IPsec VPN 连接进入或退出 VPC 的所有网络流量。支持用户认证与索引级别鉴权，支持对接第三方管理用户系统。

③ 数据安全。在云搜索服务中，通过多副本机制保证用户的数据安全。支持客户端与服务端通过 SSL 加密通信。

④ 操作审计。通过云审计服务支持对关键日志与操作进行审计。

任务实施

讲解视频：快速使用 Elasticsearch 引擎搜索数据

快速使用 Elasticsearch 引擎搜索数据

（1）登录管理控制台。

① 打开管理控制台登录页面，根据页面提示，登录系统。

② 选择“服务列表”→“大数据”→“云搜索服务”，如图 5-5-1 所示。

图 5-5-1　选择云搜索服务

（2）创建集群。

① 在总览页面，单击“创建集群”按钮，如图 5-5-2 所示。

② 在创建集群页面，配置集群的相关参数，配置完成后单击“立即申请”按钮，如

图 5-5-3 所示。

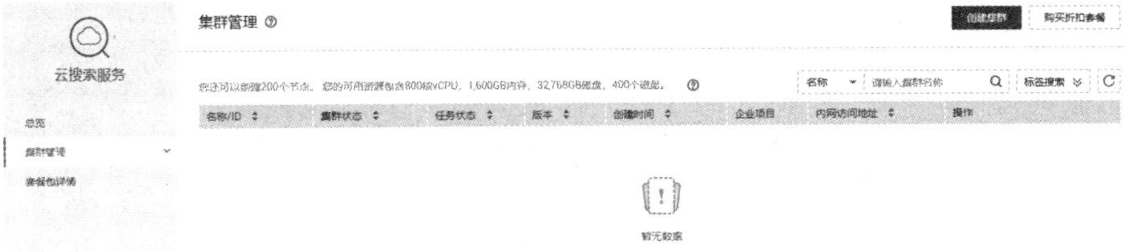

图 5-5-2 创建集群

图 5-5-3 配置集群参数并立即申请

③ 确认集群的规格详情，并单击“提交申请”按钮，如图 5-5-4 所示。

④ 单击“返回集群列表”按钮，如图 5-5-5 所示。

⑤ 节点数量的取值范围为 1～32，建议节点数为 3 或 3 以上。

系统将跳转到“集群管理”页面，创建的集群将展现在集群列表中，且集群状态为“创建中”，等待几分钟，创建成功后集群状态会变为“可用”。

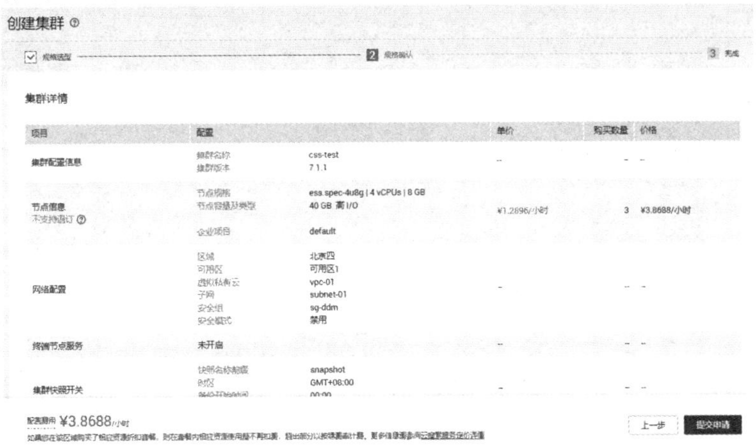

图 5-5-4 确认集群规格并提交申请

图 5-5-5　返回集群列表

（3）接入集群。

① 在集群列表中待接入集群对应的“操作”列，单击“Kibana”，如图 5-5-6 所示。

② 如果创建集群时开启了安全模式，则登录 Kibana 时需要输入创建集群时设置的用户名和密码。

图 5-5-6　接入集群

（4）导入数据和搜索数据。

① 在 Kibana 的左侧导航栏中，选择“Dev Tools”，单击“Get to work”，进入 Console 页面，如图 5-5-7 所示。

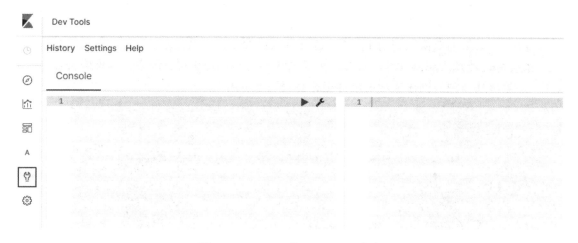

图 5-5-7　Kibana 的 Dev Tools 页面

② 在 Kibana 的 Console 页面导入数据，如图 5-5-8 所示。

③ 在 Kibana 的 Console 页面搜索数据，如图 5-5-9 所示。

Dev Tools

History Settings Help

Console

```
PUT /my_store
{
  "settings": {
    "number_of_shards": 1
  },
  "mappings": {
        "properties": {
      "productName": {
        "type": "text",
        "analyzer": "ik_smart"
      },
      "size": {
        "type": "keyword"
      }
    }
  }
}
POST /my_store/_doc/_bulk
{"index":{}}
{"productName":"2017秋装新款文艺衬衫女装","size":"L"}
{"index":{}}
{"productName":"2017秋装新款文艺衬衫女装","size":"M"}
{"index":{}}
{"productName":"2017秋装新款文艺衬衫女装","size":"S"}
{"index":{}}
{"productName":"2018春装新款牛仔裤女装","size":"M"}
{"index":{}}
{"productName":"2018春装新款牛仔裤女装","size":"S"}
{"index":{}}
{"productName":"2017春装新款休闲裤女装","size":"L"}
{"index":{}}
{"productName":"2017春装新款休闲裤女装","size":"S"}
```

```
{
  "index" : {
    "_index" : "my_store",
    "_type" : "_doc",
    "_id" : "jwjOsHgB6zplhaKZ9jdX",
    "_version" : 1,
    "result" : "created",
    "_shards" : {
      "total" : 2,
      "successful" : 2,
      "failed" : 0
    },
    "_seq_no" : 2,
    "_primary_term" : 1,
    "status" : 201
  }
},
{
  "index" : {
    "_index" : "my_store",
    "_type" : "_doc",
    "_id" : "kAjOsHgB6zplhaKZ9jdX",
    "_version" : 1,
    "result" : "created",
    "_shards" : {
      "total" : 2,
      "successful" : 2,
      "failed" : 0
    },
    "_seq_no" : 3,
    "_primary_term" : 1,
    "status" : 201
  }
},
{
```

图 5-5-8　导入数据示例

Dev Tools

History Settings Help

Console

```
GET /my_store/_search
{
  "query": {"match": {
    "productName": "春装牛仔裤"
  }}
}
```

```
{
  "took" : 20,
  "timed_out" : false,
  "_shards" : {
    "total" : 1,
    "successful" : 1,
    "skipped" : 0,
    "failed" : 0
  },
  "hits" : {
    "total" : {
      "value" : 4,
      "relation" : "eq"
    },
    "max_score" : 1.7965372,
    "hits" : [
      {
        "_index" : "my_store",
        "_type" : "_doc",
        "_id" : "kAjOsHgB6zplhaKZ9jdX",
        "_score" : 1.7965372,
        "_source" : {
          "productName" : "2018春装新款牛仔裤女装",
          "size" : "M"
        }
      },
      {
        "_index" : "my_store",
        "_type" : "_doc",
        "_id" : "kQjOsHgB6zplhaKZ9jdX",
        "_score" : 1.7965372,
        "_source" : {
          "productName" : "2018春装新款牛仔裤女装",
          "size" : "S"
        }
```

图 5-5-9　搜索数据示例

项目 6

管理与监控云服务

知识目标

- 掌握云监控服务的概念、功能及应用场景。
- 了解云监控服务的基本操作。
- 掌握云日志服务的概念、功能及应用场景。
- 了解云日志服务的基本操作。

技能目标

- 掌握云监控服务的使用方法。
- 掌握云日志服务的使用方法。

任务 6.1 云监控服务

任务描述

1. 了解云监控的基本概念
2. 掌握云监控的应用场景
3. 掌握云监控服务的基本使用方法

知识学习

1. 云监控的定义

云监控服务（Cloud Eye）为用户提供一个针对弹性云服务器、带宽等资源的立体化监控平台，使用户全面了解华为云上的资源使用情况、业务的运行状况，并及时收到异常报警以便做出反应，保证业务顺畅运行，其架构如图 6-1-1 所示。

云监控服务功能主要包括资源总览、告警统计、主机监控、网络监控、存储监控、站点监控等。通过监控服务可以实时掌握云服务的各种资源使用情况和告警情况。

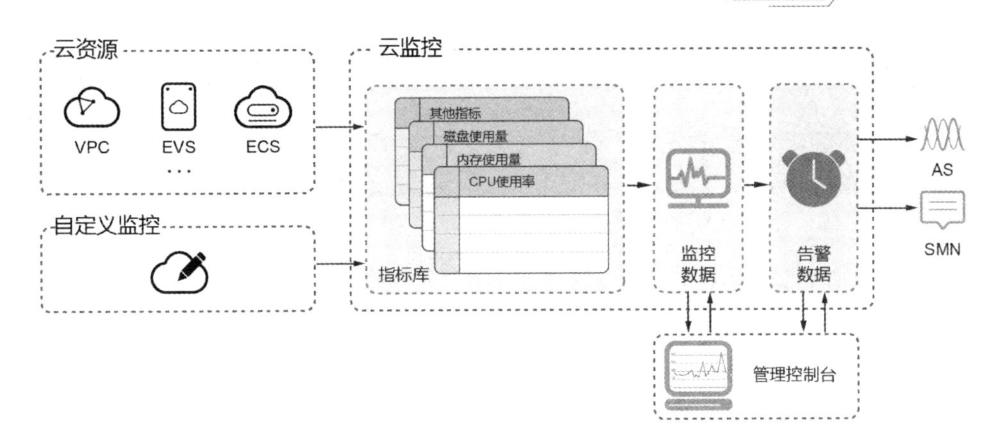

图 6-1-1 云监控服务架构

2. 云监控功能介绍

（1）自动监控。

云监控服务不需要开通，在创建弹性云服务器等资源后监控服务会自动启动，用户可以直接到云监控服务中查看该资源的运行状态并设置告警规则。

（2）主机监控。

通过在弹性云服务或裸金属服务器中安装云监控服务 Agent 插件，用户可以实时采集 ECS 或 BMS 1 分钟级粒度的监控数据，还可以监控已上线 CPU、内存和磁盘等 40 余种指标。

（3）灵活配置告警规则。

对监控指标设置告警规则时，支持对多个云服务资源同时添加告警规则。告警规则创建完成后，可随时修改告警规则，支持对告警规则进行启用、停止、删除等操作。

（4）实时通知。

通过在告警规则中开启消息通知服务，当云服务的状态变化触发告警规则设置的阈值时，系统通过短信、邮件通知或发送消息至服务器地址等多种方式实时通知用户，用户能够实时掌握云资源运行状态变化。

（5）监控面板。

用户能够在一个监控面板内跨服务、跨维度查看监控数据。将用户关注的重点服务监控指标集中呈现，既能满足用户总览云服务运行概况的要求，又能满足排查故障时查看监控详情的需求。

（6）资源分组。

资源分组支持用户从业务角度集中管理其业务涉及到的弹性云服务器、云硬盘、弹性 IP、带宽、数据库等资源，从而按业务来管理不同类型的资源、告警规则、告警历史，提升运维效率。

（7）站点监控。

站点监控用于模拟真实用户对远端服务器的访问，从而探测远端服务器的可用性、连通性等。

（8）日志监控。

日志监控提供了针对日志内容的实时监控能力。通过云监控服务和云日志服务的结合，用户可以针对日志内容进行监控统计、设置告警规则等，降低用户监控日志的运维成本，简化用户使用监控日志的流程。

3. 云监控应用场景

（1）电商业务解决方案。

特点：短期指数级业务波峰、业务快速上线、网络及数据安全，如图 6-1-2 所示。

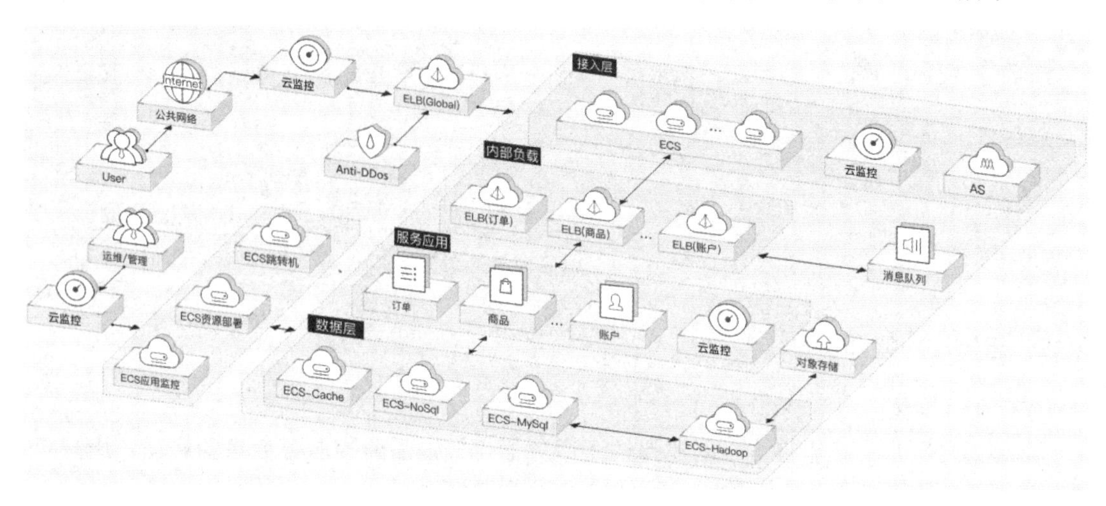

图 6-1-2　电商业务解决方案

优势如下。

① 统一可编辑的监控面板：针对系统关键监控信息，统一展示监控信息，便于直观检测查看。

② 告警触发服务器弹性伸缩：当电商网站在短期内出现波峰时，系统能够进行自动扩展，并通过告警模板对扩容的服务器快速复制告警策略。

③ 全面的 ECS 主动监控：对服务器进行全方面细颗粒度监控，对网络流量指标进行自定义监控，预防网络瓶颈效应。

（2）企业办公应用。

特点：高可用、信息保密、大容量、异地多访问方式接入，如图 6-1-3 所示。

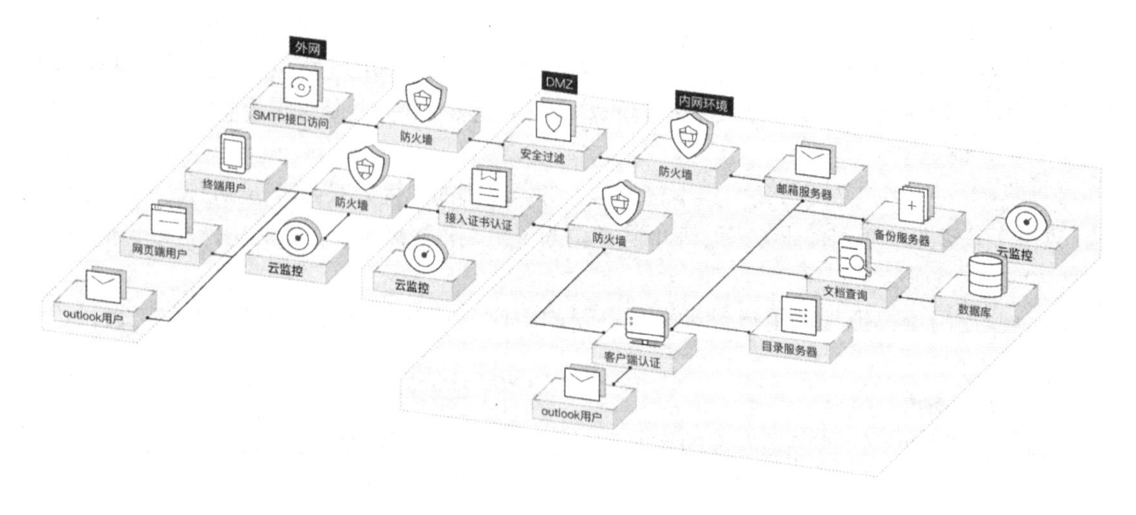

图 6-1-3　企业办公应用

优势如下。

① 告警快速敏捷触发服务器弹性伸缩。

② 服务器使用量达到阈值时自动进行扩容和缩容操作。

③ 安全日志监控。

④ 对用户登录日志进行实时监控，遇到恶意登录行为，触发告警并拒绝该 IP 地址的请求，保证安全。

⑤ 深入全面的主机插件式监控。

⑥ 对登录服务器进行全方面细颗粒度监控，对网络流量指标进行自定义监控，预防网络瓶颈效应。

4. 云监控——主机监控

主机监控展示当前所有弹性云服务器的 CPU 利用率分布图、最近 5 分钟 CPU 利用率 Top5，方便用户查看当前弹性云服务器的 CPU 使用情况。

单击不同 CPU 利用率的弹性云服务器，可跳转到基础监控图表页面，如图 6-1-4 所示。

图 6-1-4 基础监控

5. 云监控——网络监控

网络监控展示当前弹性公网 IP 和带宽的出网带宽与入网带宽最近 1 小时的网络速率，方便用户了解网络使用情况，如图 6-1-5 所示。

- 入网带宽：统计测量对象入云平台的网络速度。
- 出网带宽：统计测量对象出云平台的网络速度。

6. 云监控——存储监控

存储监控展示磁盘最近 5 分钟读写带宽之和与最近 5 分钟读写 IOPS 之和，方便用户了解磁盘使用情况，如图 6-1-6 所示。

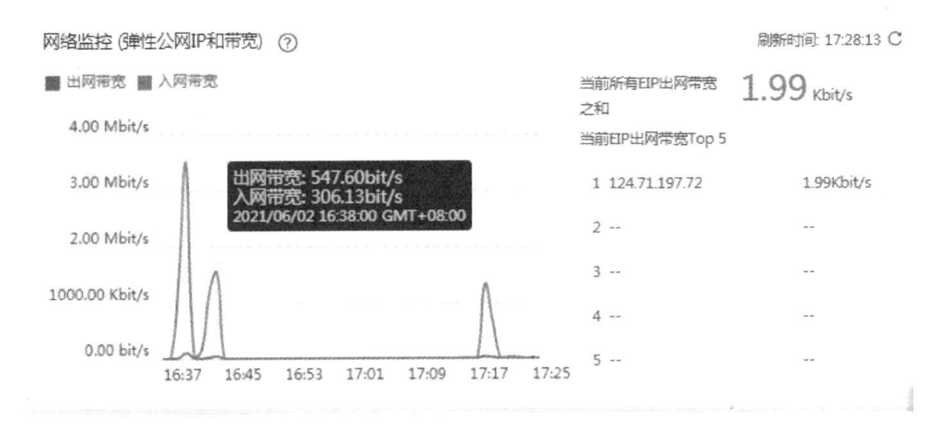

图 6-1-5 网络监控

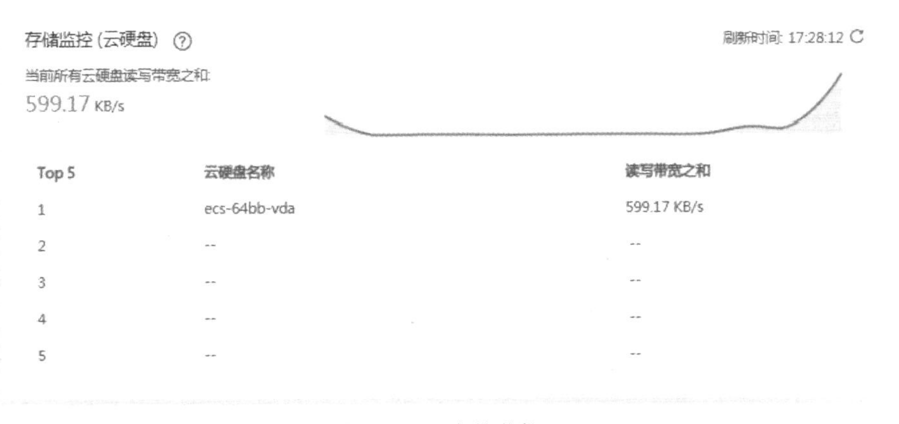

图 6-1-6 存储监控

7. 创建告警规则

告警功能为用户提供监控数据的告警服务。用户可以通过创建告警规则来定义告警系统如何检查监控数据，并在监控数据满足告警策略时发送报警通知，如图 6-1-7 所示。

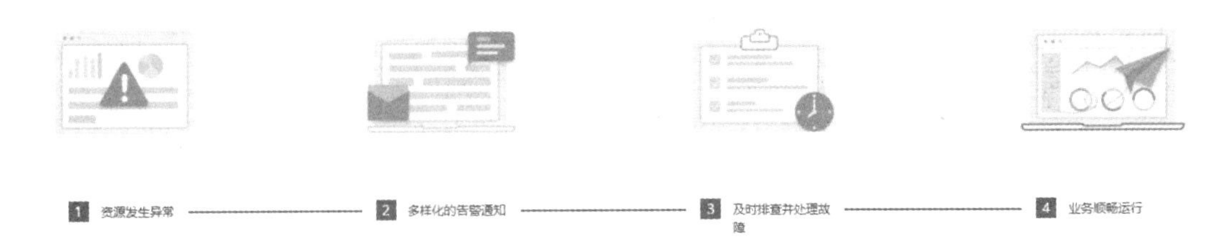

图 6-1-7 告警功能

对重要监控指标创建告警规则后，便可在第一时间获知指标数据发生异常，迅速处理故障。

云监控服务支持对所有监控项创建告警规则，包括全部资源、资源分组、日志监控、自定义监控、事件监控等；支持设置告警规则生效时间，可以自定义告警规则生效的时间段；支持邮箱、短信、HTTP、HTTPS 等告警通知方式。

任务实施

讲解视频：使用云监控服务监控弹性云服务器

1. 使用云监控服务监控弹性云服务器

① 在控制台搜索“云监控”并单击进入云监控服务，如图 6-1-8 所示。

图 6-1-8 选择云监控服务

② 主机监控针对主机提供多层次指标监控，包括基础监控、操作系统监控和进程监控。单击“安装配置插件”，如图 6-1-9 所示。

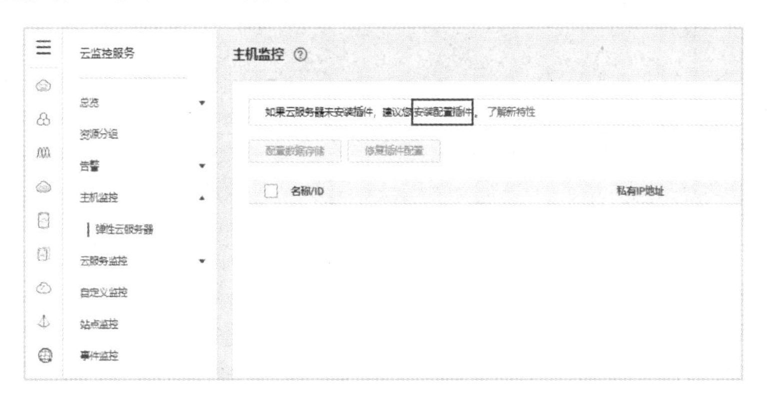

图 6-1-9 安装配置插件

③ 远程登录已创建好的弹性云服务器，如图 6-1-10 所示。

图 6-1-10 选择弹性云服务器

④ 输入以下命令为弹性云服务器安装插件，如图 6-1-11 所示。

```
cd /usr/local && wget https://telescope-cn-north-4.obs.myhuaweicloud.com/scripts/agentInstall.sh && chmod 755 agentInstall.sh && ./agentInstall.sh
```

```
CentOS Linux 7 (Core)
Kernel 3.10.0-1062.12.1.el7.x86_64 on an x86_64

ecs-myecs login: _
root
Password:

        Welcome to Huawei Cloud Service

[root@ecs-myecs ~]# cd /usr/local && wget https://telescope-cn-north-4.obs.myhuaweicloud.com/scripts/agentInstall.sh && chmod 75
5 agentInstall.sh && ./agentInstall.sh_
```

图 6-1-11　安装弹性云服务器插件

表示插件安装成功后，提示页面如图 6-1-12 所示。

```
ces flag NOT FOUND in __support_agent_list
Current user is root.
Current linux release version : CENTOS
Start to install telescope...
In chkconfig
Success to install telescope to dir: /usr/local/telescope.
Starting telescope...
Telescope process starts successfully.
[root@ecs-myecs local]# _
```

图 6-1-12　安装成功

⑤ 单击创建好的 ECS 后面的“更多”选项，单击“重启”，回到主机监控界面，刷新页面，能够看到插件状态变为配置异常。先单击“配置异常”，再单击“一键修复”，如图 6-1-13 所示。

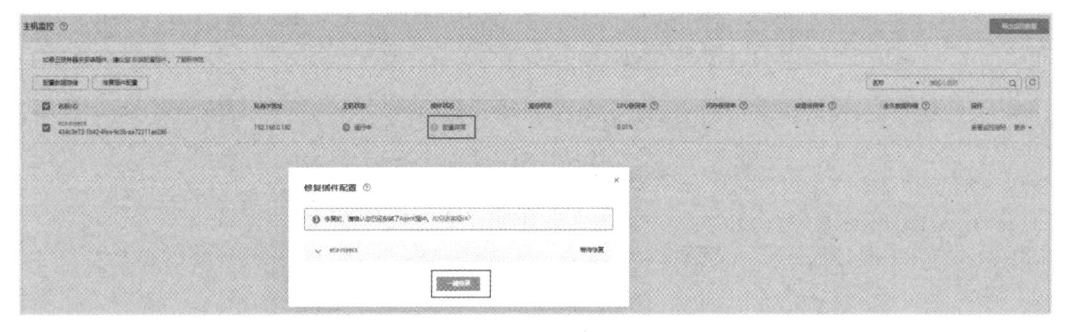

图 6-1-13　修复插件

⑥ 等待片刻，会发现插件状态变为运行中，并且监控状态为开启状态，这表示创建好的 ECS 主机监控已开启，此时可以查看监控指标，如图 6-1-14 所示。

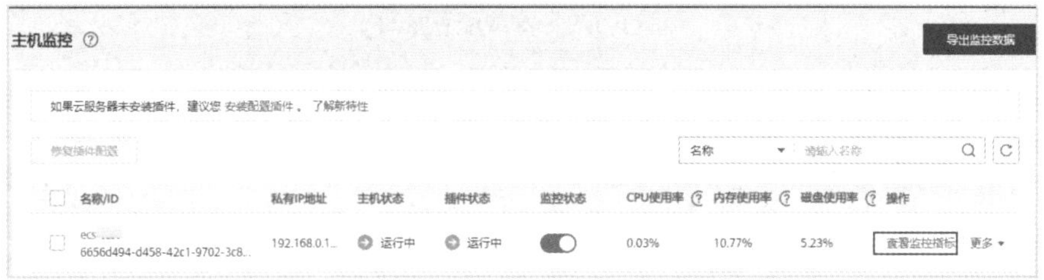

图 6-1-14　查看主机监控指标

讲解视频：创建告警

2. 创建告警

用户可灵活配置告警规则和通知方式，及时了解实例资源运行状况和性能，避免因为资源问题造成业务损失。

① 单击对应弹性云服务器后面的“更多”选项，单击“创建告警规则”，如图 6-1-15 所示。

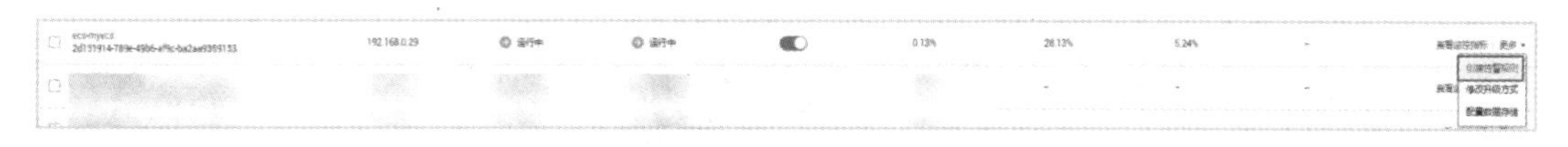

图 6-1-15　创建告警规则

② 配置相关信息，如图 6-1-16 所示。

- 名称：可自定义；
- 资源类型：弹性云服务器；
- 维度：云服务器；
- 监控范围：指定资源；
- 监控对象：此云服务器；
- 选择类型：自定义创建；
- 告警策略：（Agent）CPU 使用率（推荐）　原始值　连续 3 个周期　>=2%　每 5 分钟告警一次；
- 告警级别：重要。

图 6-1-16　配置相关信息

③ 当告警规则页面内弹性云服务器的状态变为“正常”的时候，表示告警规则创建成功，如图 6-1-17 所示。

图 6-1-17 告警规则创建成功

④ 单击对应 ECS 后的“查看监控指标”，可以看到该弹性云服务器的相关指标，如图 6-1-18 所示。

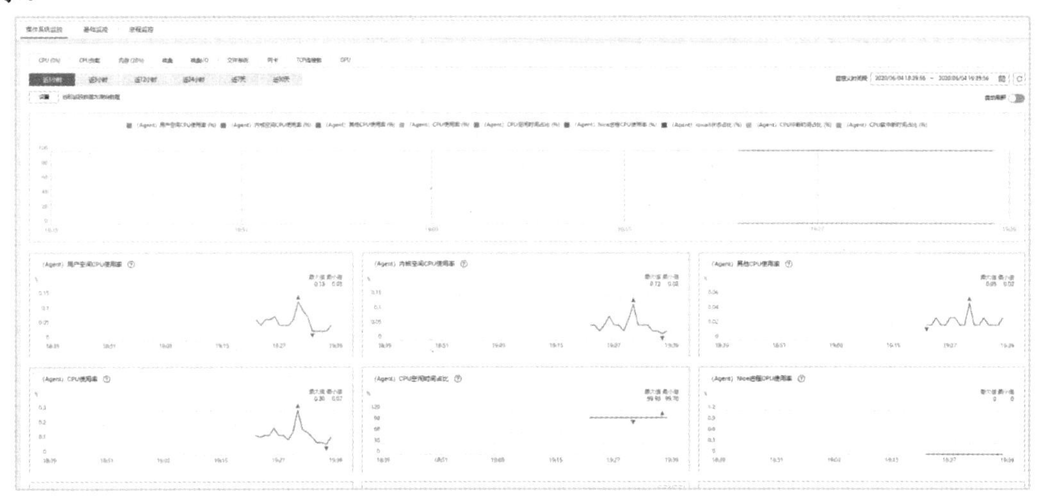

图 6-1-18 查看监控指标

⑤ 登录到该弹性云服务器后，输入如下命令，使弹性云服务器的 CPU 不断增长，如图 6-1-19 所示。（需等待 5～10 分钟可观察到现象）

```
for i in `seq 1 $(cat /proc/cpuinfo |grep "physical id" |wc -l)`; do dd if=/dev/zero of=/dev/null & done
```

⑥ 返回告警历史页面，刷新后可以看到创建的告警状态变为“告警”。

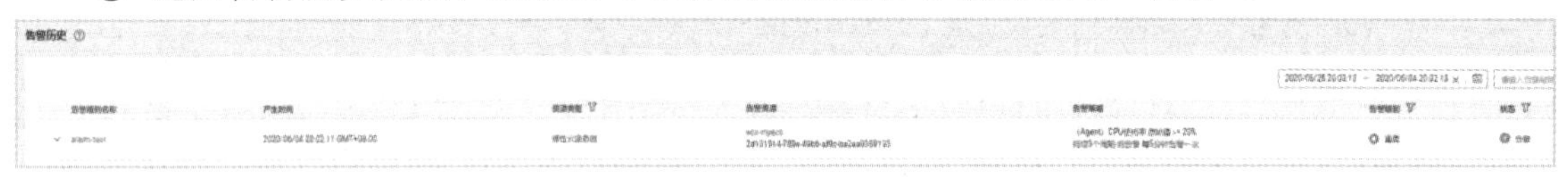

图 6-1-19 测试高级策略

任务 6.2 云日志服务

任务描述

1. 了解云日志的基本概念
2. 掌握云日志的应用场景
3. 掌握云日志服务的基本使用方法

知识学习

1. 云日志简介

云日志服务（Log Tank Service，简称 LTS），用于收集来自主机和云服务的日志数据，通过对海量日志数据的分析与处理，可以将云服务和应用程序的可用性及性能最大化，为用户提供实时、高效、安全的日志处理能力，帮助用户快速高效地进行实时决策分析、设备运维管理、用户业务趋势分析等。在学习云日志前，先来了解关于此服务的几个基本概念。

（1）日志组。

日志组（LogGroup）是云日志服务进行日志管理的基本单位，可以创建日志流以及设置日志存储时间。

日志组的创建类型分为用户创建（主动）和云服务创建（被动）两种。云服务创建指华为云其他云服务与云日志服务进行系统对接后，系统将自动在云日志服务控制台创建日志组和日志流，云服务的运行日志将发送到对应的日志流中。

（2）日志流。

日志流（LogStream）是日志读写的基本单位，在日志组中可以创建日志流，方便对日志进行进一步分类管理。日志读写以日志流为单位，用户可以在写入时指定日志流，将不同类型的日志分类存储，Agent 采集日志后，将多条日志数据进行打包，以日志流为单位发往云日志服务，日志流的读写方式可以最大限度地减少读取与写入次数，提高业务效率。例如，用户可以将不同的日志（操作日志、访问日志等）写入不同的日志流，查询日志时可以进入对应的日志流快速查看日志。

（3）ICAgent。

ICAgent 是云日志服务的日志采集工具，运行在需要采集日志的主机上。首次使用云日志服务采集日志时，需要安装 ICAgent，如果需要采集多台主机的日志，还支持批量安装 ICAgent，在云日志服务控制台可以实时查看 ICAgent 的运行状态。

通过以下云日志服务示意图，可以了解云日志服务的工作流程，如图 6-2-1 所示。

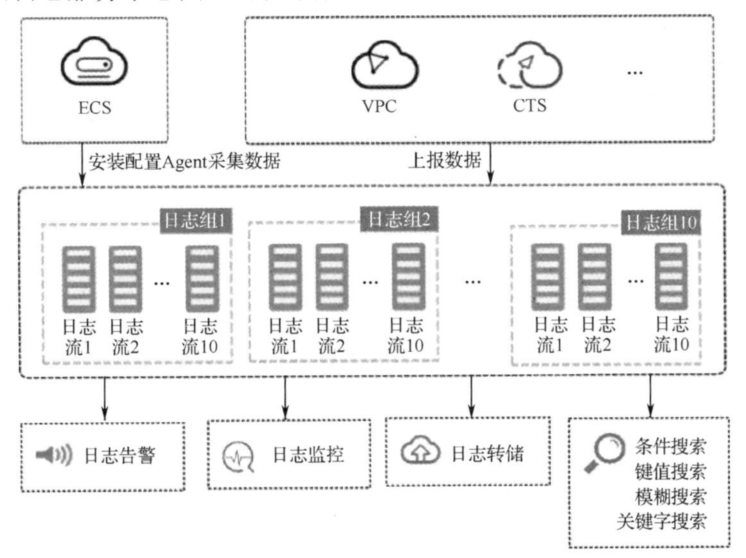

图 6-2-1　云日志服务示意图

安装配置了 Agent 的云主机以及 VPC 等云服务可通过采集器、API、SDK 等多种方式上报日志至云日志平台。通过云日志平台，用户可根据需求对日志流进行分组管理、监控、搜索，以及根据日志内容设置告警。此外，云日志具备高性能数据存储能力，支持 PB 级海量日志的存储和 10 亿级数据秒级搜索。

2. 应用场景

（1）日志采集与分析。

主机和云服务的日志数据不方便查阅并且会定期清空，云日志服务采集日志后，日志数据可以在云日志控制台上以简单有序的方式展示、以方便快捷的方式进行查询，并且可以长期存储。对采集的日志数据，可以通过关键字查询、模糊查询等方式快速地进行查询，适用于日志实时数据分析、安全诊断与分析等。例如，对云服务的访问量、点击量等通过日志数据进行分析，可以输出详细的运营数据。

（2）合理优化业务性能。

网站服务的性能和服务质量是衡量用户满意度的关键指标，通过用户的拥塞记录日志发现站点的性能瓶颈，可以提示站点管理者改进网站缓存策略、网络传输策略等，合理优化业务性能。

（3）快速定位网络故障。

网络质量是业务稳定的基石，将日志上报至云日志服务，确保问题发生时能及时查看、定位问题，助力用户快速定位网络故障，进行网络回溯取证。例如，通过分析访问日志，判断业务是否遭到了攻击、非法盗链和不良请求等，及时定位并解决问题。

任务实施

1. 查看弹性云服务器日志

讲解视频：查看弹性云服务器日志

① 在华为云管理控制台的“服务列表”内找到“云日志服务 LTS”，如图 6-2-2 所示。

图 6-2-2　查找云日志服务

② 日志组和日志流是云日志服务进行日志管理的基本单位，在使用云日志服务时，首先需要创建一个日志组和日志流。单击“创建日志组”按钮，如图 6-2-3 所示。

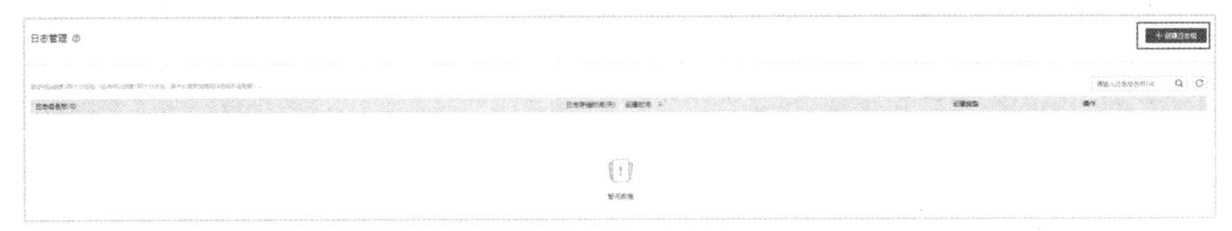

图 6-2-3 创建日志组

③ 输入日志组名称和日志存储时间，单击“确定”按钮，如图 6-2-4 所示。

图 6-2-4 配置日志组

④ 在日志管理页面，可以看见创建好的日志组，单击日志组名称进入新页面。单击“创建日志流”按钮，输入日志流名称，单击“确定”按钮，如图 6-2-5 所示。

图 6-2-5 创建日志流

2. 配置 ICAgent 日志采集工具

① 在云日志服务页面左侧栏内选择主机管理，单击“安装 ICAgent”按钮，如图 6-2-6 所示。

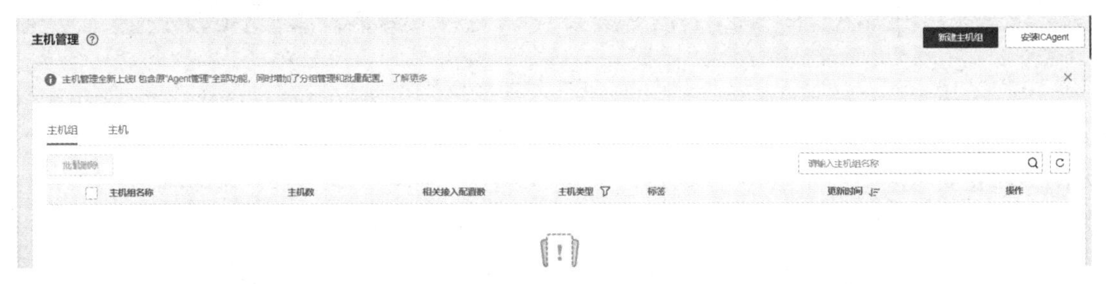

图 6-2-6 安装 ICAgent

② 输入安装 ICAgent 的信息，如图 6-2-7 所示。

- 安装系统：Linux；
- 安装方式：获取 AK/SK 凭证。

图 6-2-7　输入安装 ICAgent 的信息

③ 复制安装 ICAgent 信息的命令，将其输入到弹性云服务器内，当显示如下内容时，表示安装成功，如图 6-2-8 所示。

```
[root@ecs-myecs ~]# curl http://icagent-cn-north-4.obs.cn-north-4.myhuaweicloud.com/ICAgent_linux/apm_agent_install.sh > apm_agent_install.sh && REGION=cn-north-4 bash apm_agent_install.sh -ak YCKXPJPMEFAR7CLOWI0Q -sk UxY4kYUVHOTqEbjGSgD7Jg61dKDuJ1Sm4DsOWJo -region cn-north-4 -projectid cc32a61a5c61464a82633f9b27225485 -accessip 100.125.12.110 -obsdomain obs.cn-north-4.myhuaweicloud.com;
  % Total    % Received % Xferd  Average Speed   Time    Time     Time  Current
                                 Dload  Upload   Total   Spent    Left  Speed
100  6114  100  6114    0     0   106k      0 --:--:-- --:--:-- --:--:--  106k
start to install ICAgent.
begin to download install package from icagent-cn-north-4.obs.cn-north-4.myhuaweicloud.com.
######################################################################## 100.0%
download success.
start install package.
start install ICAgent...
######################################################################## 100.0%
no crontab for root
starting ICAgent...
ICAgent install success.
[root@ecs-myecs ~]#
```

图 6-2-8　ICAgent 安装成功

④ 刷新 ICAgent 页面，当 ICAgent 管理页面对应主机 ICAgent 状态变为“运行”时，表示 ICAgent 安装成功，如图 6-2-9 所示。

⑤ 返回日志管理页面，执行“日志组”→“该日志流名称”→“日志接入”→“主机接入”→“新增路径”操作，在添加主机页面选择创建好的 Linux 主机，如图 6-2-10 所示。

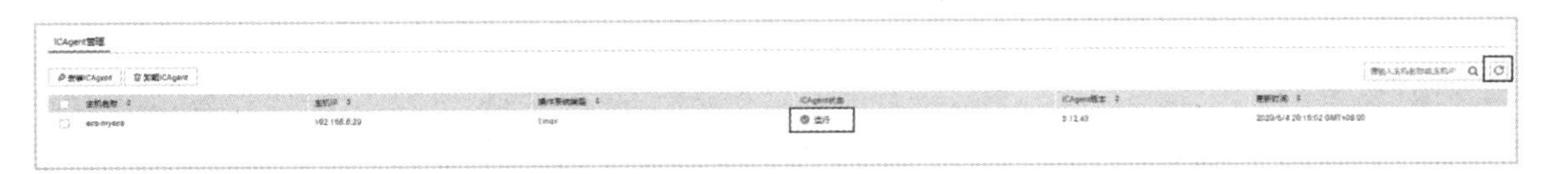

图 6-2-9　安装成功

图 6-2-10　配置采集信息主机

⑥ 配置采集路径，输入该弹性云服务器内其中一个日志的路径，如图 6-2-11 所示。

图 6-2-11　配置采集信息路径

⑦ 进行新增采集配置，如图 6-2-12 所示。

- 日志格式：单行日志；
- 日志时间：系统时间。

配置完成后，单击“确认”按钮。

图 6-2-12　新增采集配置

⑧ 大约等待 1 分钟，在实时日志页面可以看到相关日志。切换到原始日志，可以在搜索栏中输入“successful”，搜索语句为 successful 的日志，并且可以查看上下文，如图 6-2-13 所示。

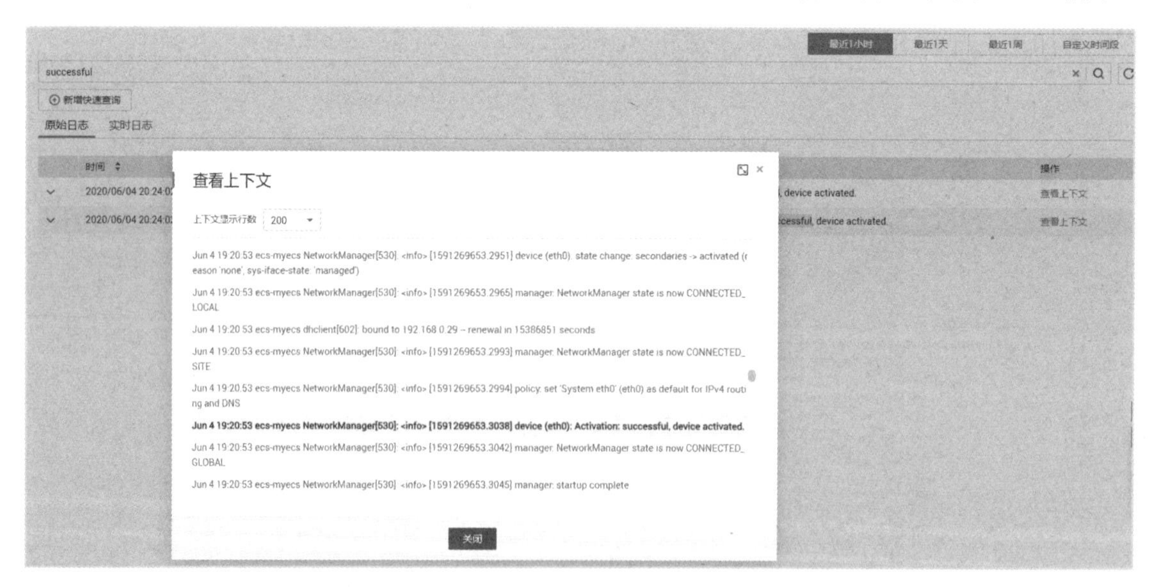

图 6-2-13　查看上下文

项目 7

公有云综合案例

知识目标

- 了解 Python 语言的发展。
- 了解华为云自动创建过程。
- 熟悉华为云原生深度发挥的操作。

技能目标

- 掌握 Python 模块的使用方法。
- 掌握华为云原生应用。

任务 7.1　用 Python 语言创建云主机

任务描述

1. 学习 Python 语言基本知识
2. 会用 Python 语言创建云主机

知识学习

1. Python 语言简介

Python 语言由荷兰数学和计算机科学研究学会的 Guido van Rossum 于 1991 年正式对外发布。Python 提供了高效的高级数据结构，能够简单有效地面向对象编程。Python 语法和动态类型及解释型语言的本质，使它成为多数平台上写脚本和快速开发应用的编程语言，随着版本的不断更新和语言新功能的添加，逐渐被用于独立的、大型项目的开发，其标志如图 7-1-1 所示。

图 7-1-1　Python 语言的标志

Python 解释器易于扩展，可以使用 C 或 C++（或者其他可以通过 C 调用的语言）扩展新的功能和数据类型。Python 也可用作可定制化软件中的扩展程序语言。Python 具有丰富的标准库，提供了适用于各个主要系统平台的源码或机器码。

2. Python 的优点

（1）简单。

Python 是一种代表简单主义思想的语言。阅读一段良好的 Python 程序，就像是在读英语一样。它使使用者能够专注于解决问题，而无须去搞明白语言本身。

（2）易学。

Python 极其容易上手，因为 Python 有极其简单的说明文档 。

（3）易读、易维护。

Python 在设计上坚持“优雅、明确、简单”，是接近人类语言的计算机语言，因此更加易读、易维护。

（4）免费、开源。

Python 是 FLOSS（自由/开放源码软件）之一。使用者可以自由地发布这个软件的拷贝、阅读它的源代码、对它做改动、把它的一部分用于新的自由软件中。

（5）高层语言。

用 Python 编写程序时无须考虑诸如如何管理程序使用的内存一类的底层细节。

（6）可移植性。

由于 Python 的开源本质，它已经被移植到许多平台上（经过改动使它能够工作在不同平台上）。这些平台包括 Linux、Windows、FreeBSD、Macintosh、Solaris、OS/2、Amiga、AROS、AS/400、BeOS、OS/390、z/OS、Palm OS、QNX、VMS、Psion、Acom RISC OS、VxWorks、PlayStation、Sharp Zaurus、Windows CE、PocketPC、Symbian 以及 Google 基于 Linux 开发的 Android 平台。

（7）面向对象。

Python 既支持面向过程的编程，也支持面向对象的编程。在面向过程的语言中，程序是由过程或仅仅是可重用代码的函数构建起来的。在面向对象的语言中，程序是由数据和功能组合而成的对象构建起来的。

Python 是完全面向对象的语言。函数、模块、数字、字符串都是对象。Python 完全支持继承、重载、派生、多继承，有益于增强源代码的复用性。Python 支持重载运算符和动态类型。相对于 Lisp 这种传统的函数式编程语言，Python 对函数式设计只提供了有限的支持。有两个标准库（functools 和 itertools）提供了 Haskell 和 Standard ML 中久经考验的函数式程序设计工具。

3. 基本语法

Python 的设计目标之一是让代码具备高度的可读性。它在设计时尽量使用其他语言经常使用的标点符号和英文单词，让代码看起来整洁美观。它不像其他的静态语言（如 C、Pascal）那样需要重复书写声明语句，也不像它们的语法那样经常有特殊情况发生。

（1）控制语句。

① if 语句。当条件成立时运行语句块。经常与 else，elif（相当于 else if）配合使用。

② for 语句。遍历列表、字符串、字典、集合等迭代器，依次处理迭代器中的每个元素。

③ while 语句。当条件为真时，循环运行语句块。

④ try 语句。与 except，finally 配合使用，处理在程序运行中出现的异常情况。

⑤ class 语句。用于定义类。

⑥ def 语句。用于定义函数。

⑦ pass 语句。表示此行为空，不运行任何操作。

⑧ assert 语句。用于在程序调试阶段测试运行条件是否满足。

⑨ import 语句。导入一个模块或包。

⑩ from … import 语句。从包导入模块或从模块导入某个对象。

⑪ import … as 语句。将导入的对象赋值给一个变量。

⑫ in 语句。判断一个对象是否在一个字符串/列表/元组里。

（2）表达式。

Python 的表达式写法与 C/C++类似，只是在某些写法上有所差别。

主要的算术运算符与 C/C++类似。+，-，*，/，//，**，~，%分别表示加法或者取正、减法或者取负、乘法、除法、整除、乘方、取补、取余。

Python 使用 and，or，not 表示逻辑运算。

is，is not 用于比较两个变量是否是同一个对象。in，not in 用于判断一个对象是否属于另一个对象。

（3）类型。

Python 采用动态类型系统。在编译时，Python 不会检查对象是否拥有被调用的方法或者属性，而是直至运行时才做出检查，所以操作对象时可能会出现异常。不过，虽然 Python 采用动态类型系统，它同时也是强类型的。Python 禁止没有明确定义的操作，如数字加字符串。

与其他面向对象的语言一样，Python 允许程序员定义类型。构造一个对象只需要像函数一样调用类型即可，例如，对于前面定义的 Fish 类型，使用 Fish()。类型本身也是特殊类型 type 的对象（type 类型本身也是 type 对象），这种特殊的设计允许对类型进行反射编程。

（4）开发环境。

PyCharm 是一种 Python IDE（Integrated Development Environment，集成开发环境），带有一整套可以帮助用户在使用 Python 语言开发时提高效率的工具，如调试、语法高亮、项目管理、代码跳转、智能提示、自动完成、单元测试、版本控制等。此外，该 IDE 还提供了一些高级功能，用于支持 Django 框架下的专业 Web 开发。

4．软件开发工具包

软件开发工具广义上指辅助开发某一类软件的相关文档、范例和工具的集合。

软件开发工具包（SDK）是一些软件工程师为特定的软件包、软件框架、硬件平台、操作系统等创建应用软件时的开发工具的集合，一般而言，SDK 即开发 Windows 平台下的应用程序所使用的 SDK。它可以简单地为某个程序设计语言提供应用程序接口 API 的一些文件，但也可能包括能与某种嵌入式系统通信的复杂的硬件。一般的工具包括用于调试和其他用途的实用工具。SDK 还包括示例代码、支持性的技术注解或其他的为基本参考资料澄清疑点的支持文档。

任务实施

讲解视频：Python SDK 使用指导

1. Python SDK 使用指导

要使用华为云 Python SDK，用户需要拥有华为云账号以及该账号对应的 Access Key（AK）和 Secret Access Key（SK）。

① 在华为云管理控制台，单击页面右上角的用户名，选择“我的凭证”，如图 7-1-2 所示。

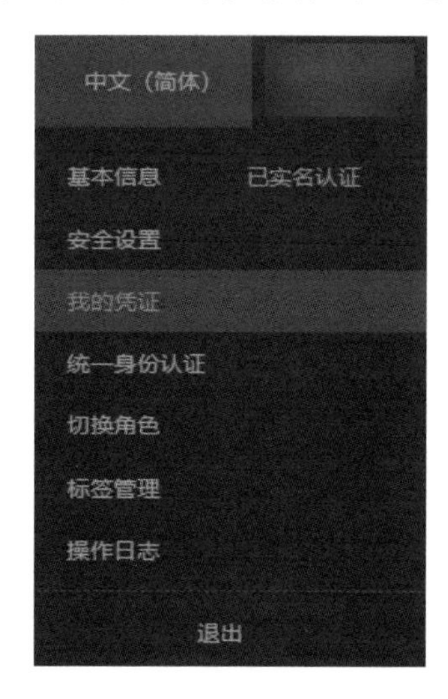

图 7-1-2　我的凭证

② 在左侧导航栏，选择“访问密钥”。单击“新增访问密钥”选项，如图 7-1-3 所示，可进入新增访问密钥页面。

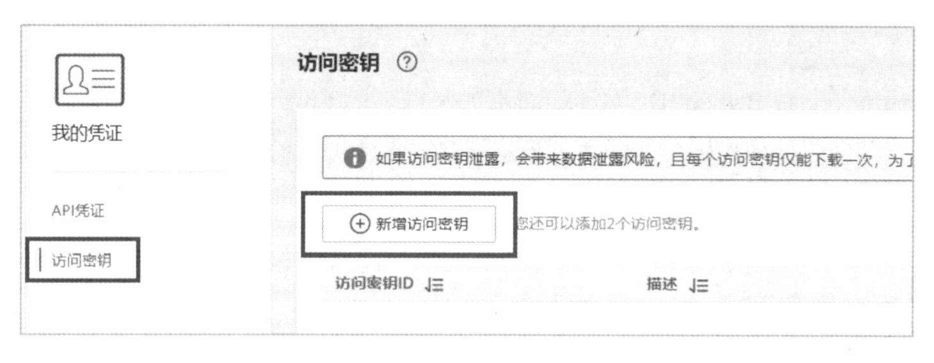

图 7-1-3　新增访问密钥

③ 输入登录密码（登录华为云网站所用的密码），通过邮箱或手机进行验证，输入对应的验证码，单击“确定”按钮，下载访问。根据浏览器提示，保存密钥文件。

注意：为防止访问密钥泄露，建议用户将其保存到安全的位置。

④ 打开下载至本地的“credentials.csv”密钥文件，即可获取访问密钥（AK 和 SK），如图 7-1-4 所示。

	A	B	C
1	User Name	Access Key Id	Secret Access Key
2	hu[illegible]dg	QTWA[illegible]UT2QVKYUC	MFyfvK41ba2[illegible]npdUKGpownRZlmVmHc

图 7-1-4　获取访问密钥

⑤ 在 PyCharm 中安装华为云 SDK，执行“File”→“Settings”→“Project：华为云”→“Python Interpreter”操作，如图 7-1-5 所示。

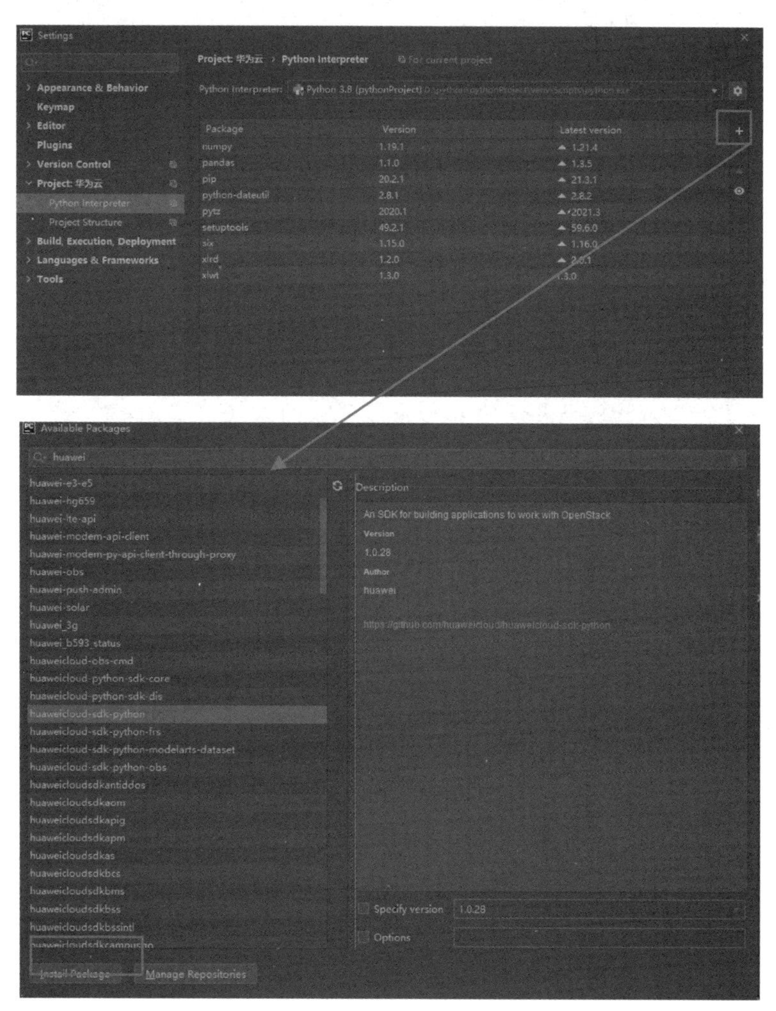

图 7-1-5　安装华为云 SDK

根据提示安装所需华为云 SDK，此处安装的 SDK 包括 huaweicloudsdkcore，huaweicloudsdkecs，huaweicloudsdkevs，huaweicloudsdkrds。

2．用 Python SDK 创建云主机

讲解视频：用 Python SDK 创建云主机

① 运行 PyCharm 软件，新建名为“华为云”的项目，将文件存放在云主机文件夹下（注：云主机文件夹为空文件），然后单击“Create”按钮，如图 7-1-6 所示。

② 用右键单击“华为云”项目，新建“华为云”Python 文件，页面如图 7-1-7 所示。

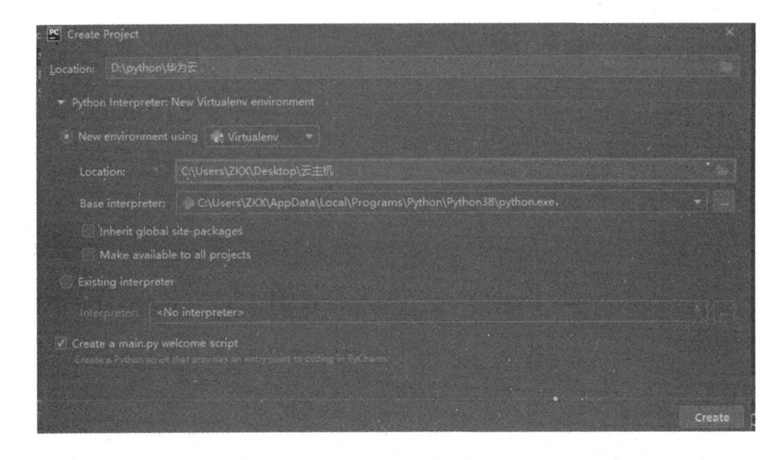

图 7-1-6　新建项目

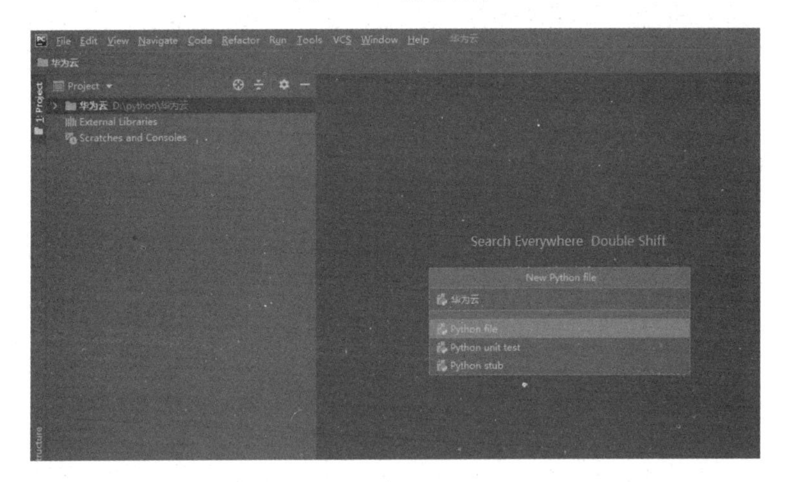

图 7-1-7　新建华为云 Python 文件

③ 进入华为云管理控制台，创建虚拟私有云，如图 7-1-8 所示。

图 7-1-8　创建虚拟私有云

④ 将以下代码复制到“华为云”Python 文件中。

代码说明：

subnet_id 为创建虚拟私有云时所创建子网 ID 的网络 ID；

image_ref 为通过华为云“镜像服务”→“公共镜像”创建的自己所需要的镜像 ID；

vpcid 为创建的虚拟私有云 VPCID。

```
#coding: utf-8
from huaweicloudsdkcore.auth.credentials import BasicCredentials
from huaweicloudsdkcore.exceptions import exceptions
from huaweicloudsdkcore.http.http_config import HttpConfig
from huaweicloudsdkecs.v2 import *
from huaweicloudsdkecs.v2.region.ecs_region import EcsRegion
if __name__ == "__main__":
    #客户端认证信息
    ak = "<AK>"
    sk = "<SK>"
    credentials = BasicCredentials(ak, sk)
    #客户端初始化采用 Region 方式
    client = EcsClient.new_builder() \
    .with_credentials(credentials) \
    .with_region(EcsRegion.value_of("cn-east-2")) \
    .build()
    try:
        #初始化请求对象
        request = CreateServersRequest()
        #云服务器对应系统盘相关配置
        rootVolumePrePaidServerRootVolume = PrePaidServerRootVolume(
        #云服务器系统盘对应的磁盘类型，需要与系统所提供的磁盘类型相匹配
        volumetype="SAS"
        #使用 SDI 规格创建虚拟机时请关注该参数，如果该参数值为 true，说明创建的为 scsi 类型的卷
        #hwpassthrough=False
        )
        #待创建云服务器所在的子网信息，需要指定 vpcid 对应 VPC 下的子网 ID 和 UUID 格式
        listPrePaidServerNicNicsServer = [
        PrePaidServerNic(
        subnet_id="e4adcc2a-263d-4b20-a7c7-2e7319d3c78c"
        )
        ]
        serverPrePaidServer = PrePaidServer(
        #镜像的 ID 可以从镜像服务的“查询镜像列表”接口获取，该接口可根据__imagetype、__os_type
等参数过滤选择合适镜像
        image_ref="20b2d35c-7da9-4071-b2e6-61b7e276791c",
        #待创建云服务器的系统规格的 ID。可通过“规格列表接口”查询，该接口支持通过
availability_zone 参数过滤出待创建云服务器可用区下可用的规格
        flavor_ref="s6.large.2",
        #待创建云服务器的名称
        name="cetc55-1",
        #创建云服务器所属虚拟私有云（简称 VPC），需要指定已创建 VPC 的 ID
        #可通过查询 VPC 列表接口查询
        vpcid="3302cd13-72eb-4d60-a653-79ef50e1ca34",
        #待创建云服务器的网卡信息
        nics=listPrePaidServerNicNicsServer,
        #待云服务器数量
        count=2,
```

```
            #云服务器对应系统盘相关配置
            root_volume=rootVolumePrePaidServerRootVolume
            )
            #设置请求主体部分
            request.body = CreateServersRequestBody(
            server=serverPrePaidServer
            )
            #执行响应
            response = client.create_servers(request)
            print(response)
        except exceptions.ClientRequestException as e:
            print(e.status_code)
            print(e.request_id)
            print(e.error_code)
            print(e.error_msg)
```

注：该代码采用 AK/SK 签名认证流程，需要创建 AK/SK 签名。

④ 执行上面的代码后，结果如图 7-1-9 所示。

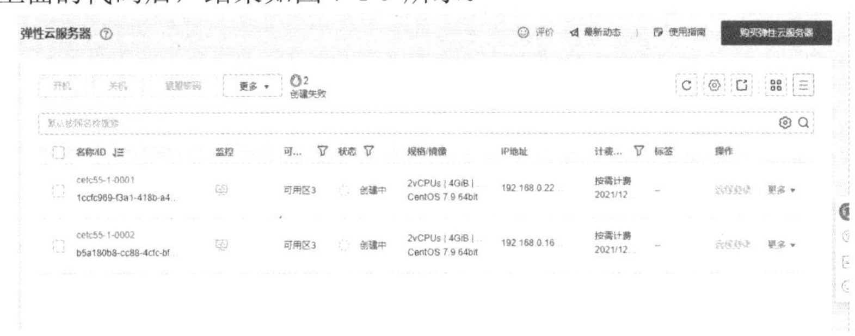

图 7-1-9　代码运行结果

讲解视频：用 Python SDK 创建和删除云硬盘

3．用 Python SDK 创建和删除云硬盘

① 运行 PyCharm 软件，在“华为云”的项目中，单击“Create”按钮。用右键单击“云硬盘”项目，新建“云硬盘”Python 文件，页面如图 7-1-10 所示。

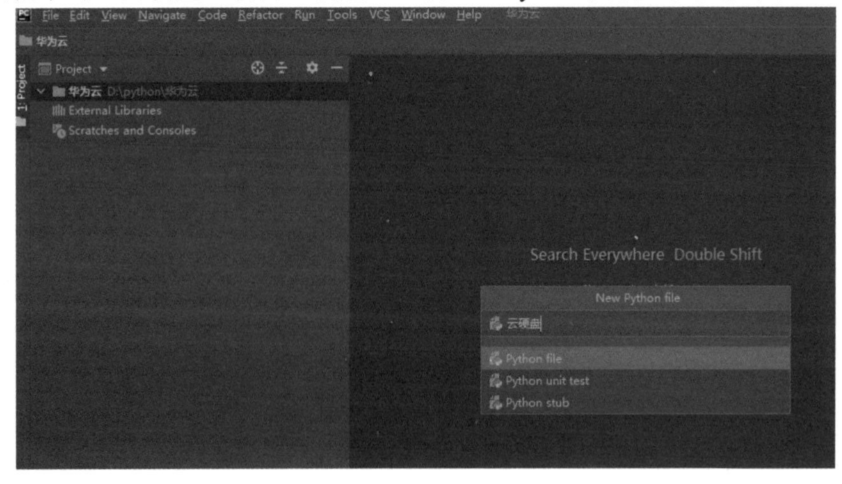

图 7-1-10　创建云硬盘项目

② 将以下代码复制到“云硬盘”的 Python 文件中。

```
#coding: utf-8
'''
云硬盘创建

'''
from huaweicloudsdkcore.auth.credentials import BasicCredentials
from huaweicloudsdkcore.exceptions import exceptions
#需要安装 huaweicloudsdkevs 模块
from huaweicloudsdkevs.v2.region.evs_region import EvsRegion
from huaweicloudsdkevs.v2 import *

if __name__ == "__main__":
    #客户端认证信息
    ak = "<AK>"
    sk = "<SK>"
    credentials = BasicCredentials(ak, sk) \
    #客户端初始化采用 Region 方式指定可选区
    client = EvsClient.new_builder() \
        .with_credentials(credentials) \
        .with_region(EvsRegion.value_of("cn-east-2")) \
        .build()

    try:
        request = CreateVolumeRequest()
        volumeCreateVolumeOption = CreateVolumeOption(
            #区域可选区 必选参数 参照云主主机的可选区
            availability_zone="cn-east-2d",
            #云硬盘名称
            name="cetc-volumn-1",
            #云硬盘大小
            size=10,
            #云硬盘类型，必选参数
            volume_type="SSD"
        )
        bssParamBssParamForCreateVolume = BssParamForCreateVolume(
            #计费模式，默认值为 postPaid，按需计费
            charging_mode="postPaid",
            #是否立即支付。chargingMode 为 PrePaid 时该参数会生效，默认值为 false
            is_auto_pay="false",
            #功能说明：是否自动续订。chargingMode 为 prePaid 时该参数会生效，默认值为 false
            is_auto_renew="false"
        )
        request.body = CreateVolumeRequestBody(
            volume=volumeCreateVolumeOption,
            bss_param=bssParamBssParamForCreateVolume
```

```
        )
        response = client.create_volume(request)
        print(response)
    except exceptions.ClientRequestException as e:
        print(e.status_code)
        print(e.request_id)
        print(e.error_code)
        print(e.error_msg)
```

③ 执行上面代码后，结果如图 7-1-11 所示。查看云硬盘，如图 7-1-12 所示。

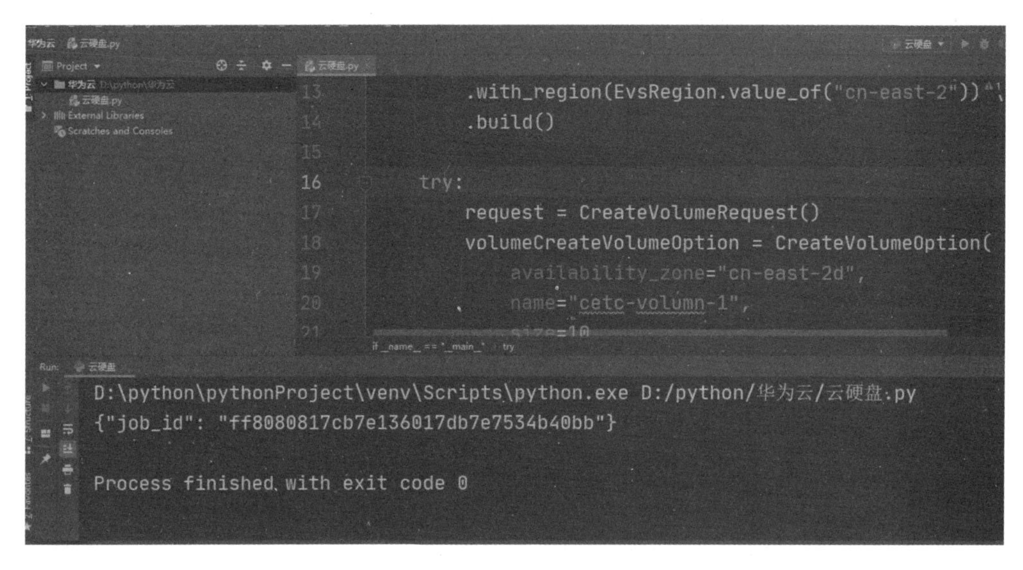

图 7-1-11 代码运行结果

图 7-1-12 查看云硬盘

④ 删除云硬盘代码示例如下。

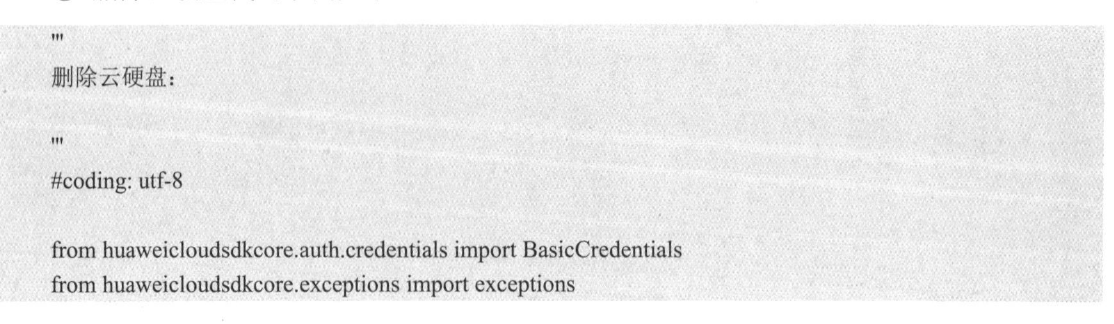

```
'''
删除云硬盘：

'''
#coding: utf-8

from huaweicloudsdkcore.auth.credentials import BasicCredentials
from huaweicloudsdkcore.exceptions import exceptions
```

```
from huaweicloudsdkevs.v2.region.evs_region import EvsRegion
from huaweicloudsdkevs.v2 import *

if __name__ == "__main__":
    #客户端认证信息
    ak = "<AK>"
    sk = "<SK>"

    credentials = BasicCredentials(ak, sk) \

    client = EvsClient.new_builder() \
        .with_credentials(credentials) \
        .with_region(EvsRegion.value_of("cn-east-2")) \
        .build()

    try:
        request = DeleteVolumeRequest()
        #要删除的 id
        request.volume_id = "ea6af4e6-022c-43e1-8b15-a8172a58d1db"
        response = client.delete_volume(request)
        print(response)
    except exceptions.ClientRequestException as e:
        print(e.status_code)
        print(e.request_id)
        print(e.error_code)
        print(e.error_msg)
```

⑤ 执行上面代码后，结果如图 7-1-13 所示。查看云硬盘，如图 7-1-14 所示。

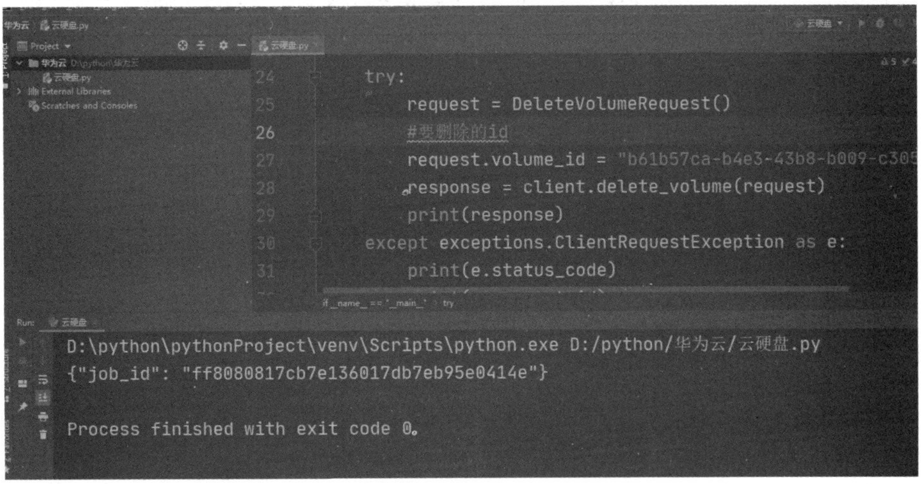

```
24    try:
25        request = DeleteVolumeRequest()
26        #要删除的id
27        request.volume_id = "b61b57ca-b4e3-43b8-b009-c305
28        response = client.delete_volume(request)
29        print(response)
30    except exceptions.ClientRequestException as e:
31        print(e.status_code)

D:\python\pythonProject\venv\Scripts\python.exe D:/python/华为云/云硬盘.py
{"job_id": "ff8080817cb7e136017db7eb95e0414e"}

Process finished with exit code 0。
```

图 7-1-13 代码运行结果

图 7-1-14　查看云硬盘

4. 用 Python SDK 创建和删除数据库

① 运行 PyCharm 软件，创建名为“云数据库”的项目，文件存放在云数据库文件夹下（注：云数据库文件夹为空文件），然后单击“Create”按钮，如图 7-1-15 所示。

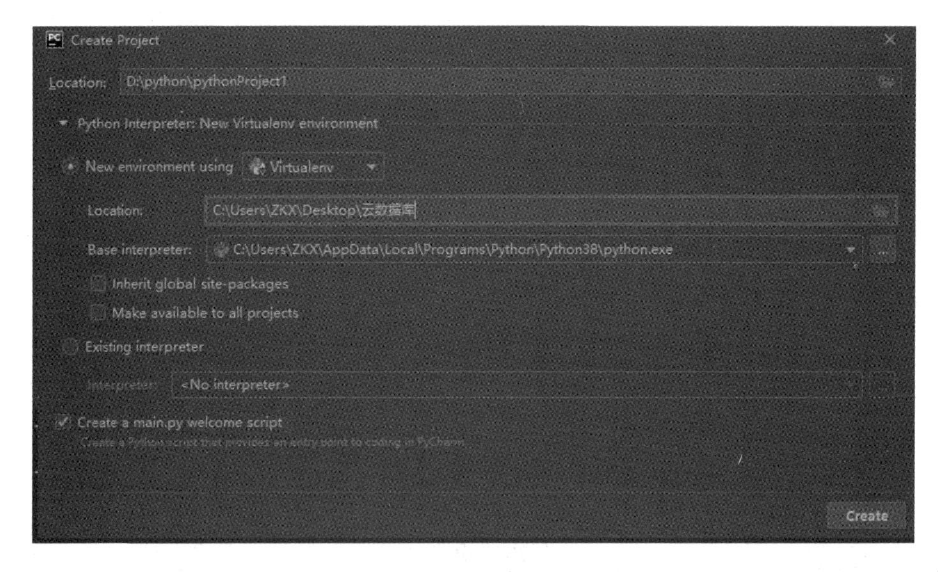

图 7-1-15　创建云数据库项目

② 将以下代码复制到“云数据”Python 文件中，结果如图 7-1-16 所示。

代码说明：

subnet_id 为创建虚拟私有云时所创建子网 ID 的网络 ID；

security_group_id 为“弹性云服务器”→“安全组”中 default 安全组 ID；

vpcid 为创建的虚拟私有云 VPCID。

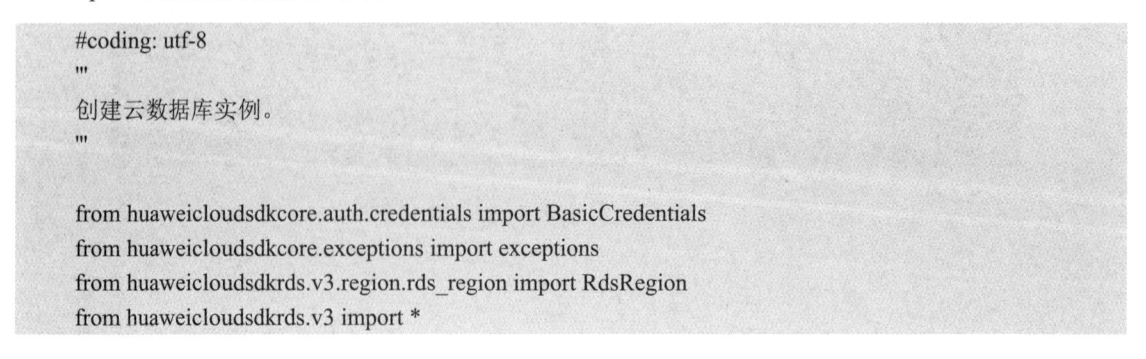

```
#coding: utf-8
'''
创建云数据库实例。
'''

from huaweicloudsdkcore.auth.credentials import BasicCredentials
from huaweicloudsdkcore.exceptions import exceptions
from huaweicloudsdkrds.v3.region.rds_region import RdsRegion
from huaweicloudsdkrds.v3 import *
```

```
if __name__ == "__main__":
    #客户端认证信息
    ak = "<AK>"
    sk = "<SK>"

    credentials = BasicCredentials(ak, sk) \
    #客户端初始化
    client = RdsClient.new_builder() \
        .with_credentials(credentials) \
        .with_region(RdsRegion.value_of("cn-east-2")) \
        .build()

    try:
        request = CreateInstanceRequest()
        #按需计费
        chargeInfoChargeInfo = ChargeInfo(
            charge_mode="postPaid"
        )
        #磁盘配置
        '''
          磁盘类型。区分大小写：COMMON 表示 SATA；HIGH 表示 SAS；ULTRAHIGH 表示 SSD；
ULTRAHIGHPRO 表示 SSD 尊享版，仅支持超高性能型尊享版（需申请权限）
          CLOUDSSD 表示 SSD 云盘，仅支持通用型和独享型规格实例
          LOCALSSD 表示本地 SSD
        '''
        volumeVolume = Volume(
            #超高 IO
            type="ULTRAHIGH",
            #默认单位 GB
            size=40
        )
        #数据库引擎设置
        datastoreDatastore = Datastore(
            #数据库引擎，不区分大小写：MySQL PostgreSQL SQLServer
            type="MySQL",
            #MySQL 引擎支持 5.6、5.7、8.0 版本
            version="5.7"
        )
        #HA 配置参数： 主备或单机
        haHa = Ha(
            mode="Single",
            replication_mode="async"
        )
        #备份时间
        backupStrategyBackupStrategy = BackupStrategy(
            start_time="23:00-00:00"
```

```
            )
            request.body = InstanceRequest(
                charge_info=chargeInfoChargeInfo,
                #安全组设置
                security_group_id="e151e1bf-c82e-4ae1-832d-23cf7aa784ef",
                #网络设置
                vpc_id="327629e6-4bce-4a2d-afc1-1e13f5d01f72",
                subnet_id="8b6bdd8a-cfaf-4926-aa3c-84c3d5ea7250",
                #区域
                availability_zone="cn-east-2b",
                #可选区
                region="cn-east-2",
                #设置磁盘相关信息
                volume=volumeVolume,
                #规格码,取值范围:非空
                flavor_ref="rds.mysql.s1.large",
                #密码
                password="Cetc55@hw",
                #HA 配置
                ha=haHa,
                #端口设置
                port="3306",
                datastore=datastoreDatastore,
                name="cetc-hwc-rds-2"
            )
            response = client.create_instance(request)
            print(response)
        except exceptions.ClientRequestException as e:
            print(e.status_code)
            print(e.request_id)
            print(e.error_code)
            print(e.error_msg)
```

③ 执行上面代码后，结果如图 7-1-16 所示。查看云数据库，如图 7-1-17 所示。

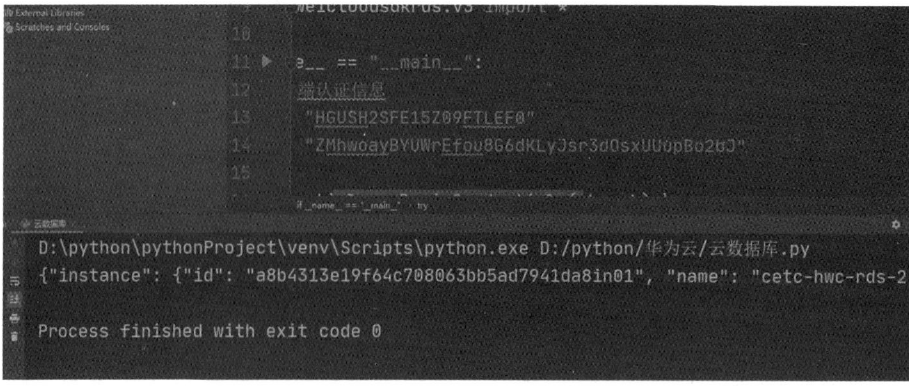

```
D:\python\pythonProject\venv\Scripts\python.exe D:/python/华为云/云数据库.py
{"instance": {"id": "a8b4313e19f64c708063bb5ad7941da8in01", "name": "cetc-hwc-rds-2"

Process finished with exit code 0
```

图 7-1-16 代码运行结果

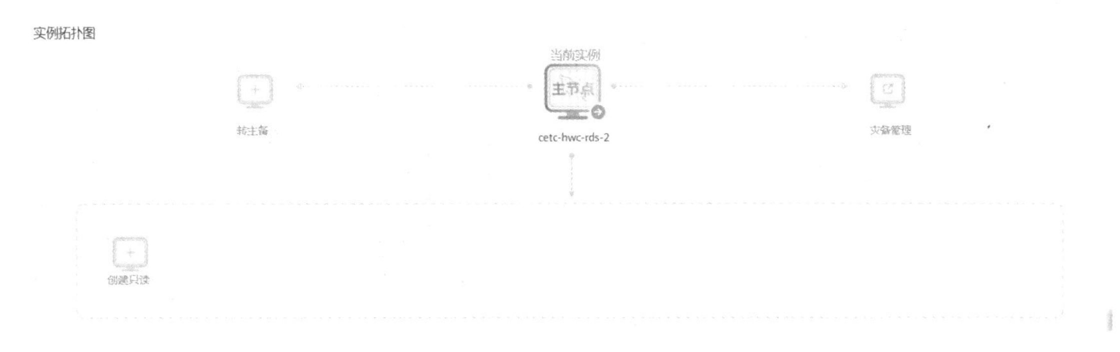

图 7-1-17　查看云数据库

任务 7.2　基于 Kubernetes 应用灰度发布

任务描述

1. 了解 Kubernetes 灰度发布
2. 应用 Kubernetes 灰度发布

知识学习

灰度发布是迭代的软件产品在生产环境安全上线的一种重要手段。

应用服务网格基于 Istio 提供的服务治理能力，对服务提供多版本支持和灵活的流量策略，从而支持多种灰度发布场景。

1. 应用服务网格

应用服务网格 ASM 提供非侵入式的微服务治理解决方案，支持完整的生命周期管理和流量治理，兼容 Kubernetes 和 Istio 生态，功能包括负载均衡、熔断、限流等多种治理能力，并且内置金丝雀、蓝绿灰度发布流程，提供一站式自动化的发布管理。

Istio 是一个提供连接、保护、控制及观测功能的开放平台，通过提供完整的非侵入式微服务治理解决方案，能够很好地解决云原生服务的管理、网络连接及安全管理等服务治理问题。

随着微服务的大量应用，其构成的分布式应用架构在运维、调试和安全管理等维度变得更加复杂，开发者面临更大的挑战，如服务发现、负载均衡、故障恢复、指标收集和监控，以及金丝雀发布、蓝绿发布、限流、访问控制、端到端认证等。

在较高的层次上，Istio 有助于降低这些部署的复杂性，并减轻开发团队的压力。它是一个完全开源的服务网格，可以透明地分层到现有的分布式应用程序上。它也是一个平台，包括允许集成到任何日志记录平台、遥测或策略系统的 API。Istio 的多样化功能使用户能够高效地运行分布式微服务架构，它为用户提供保护、连接和监控微服务的统一方法。

Istio 提供了一个完整的解决方案，通过为整个服务网格提供行为洞察和操作控制来满足微服务应用程序的多样化需求。Istio 和 Kubernetes 的关系如图 7-2-1 所示。

图 7-2-1　Istio 和 Kubernetes 的关系

Kubernetes 提供了部署、升级和有限的运行流量管理能力，但并不具备熔断、限流降级、调用链治理等能力。Istio 是基于 Kubernetes 构建的开放平台，它很好地补齐了 Kubernetes 在微服务治理上的诸多能力。

要想让服务支持 Istio，只需要在环境中部署一个特殊的 sidecar 代理，使用 Istio 控制平面功能配置和管理代理，拦截微服务之间的所有网络通信，实现 HTTP、gRPC、WebSocket 和 TCP 流量的自动负载均衡。通过丰富的路由规则、重试、故障转移和故障注入，可以对流量行为进行细粒度控制。可插入的策略层和配置 API，支持访问控制、速率限制和配额。对出入集群入口和出口中所有流量自动度量指标、日志记录和追踪。通过强大的基于身份的验证和授权，在集群中实现安全的服务间通信。

Istio 旨在实现可扩展性，满足各种部署需求。

2. 产品架构

应用服务网格产品架构如图 7-2-2 所示。

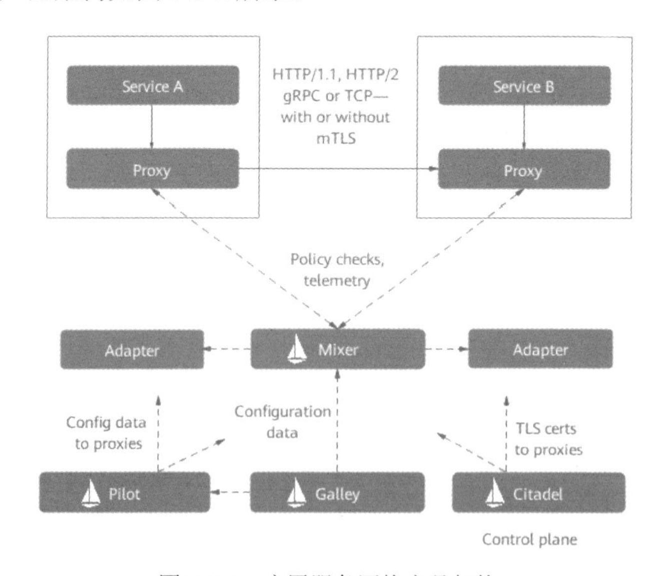

图 7-2-2　应用服务网格产品架构

（1）控制面组件。

每个 Kubernetes 集群部署一套，可以独占用户节点，也可以与用户节点共享，都使用租户内的 ECS 或 BMS 节点。数据面 Envoy 和业务容器部署在同一个 Pod 中，在创建 Pod 时自动注入。

（2）控制面。

Pilot：服务发现和治理规则维护是 Istio 的控制中枢。Pilot 直接从运行平台提取数据并将其构造和转换成 Istio 的服务发现模型。Pilot 负责将各种规则转换成 Envoy 可识别的格式，通过标准的 xDS 协议发送给 Envoy，指导 Envoy 完成动作。在通信上，Envoy 通过 gRPC 流式订阅 Pilot 的配置资源。

Mixer：网格遥测和遥测数据收集。当网格中的两个服务间有调用发生时，服务的代理 Envoy 就会上报遥测数据和服务间访问的策略执行。

Citadel：网格安全管理组件。提供自动生成、分发、轮换与撤消密钥和证书功能。

Sidecar-injector：自动注入服务。只要开启了自动注入，在创建 Pod 时就会自动调用 Istio-sidecar-injector 向 Pod 中注入 Sidecar 容器。

Egressgateway：出方向流量网关。

Ingressgateway：入方向流量网关。

Galley：用于校验 Istio 相关配置文件。

Policy：执行预检查能力。

Telemetry：遥测监控能力。

（3）数据面。

Envoy 是轻量级高性能开源服务代理。作为服务网格的数据面，Envoy 提供了动态服务发现、负载均衡、TLS、HTTP/2、gRPC 代理、熔断器、健康检查、流量拆分、灰度发布、故障注入等功能，Istio 提供的大部分治理能力最终都落实到 Envoy 的实现上。Envoy 拦截业务容器的出流量和入流量并执行响应的操作。

3. 产品功能

（1）灰度发布。

基于请求内容灰度规则：支持基于请求内容灰度规则，可以配置 Header、Cookie 等多种请求信息。

基于权重灰度规则：支持基于流量权重的灰度规则，根据权重比例分配流量。

金丝雀灰度流程：提供向导方式引导用户完成金丝雀灰度流程，包括灰度版本上线、观察灰度版本运行、配置灰度规则、观测访问情况、切分流量等。

蓝绿灰度流程：提供向导方式引导用户完成蓝绿灰度流程，包括灰度版本上线、观察灰度版本运行、观测访问情况、版本切换等。

无人值守灰度发布：配置灰度版本、灰度规则和触发条件，自动完成灰度发布流程。

（2）流量治理。

七层连接池管理：支持界面基于拓扑配置，配置最大等待 HTTP 请求数、最大请求数、每个连接的最大请求数、最大重试次数。

四层连接池管理：支持界面基于拓扑配置，配置 TCP 的最大连接数、连接超时等。

熔断：支持界面基于拓扑配置服务熔断规则，包括实例被驱逐前的连续错误次数、驱逐间隔时长、最小驱逐时间、最大驱逐比例等。

重试：支持配置 HTTP 重试次数等进行 HTTP 重试（后台配置）。

重定向：支持配置 HTTP 重定向到一个指定的目标地址（后台配置）。

重写：支持配置 HTTP 重写一个目标地址（后台配置）。

流量镜像：支持将流量实时镜像到另外一个目标地址上（后台配置）。

请求超时：支持配置 HTTP 超时时间（后台配置）。

降级：不支持传统微服务的降级语义。

负载均衡：支持界面基于拓扑配置随机、轮询、最小连接数等多种负载均衡策略。

会话保持：支持界面配置会话保持规则。

故障注入：支持配置错误和延时的故障。

（3）安全。

透明双向认证：支持界面基于拓扑配置服务间的双向认证。

细粒度访问授权：支持界面基于拓扑配置服务间的访问授权（后台 API 可以配置 Namespace 级别授权，授权可以给一个特定的接口）。

（4）可观察性。

应用访问拓扑：支持网格应用访问拓扑，体现服务间依赖。

服务运行监控：支持服务访问信息，包括服务和服务各个版本的 QPS 和延时等指标。

访问日志：支持收集和检索服务的访问日志。

调用链：支持非侵入调用链埋点，并可以通过检索调用链数据进行问题定界定位。

4．产品优势

（1）简单易用。

无须修改任何服务代码，也无须手动安装代理，只需开启应用服务网格功能，即可无侵入地获得丰富的服务治理能力。

（2）内置金丝雀、蓝绿等多种灰度发布流程。

- 灰度版本可一键部署，流量切换可一键生效。
- 灰度策略可配置，支持流量比例、请求内容（Cookie、OS、浏览器等）、源 IP 等。
- 提供一站式健康、性能、流量监控，实现灰度发布过程量化、智能化、可视化。

（3）策略化的智能路由与弹性流量管理。

支持基于应用拓扑对服务配置负载均衡、服务路由、故障注入、熔断容错等治理规则，并结合一站式治理系统，提供实时、可视化的微服务流量管理；支持无侵入智能流量治理，应用无须任何改造，即可进行动态智能路由和弹性流量管理。

（4）图形化应用全景拓扑，流量治理可视化。

应用服务网格提供了可视化的流量监控，链路健康状态、异常响应、超长响应时延、流量状态信息拓扑等一目了然，如图 7-2-3 所示。

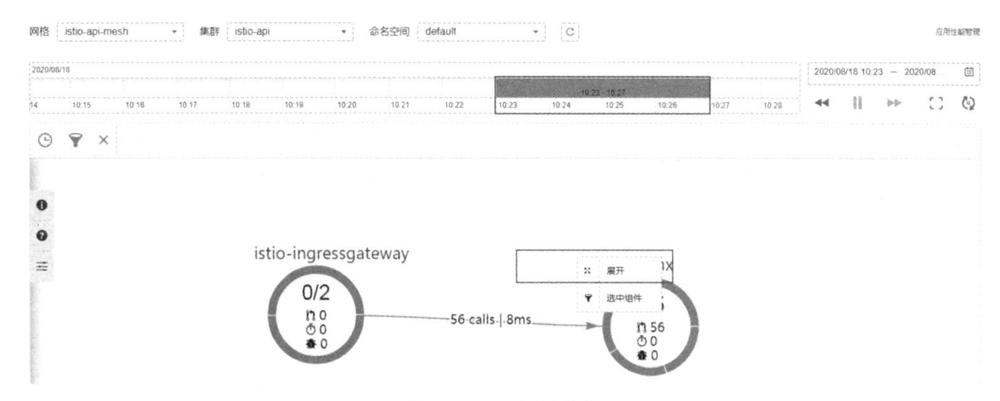

图 7-2-3 流量监控

结合应用运维管理 AOM、应用性能管理 APM 服务，提供了详细的微服务级流量监控、异常响应流量报告以及调用链信息，可实现更快速、更准确的问题定位。

（5）增强性能和可靠性。

控制面和数据面在社区版本基础上进行可靠性加固和性能优化。

（6）多云多集群、多基础设施。

提供免运维的托管控制面，提供多云多集群的全局统一的服务治理，提供灰度、安全和服务运行监控能力，并支持对容器和 VM 等多种基础设施的统一服务发现和管理。

（7）协议扩展。

在社区通用的 HTTP、gRPC、TCP、TLS 外扩展对 Dubbo 协议的支持。

任务实施

1. 容器镜像管理实验

① 创建组织，以运营账号登录华为云平台，找到容器镜像服务，也可以通过“服务列表”检索 swr 进入，如图 7-2-4 所示。

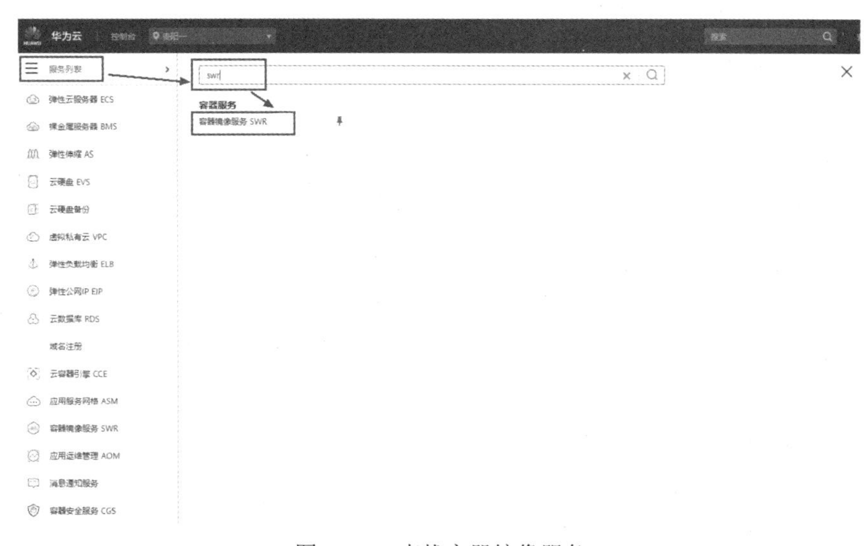

图 7-2-4 查找容器镜像服务

② 进入组织管理页面，单击“创建组织”按钮，将组织名称设置为 peixun-test，如图 7-2-5 所示。

图 7-2-5　创建组织

③ 组织创建完成后进行镜像上传。下载测试容器镜像（operatorsysv1.tar/ operatorsysv2.tar）至本地计算机，进入我的镜像页面，单击“页面上传”按钮，组织选择“peixun-test”，最后单击“选择镜像文件”按钮，如图 7-2-6 所示。

图 7-2-6　上传镜像

④ 选择本地容器镜像（operatorsysv1.tar / operatorsysv2.tar），单击“开始上传”按钮，如图 7-2-7 所示。

2. 容器资源管理实验

① 创建 VPC 及子网。以运营账号登录华为云平台，在华为云管理控制台选择“服务列表”→“虚拟私有云 VPC”，也可以通过“服务列表”检索 vpc 进入，如图 7-2-8 所示。

图 7-2-7　上传容器镜像

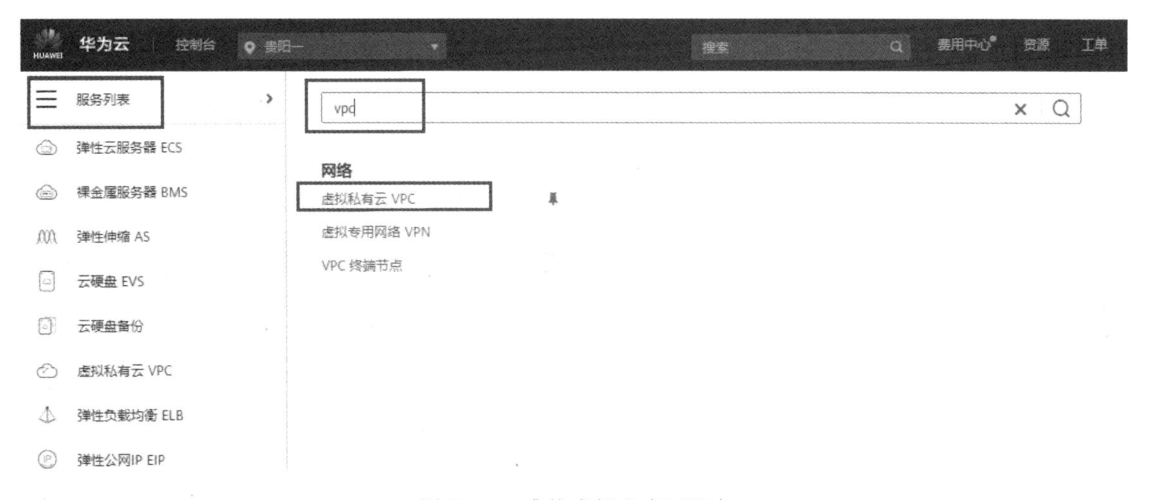

图 7-2-8　查找虚拟私有云服务

② 单击“创建虚拟私有云”按钮，进入创建虚拟私有云页面，企业项目选择“default”，其他设置无须做任何修改，直接单击“立即创建”按钮（在实际生产环境需要填写实际的网段），如图 7-2-9 所示。

③ 创建 k8s 集群。进入云容器引擎 CCE，选择“资源管理”→“集群管理”页签，单击“购买混合集群”按钮，进行集群创建。计费模式选择按需计费，集群名称设置为 testcce，其余采用默认值，如图 7-2-10 所示。

④ 单击“下一步：创建节点”按钮，选择“稍后添加”按钮，如图 7-2-11 所示。

⑤ 按页面提示一直执行下一步操作，最后单击“提交”按钮，如图 7-2-12 所示。

⑥ 等待 5 分钟左右，集群创建完成。查看集群管理，如图 7-2-13 所示。

⑦ 创建节点。

前提条件：集群已完成创建。

进入云容器引擎 CCE，选择“资源管理”→“节点管理”页签，单击“购买节点”按钮，进行节点创建。计费模式选择按需计费，规格选择“8 核 | 16GB”，如图 7-2-14 所示，并设

置节点登录密码，将节点购买数量设置为 2，如图 7-2-15 所示。创建完成后，单击“弹性云服务器”按钮，当云服务器显示为“可用”时，表示该云服务器创建成功，如图 7-2-16 所示。

图 7-2-9　创建 VPC

图 7-2-10　购买混合集群

图 7-2-11　选择稍后添加

图 7-2-12　确认配置信息

图 7-2-13　查看集群管理

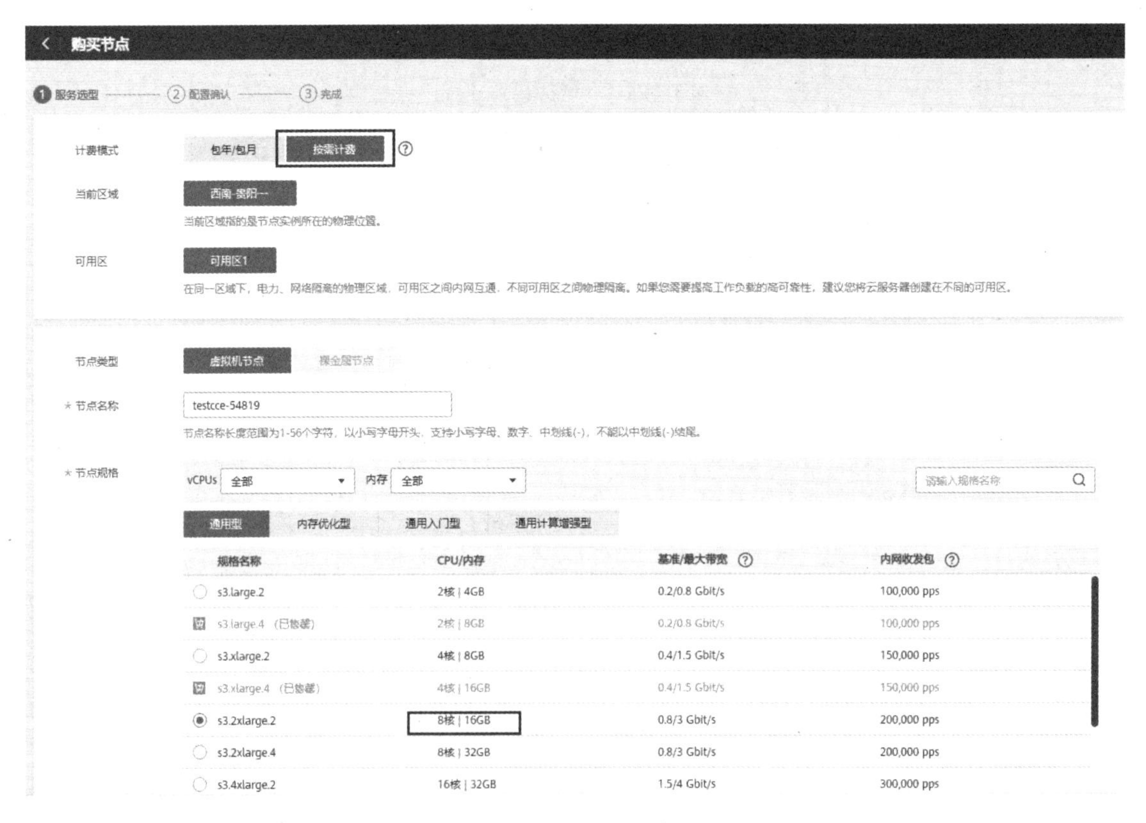

图 7-2-14　购买节点

登录方式 密码 密钥对

用户名 root

密码 ••••••••••

请妥善管理密码，系统无法获取您设置的密码内容

确认密码 ••••••••••

云服务器高级设置

Kubernetes高级设置

节点购买数量 − 2 + 您还可以购买 48 个节点。如需申请更多配额，请单击申请扩大配额

图 7-2-15　设置节点登录密码和节点购买数量

图 7-2-16　查看云服务器

3．应用快速部署实验

① 创建无状态负载。

前提条件：已存在可用集群和节点，镜像仓库存在可用镜像。

以运营账号登录华为容器引擎平台，选择“工作负载”→“无状态负载”，单击“创建无状态工作负载”按钮，设置工作负载名称和实例数量，单击“下一步：容器设置”按钮，如图 7-2-17 所示。

图 7-2-17　创建无状态工作负载

② 单击“添加容器”按钮，选择已有的“operatorsys”镜像，单击“确定”按钮，如图 7-2-18 所示。

图 7-2-18　添加容器

③ 单击“下一步：工作负载访问设置”按钮，选择“添加服务”，访问类型选择“负载均衡”，容器端口和访问端口都设置为 80，如图 7-2-19 和图 7-2-20 所示。

④ 按页面提示一直执行下一步操作，直至创建工作负载成功，如图 7-2-21 所示。

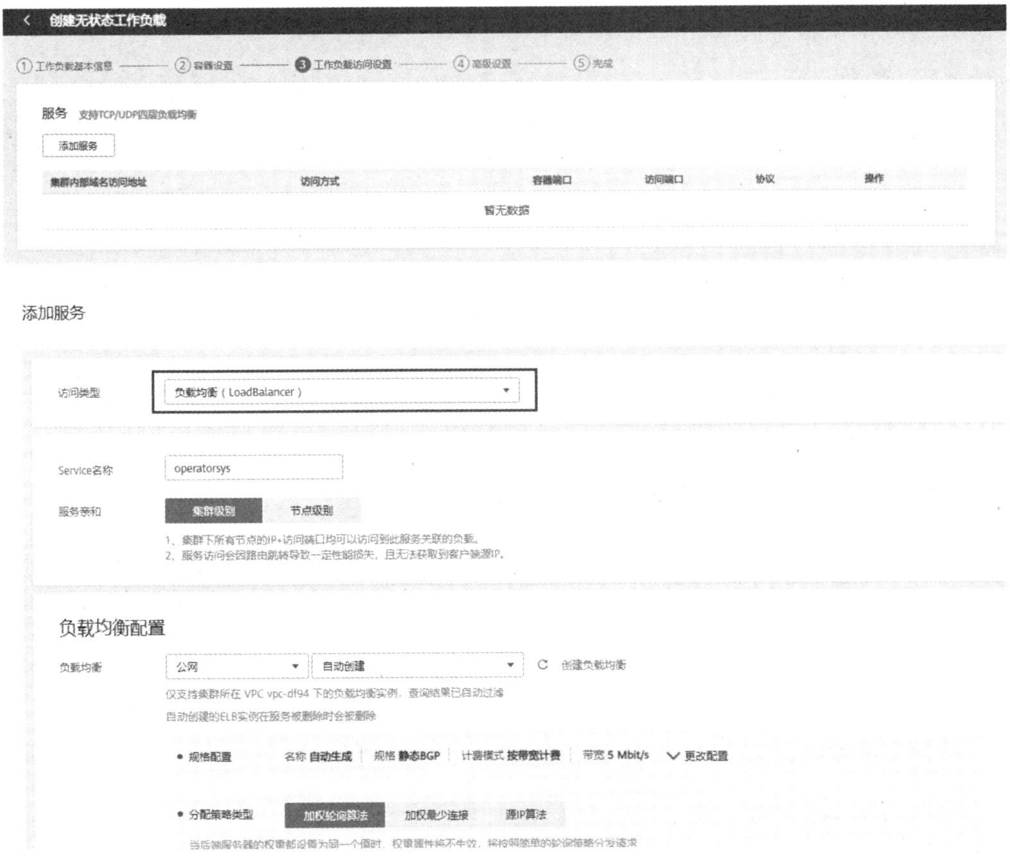

< 创建无状态工作负载

① 工作负载基本信息 ② 容器设置 ③ 工作负载访问设置 ④ 高级设置 ⑤ 完成

服务 支持TCP/UDP四层负载均衡

添加服务

集群内部域名访问地址	访问方式	容器端口	访问端口	协议	操作
暂无数据					

添加服务

访问类型 负载均衡（LoadBalancer）

Service名称 operatorsys

服务亲和 集群级别 节点级别

1、集群下所有节点的IP+访问端口均可以访问到此服务关联的负载。

2、服务访问会因路由跳转导致一定性能损失，且无法获取到客户端源IP。

负载均衡配置

负载均衡 公网 自动创建 创建负载均衡

仅支持集群所在 VPC vpc-df94 下的负载均衡实例，查询结果已自动过滤

自动创建的ELB实例在服务被删除时会被删除

• 规格配置 名称 自动生成 规格 静态BGP 计费模式 按带宽计费 带宽 5 Mbit/s 更改配置

• 分配策略类型 加权轮询算法 加权最少连接 源IP算法

图 7-2-19 选择访问类型

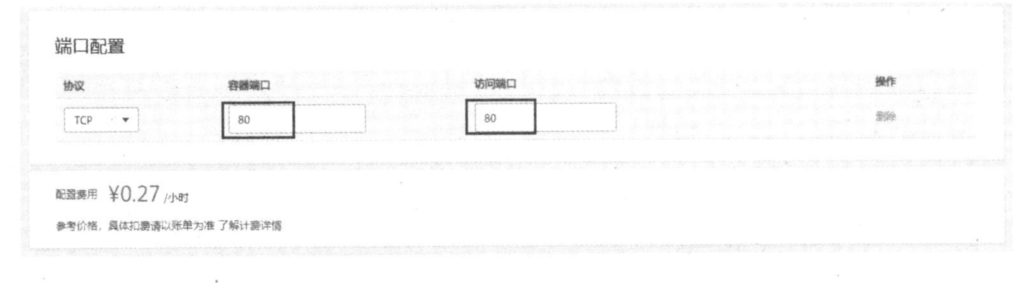

图 7-2-20 设置容器端口和访问端口

图 7-2-21 创建工作负载成功

⑤ 单击弹性公网 IP 地址，查看灰度发布，如图 7-2-22 所示。

图 7-2-22 查看灰度发布

4．应用灰度发布实验

① 启用 Istio 网格服务。

前提条件：已存在可用集群，且集群下节点资源充足。

进入应用服务网格服务，单击“购买网格”按钮，网格类型选择专有网格，集群选择 testcce，部署模式选择共享模式，如图 7-2-23 所示。

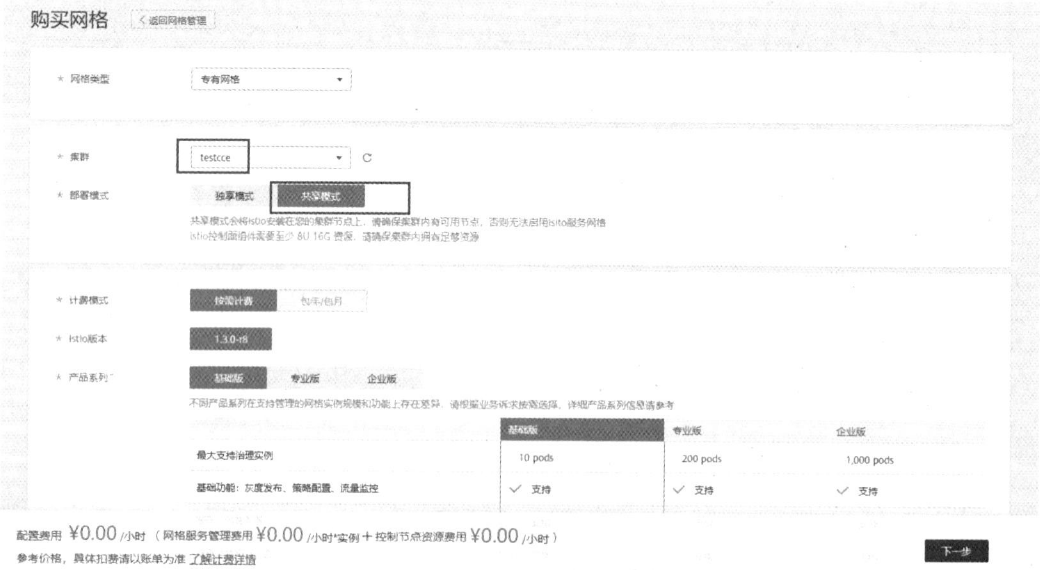

购买网格
< 返回网格管理
网格类型 专有网格
集群 testcce
部署模式 独享模式 共享模式
共享模式会将istio安装在您的集群节点上，请确保集群内有可用节点，否则无法启用isito服务网格
istio控制面组件需要至少 8U 16G 资源，请确保集群内拥有足够资源
计费模式 按需计费 包年/包月
Istio版本 1.3.0-r8
产品系列 基础版 专业版 企业版
不同产品系列在支持管理的网格实例规模和功能上存在差异，请根据业务诉求按需选择，详细产品系列信息请参考

	基础版	专业版	企业版
最大支持治理实例	10 pods	200 pods	1,000 pods
基础功能：灰度发布、策略配置、流量监控	支持	支持	支持

配置费用 ¥0.00 /小时（网格服务管理费用 ¥0.00 /小时*实例 + 控制节点资源费用 ¥0.00 /小时）
参考价格，具体扣费请以账单为准 了解计费详情
下一步

图 7-2-23 购买网格

② 购买成功后，返回列表进行查看，如图 7-2-24 所示。

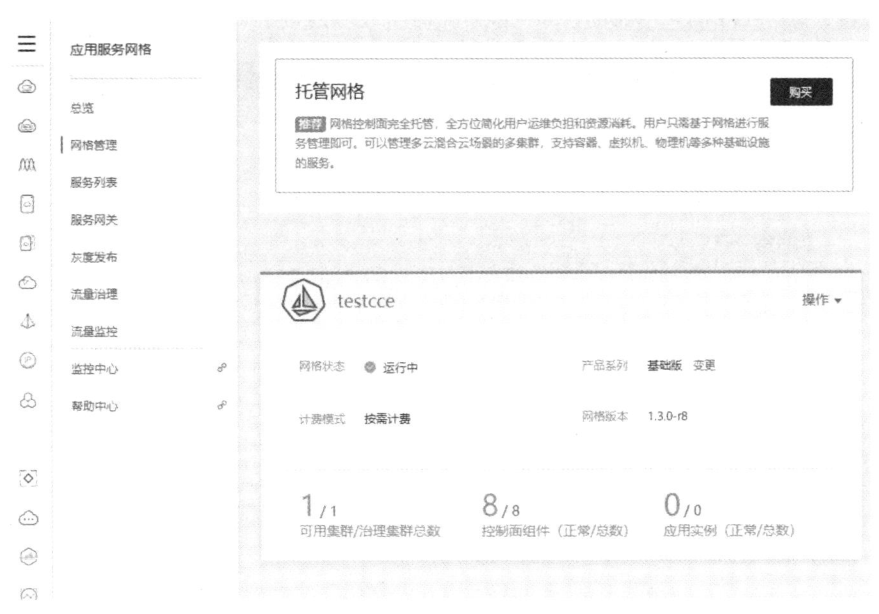

图 7-2-24　查看网格

③ 添加服务网格。

前提条件：对应集群下已存在启用成功的服务网格，并存在运行中的无状态工作负载。

选择“应用服务网格”→“服务列表”页签，可添加服务，如图 7-2-25 所示。

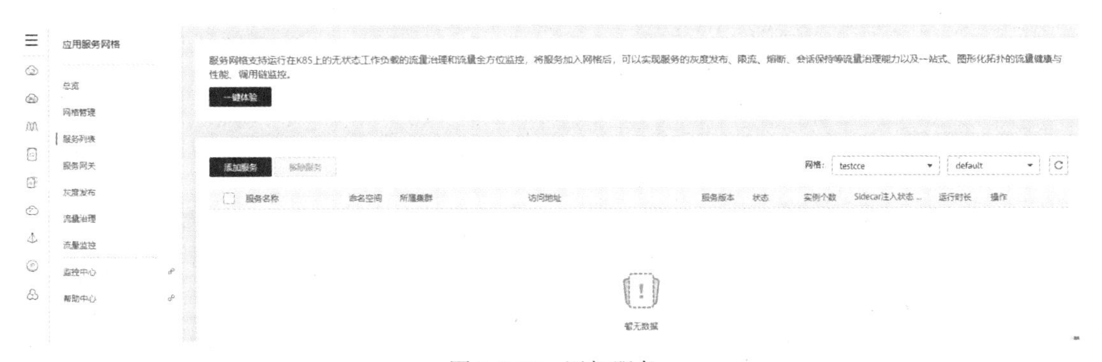

图 7-2-25　添加服务

④ 查看服务状态，如图 7-2-26 所示。

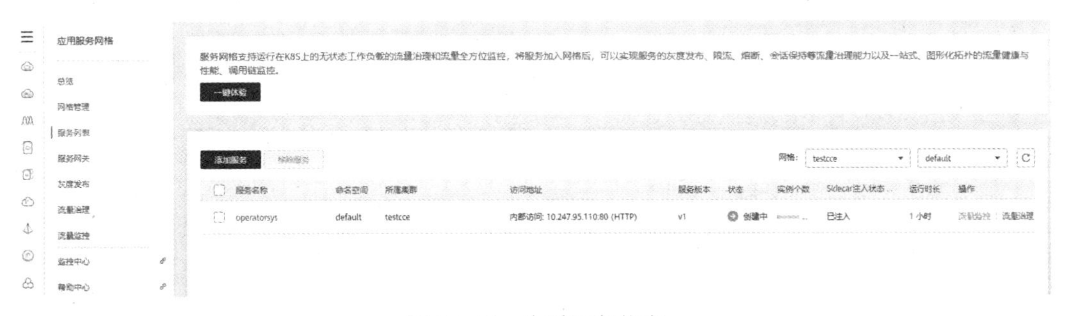

图 7-2-26　查看服务状态

⑤ 添加服务网关。进入弹性负载均衡 ELB 服务，增加一个 ELB 服务。单击“购买弹性负载均衡”按钮，实例规格类型选择共享型，并选择所属 VPC 和子网，如图 7-2-27 所示。

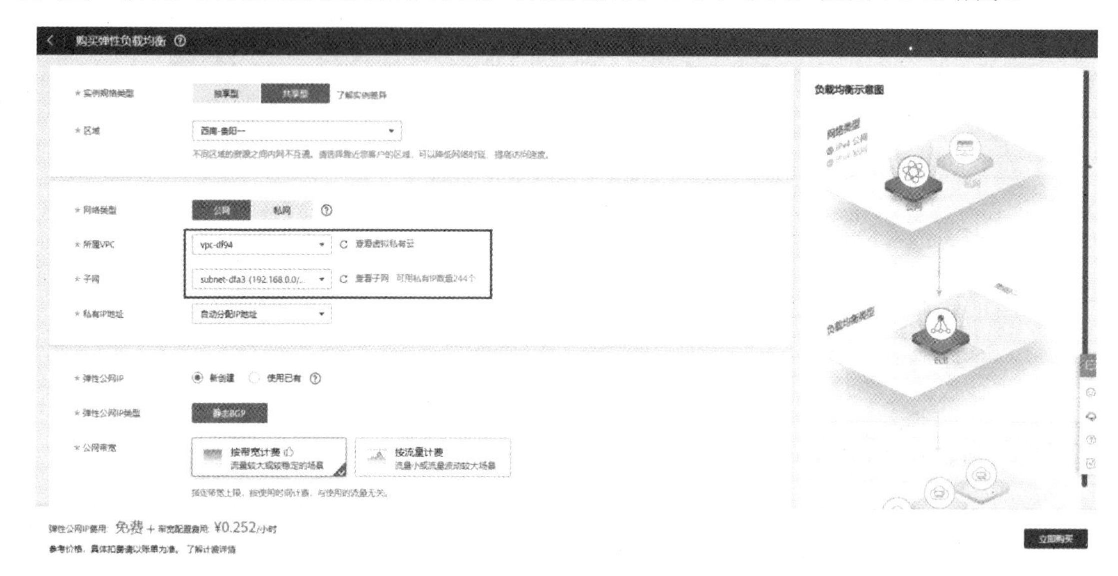

图 7-2-27　购买弹性负载均衡

⑥ 配置负载均衡名称和企业项目，如图 7-2-28 所示。

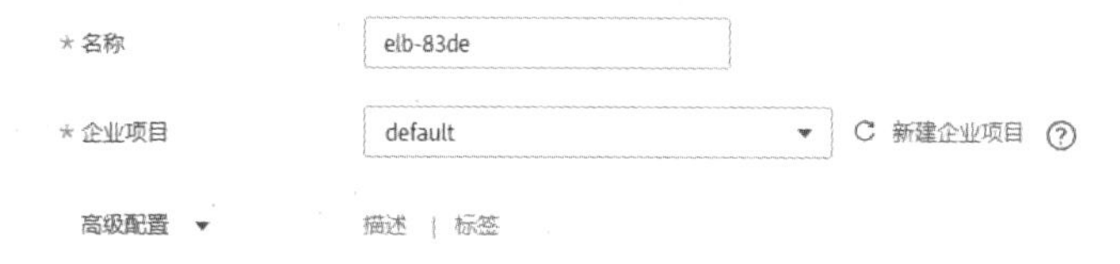

图 7-2-28　配置名称和企业项目

⑦ 确认配置信息，单击“提交”按钮，如图 7-2-29 所示。

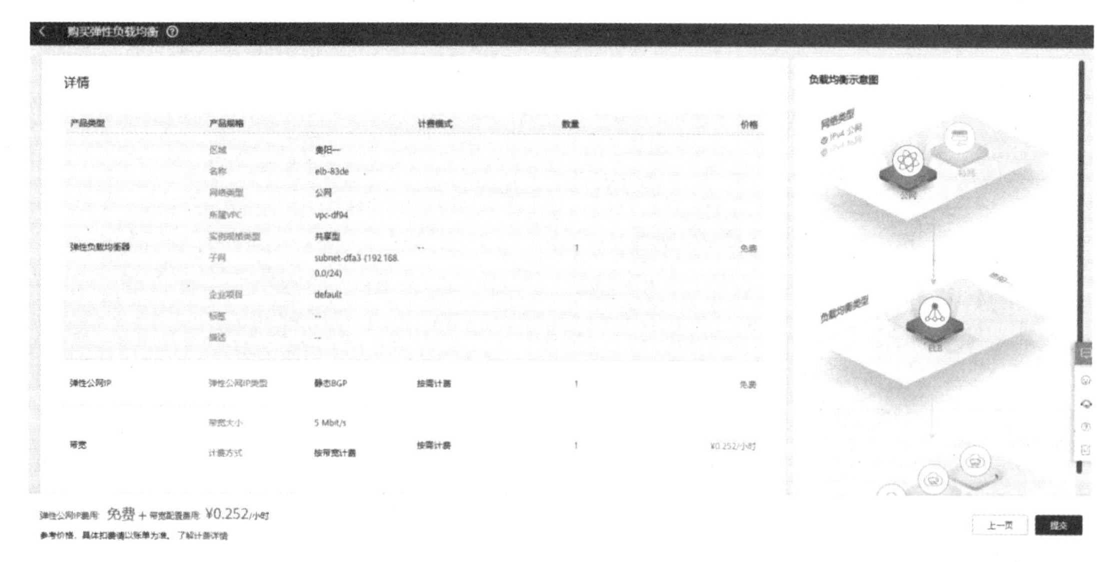

图 7-2-29　确认负载均衡配置信息

⑧ 进入“应用服务网格”→“服务网关”页签，单击“添加服务网关”按钮，并设置对外端口，如图 7-2-30 所示。设置完成后，单击“确定”按钮，完成创建。

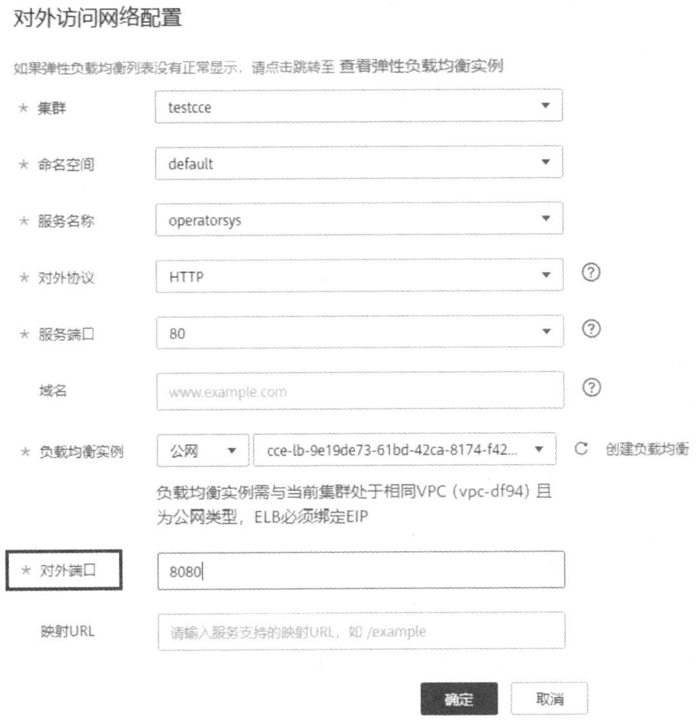

对外访问网络配置
如果弹性负载均衡列表没有正常显示，请点击跳转至 查看弹性负载均衡实例
★ 集群
testcce
★ 命名空间
default
★ 服务名称
operatorsys
★ 对外协议
HTTP
★ 服务端口
80
域名
www.example.com
★ 负载均衡实例
公网
cce-lb-9e19de73-61bd-42ca-8174-f42...
创建负载均衡
负载均衡实例需与当前集群处于相同VPC（vpc-df94）且为公网类型，ELB必须绑定EIP
★ 对外端口
8080
映射URL
请输入服务支持的映射URL，如 /example
确定
取消

图 7-2-30 设置对外端口

⑨ 灰度发布。

前提条件：已完成服务网格添加和服务网关配置。

进入“应用服务网格”→“灰度发布”页签，针对新旧两个版本应用可进行金丝雀发布和蓝绿发布，这里选择金丝雀发布，如图 7-2-31 所示。

华为云
应用服务网格
总览
网格管理
服务列表
服务网关
灰度发布
流量治理
流量监控
监控中心
帮助中心
金丝雀发布
平滑升级
安全迭代
了解更多
观看视频
创建
蓝绿发布
零停机
快速升级
一键回退
了解更多
创建
发布任务
历史记录
网格：
testcce
全部状态
您当前还没有发布中的任务，请先创建任务

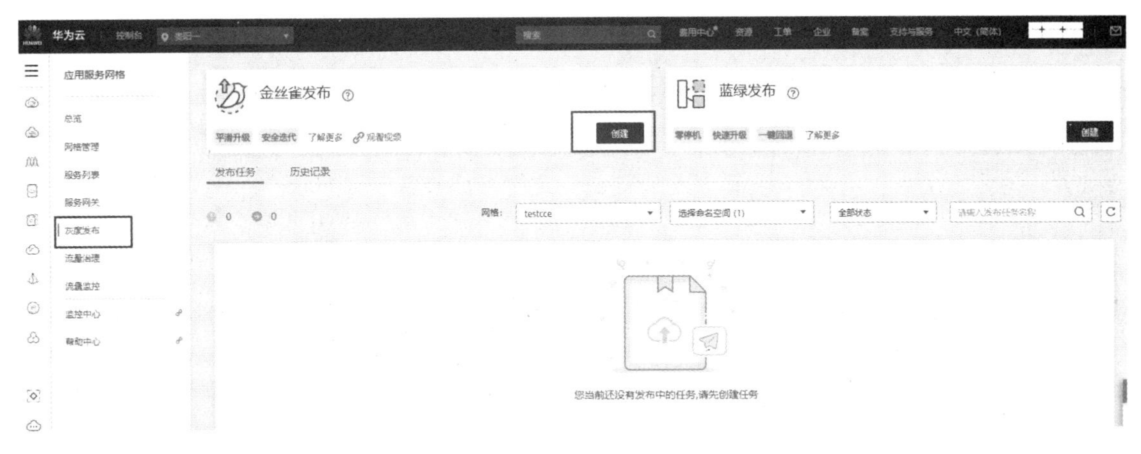

图 7-2-31 选择金丝雀发布

⑩ 单击“选择服务”按钮，选择 operatorsys 服务，如图 7-2-32 所示。版本号设置为 v2，单击“创建”按钮，如图 7-2-33 所示。

图 7-2-32　选择待发布服务

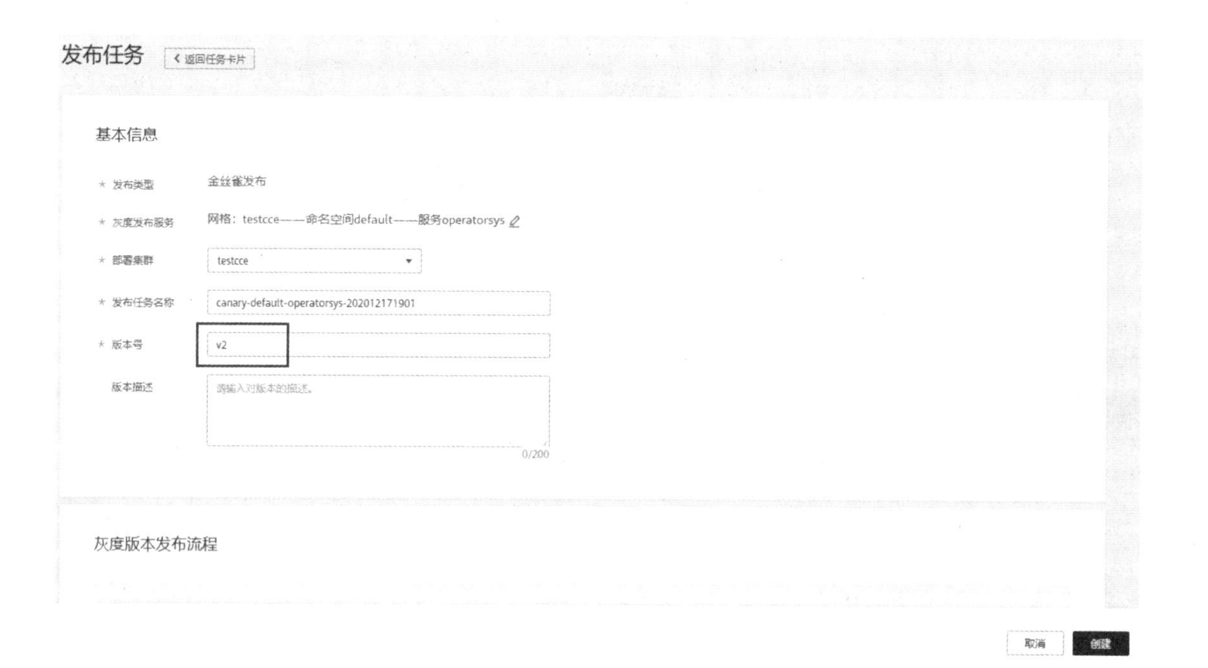

图 7-2-33　选择版本号

⑪ 镜像版本选择 2.0，单击“部署灰度版本”按钮，如图 7-2-34 所示。

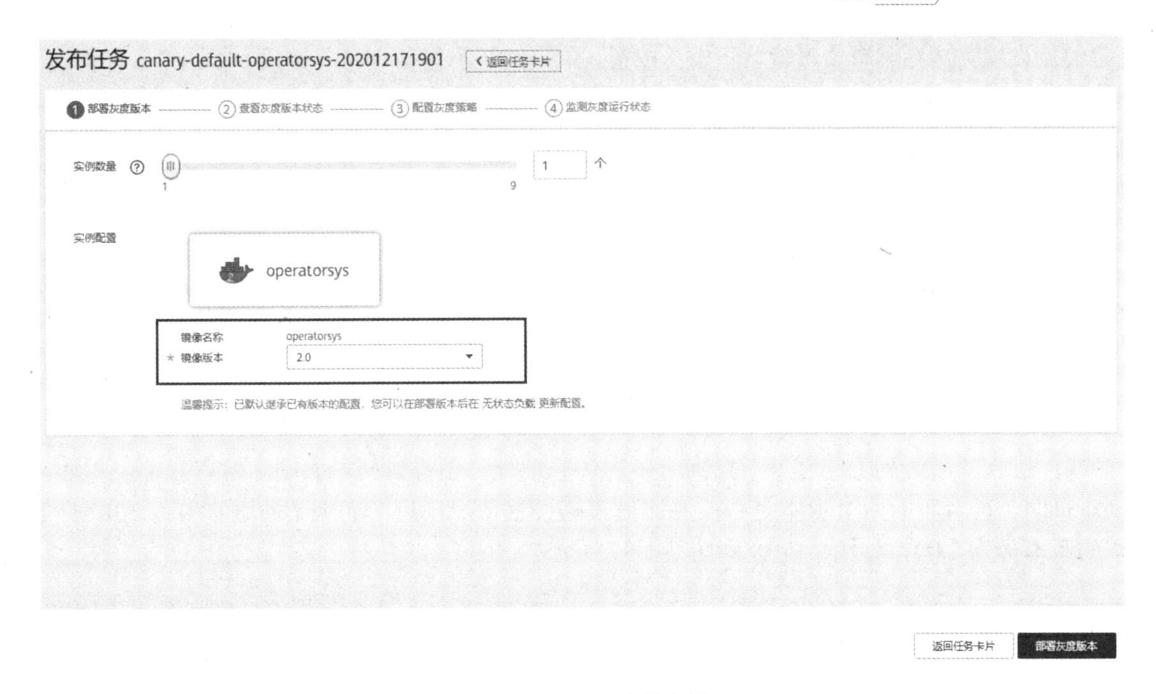

图 7-2-34　选择镜像版本

⑫ 待版本启动进度达到 100%后，再单击“配置灰度策略”按钮，进入下一步，策略类型选择基于流量比例，版本流量配比可自行进行设置，如图 7-2-35 所示。

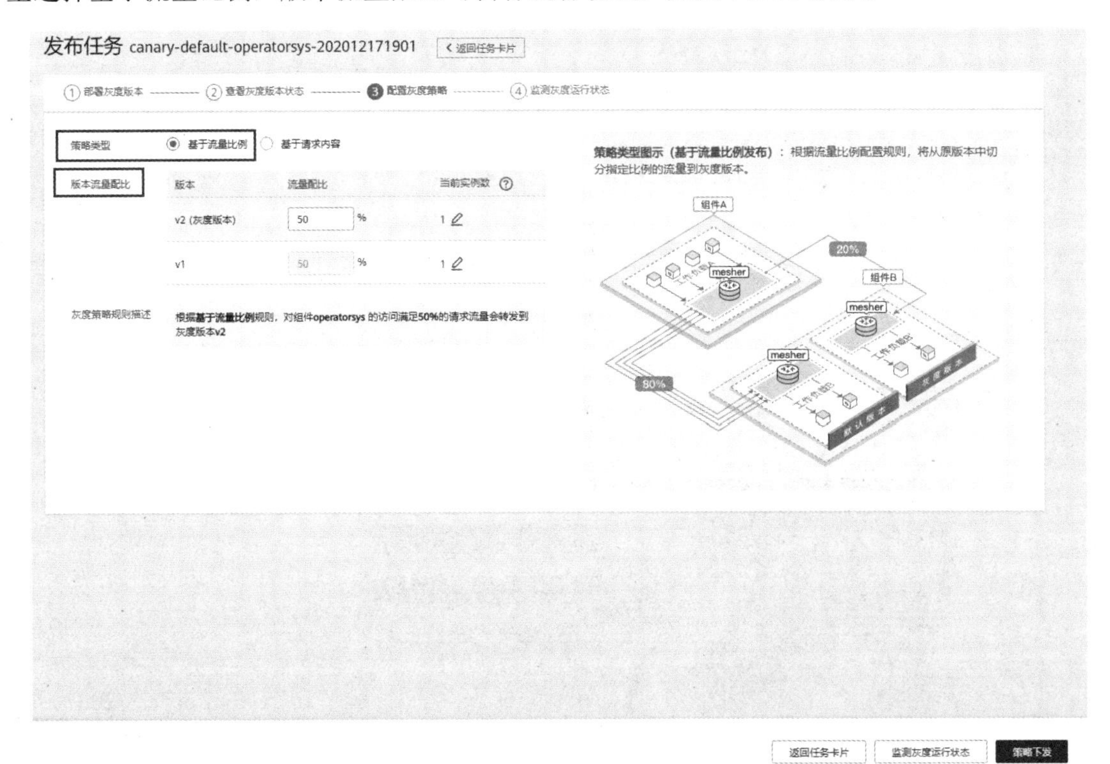

图 7-2-35　配置灰度策略

⑬ 设置完成后，单击“策略下发”按钮。单击“返回任务卡片”按钮，如图 7-2-36 所示。

图 7-2-36 返回任务卡片

⑭ 进入“服务列表”页签，找到应用的访问地址，进行访问，如图 7-2-37 所示，并不断刷新页面，查看新旧两个版本是否按照流量策略设置轮流出现（老版本的版本号为 1.0，新版本的版本号为 2.0），如图 7-2-38 和图 7-2-39 所示。

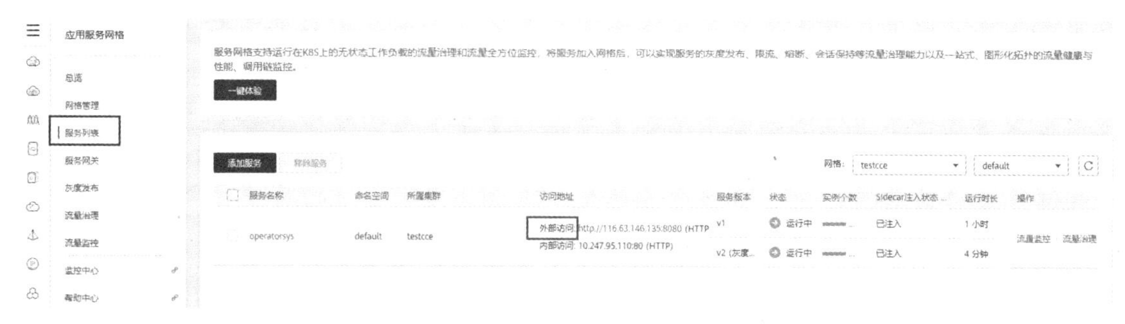

图 7-2-37 选择公网访问

图 7-2-38 新版本版本号

图 7-2-39　老版本版本号